高等职业教育规划教材

SolidWorks 2012 基础与实例教程

主　编　郑贞平　胡俊平

副主编　倪　磊

参　编　陈　平

主　审　吴　俊

机械工业出版社

本书共分 8 章介绍了 SolidWorks 2012 软件的基本命令、功能、操作及设计技巧，各章结合实例，讲练结合，使读者易于接受和掌握。本书突出应用主线，由浅入深、循序渐进地介绍 SolidWorks 建模模块、装配模块和工程图模块的基本操作方法，其主要内容包括 SolidWorks 设计基础、参数化草图绘制、拉伸和旋转特征建模、基准特征的创建、扫描和放样特征建模、附加特征的使用、系列化零件设计、典型零部件设计及相关知识、装配建模、工程图的构建和渲染等。本书以教师课堂教学的形式安排内容，以单元讲解形式安排章节。每节都结合典型的实例，循序渐进地进行详细介绍，最后总结知识点并提供习题以供读者实战练习。

本书可作为高职高专学生的教材，同时可供有关专业工程技术人员自学使用。

本书配有授课电子课件和所有实例的源文件，需要的教师可登录机械工业出版社教育服务网 www.cmpedu.com 免费注册后下载。

图书在版编目（CIP）数据

SolidWorks 2012 基础与实例教程 / 郑贞平, 胡俊平主编. —北京：机械工业出版社，2016.7（2022.1 重印）

高等职业教育规划教材

ISBN 978-7-111-55082-2

Ⅰ. ①S… Ⅱ. ①郑… ②胡… Ⅲ. ①计算机辅助设计－应用软件－高等职业教育－教材 Ⅳ. ①TP391.72

中国版本图书馆 CIP 数据核字（2016）第 243169 号

机械工业出版社（北京市百万庄大街 22 号　邮政编码 100037）

责任编辑：曹帅鹏　　　责任校对：张艳霞

责任印制：郜　敏

北京盛通商印快线网络科技有限公司印刷

2022 年 1 月第 1 版·第 5 次印刷

184mm×260mm·19.5 印张·470 千字

标准书号：ISBN 978-7-111-55082-2

定价：45.00 元

凡购本书，如有缺页、倒页、脱页，由本社发行部调换

电话服务	网络服务
服务咨询热线：（010）88379833	机 工 官 网：www.cmpbook.com
	机 工 官 博：weibo.com/cmp1952
读者购书热线：（010）88379649	教育服务网：www.cmpedu.com
封面无防伪标均为盗版	金 书 网：www.golden-book.com

前　言

SolidWorks 的三大特点是功能强大、易学易用和技术创新，这使得 SolidWorks 成为领先的、主流的三维 CAD 解决方案。SolidWorks 具有强大的建模功能、虚拟装配功能及灵活的工程图设计功能，其理念是帮助工程师设计优秀的产品，使设计师更关注产品的创新而非 CAD 软件。

本书的编者长期从事 SolidWorks 的专业设计和教学，数年来承接了大量的项目，参与 SolidWorks 的教学和培训工作，积累了丰富的实践经验。本书就像一位机械专业设计师，针对使用 SolidWorks 2012 中文版的广大初、中级用户，将设计项目时的思路、流程、方法、技巧和操作步骤面对面地与学员交流，是广大读者快速掌握 SolidWorks 2012 的实用指导书。同时还提供了所有实例的源文件，方便读者练习使用。

本书将设计知识和 SolidWorks 软件应用相结合，全书主要包括基本操作、草图绘制、基础特征设计、扫描和放样特征、基本实体特征、曲线曲面设计、装配设计、工程图设计、渲染与输出等内容。全书共分为 8 章，系统介绍了 SolidWorks 2012 中文版的设计基础和设计方法，其中第 1 章介绍了 SolidWorks 2012 的入门和基本操作，主要介绍工作界面、管理图形文件、设计环境、图形显示和窗口界面等；第 2 章介绍了草图绘制，主要介绍草图的绘制、约束和标注尺寸，通过几个典型实例介绍了绘制草图的基本过程和技巧；第 3 章介绍了实体建模特征，主要介绍参考几何体、基体特征、除料特征、辅助特征和复制特征等，通过实例来介绍这些特征的基本应用和一般的操作步骤；第 4 章介绍了零件设计技术，包括零件特征管理、多实体技术、参数化设计和零件设计系列化；第 5 章介绍了曲线和曲面特征；第 6 章介绍了装配体设计，主要介绍零部件配合、干涉检查和爆炸视图等；第 7 章介绍了工程图；第 8 章介绍了渲染与输出。

本书的实例安排本着"由浅入深，循序渐进"的原则，使读者能够学以致用，举一反三，从而快速掌握 SolidWorks 2012 的使用方法，能够在以后的设计绘图工作中熟练应用。本书通过将专业设计元素和理念多方位融入设计范例，使全书更加实用和专业。

本书结构严谨，内容翔实，知识全面，可读性强，设计实例专业性强，步骤清晰，主要针对使用 SolidWorks 2012 中文版的广大初、中级用户，适合作为高职高专院校机电一体化、模具设计与制造和机械制造与自动化等专业的教材，并可作为大专院校计算机辅助设计课程的指导教材和公司 CAD 软件设计的培训教材。

本书由郑贞平（无锡职业技术学院）、胡俊平（无锡职业技术学院）主编，倪磊（江苏省东海中等专业学校）任副主编，由吴俊（无锡雪浪环境科技股份有限公司）主审。第 1 章、第 3 章和第 7 章由郑贞平编写，第 2 章由陈平（无锡职业技术学院）编写，第 4 章和第 5 章由倪磊编写，第 6 章和第 8 章由胡俊平编写。

由于编写人员水平有限，书中难免有不足之处，望广大读者不吝赐教，编写人员特此深表谢意。

编　者

目　　录

第1章 SolidWorks 入门及基本操作

SolidWorks 是功能强大的三维 CAD 设计软件，是美国 DS SolidWorks 公司开发的基于 Windows 操作系统的设计软件。SolidWorks 通常应用于产品的机械设计中，将产品设计置于 3D 空间环境中进行，工程师按照设计思想绘制出草图，然后生成实体模型及装配体，运用 SolidWorks 自带的辅助功能对设计的模型进行模拟功能分析，根据分析结果修改设计的模型，最后输出详细的工程图，进行产品生产。

SolidWorks 简单易用并且具有强大的辅助分析功能，已广泛应用于各个行业中，如机械设计、工业设计、电装设计、消费品产品及通信器材设计、汽车制造设计、航空航天的飞行器设计等行业。可以根据需要方便地进行零部件设计、装配体设计、钣金设计、焊件设计及模具设计等。

本章主要介绍 SolidWorks 的基础，包括该软件的基本概念和常用术语、操作界面、特征管理器和命令管理器，是用户使用 SolidWorks 必须要掌握的基础知识，是熟练使用该软件进行产品设计的前提。

1.1 SolidWorks 概述和基本概念

SolidWorks 2012 软件在用户界面、模型的布景及外观、草图绘制、特征、零件、装配体、配置、运算实例、工程图、尺寸和公差、SimulationXpress 及其他模拟分析功能等方面功能更加强大，使用更加人性化，大大缩短了产品设计的时间，提高了产品设计的效率。

1.1.1 SolidWorks 概述

1．背景和发展

DS SolidWorks 公司成立于 1993 年，由 PTC 公司的技术副总裁与 CV 公司的副总裁发起，当初的目标是希望在每一个工程师的桌面上提供一套具有生产力的实体模型设计系统。

SolidWorks 软件是世界上第一个基于 Windows 开发的三维 CAD 软件，由于技术创新符合 CAD 技术的发展潮流和趋势，SolidWorks 公司通过两年的时间成为 CAD/CAM 产业中获利最高的公司。SolidWorks 遵循易用、稳定和创新三大原则，通过使用该软件，设计师大大缩短了设计时间，产品可以快速、高效地投向市场。

利用 SolidWorks，工程技术人员可以更有效地为产品建模及模拟整个工程系统，以缩短产品的设计和生产周期，并可完成更加富有创意的产品制造。在市场应用中，SolidWorks 也取得了卓越的成绩。

2．软件主要特点

功能强大、易学易用和技术创新是 SolidWorks 的三大特点，使得 SolidWorks 成为领先的、主流的三维 CAD 解决方案。SolidWorks 能够提供不同的设计方案、减少设计过程中的错误以及提高产品质量。SolidWorks 不仅具有强大的功能，同时对每个工程师和设计者来说，操作简单方便、易学易用。

（1）SolidWorks 的应用特点。

SolidWorks 用户界面简单，提供了一整套的动态界面和鼠标拖动控制。"全动感"的用户界面减少了设计步骤和多余的对话框，从而避免了界面的零乱。用 SolidWorks 资源管理器可以方便地管理 CAD 文件。SolidWorks 资源管理器是唯一一个同 Windows 资源管理器类似的 CAD 文件管理器。特征模板为标准件和标准特征提供了良好的环境。用户可以直接从特征模板上调用标准的零件和特征，并与别人共享。

配置管理是 SolidWorks 软件体系结构中非常独特的一部分，它涉及零件设计、装配设计和工程图。配置管理使得用户能够在一个 CAD 文档中，通过对不同参数的变换和组合，派生出不同的零件或装配体。

SolidWorks 提供了技术先进的工具，使得用户可以通过互联网进行协同工作。具体有以下 4 种方式：①通过 eDrawings 方便地共享 CAD 文件。eDrawings 是一种极度压缩的、可通过电子邮件发送的、自行解压和浏览的特殊文件。②通过三维托管网站展示生动的实体模型。三维托管网站是 SolidWorks 提供的一种服务，用户可以在任何时间、任何地点，快速地查看产品结构。③SolidWorks 支持 Web 目录，使得用户将设计数据存放在互联网的文件夹中，就像存在本地硬盘一样方便。④用 3D Meeting 通过互联网实时地协同工作。3D Meeting 是基于微软 NetMeeting 技术而开发的，专门为 SolidWorks 设计人员提供协同工作环境。

在 SolidWorks 中，当生成新零件时，用户可以直接参考其他零件并保持这种参考关系。在装配的环境里，可以方便地设计和修改零部件。对于超过一万个零部件的大型装配体，SolidWorks 的装配性能表现得尤为突出。SolidWorks 可以动态地查看装配体的所有运动，并且可以对运动的零部件进行动态的干涉检查和间隙检测。镜像部件是 SolidWorks 技术的巨大突破。镜像部件能产生基于已有零部件（包括具有派生关系或与其他零件具有关联关系的零件）的新零部件。SolidWorks 用捕捉配合的智能化装配技术，来加快装配体的总体装配。智能化装配技术能够自动地捕捉并定义装配关系。

SolidWorks 提供了生成完整的、车间认可的详细工程图的工具。工程图是全相关的，当用户修改图纸时，三维模型、各个视图、装配体都会自动更新。从三维模型中自动产生工程图，包括视图、尺寸和标注。

（2）SolidWorks 的参数式设计。

SolidWorks 是一款参变量式 CAD 设计软件。与传统的二维机械制图相比，参变量式 CAD 设计软件具有许多优越的性能，是当前机械制图设计软件的主流和发展方向。参变量式 CAD 设计软件是参数式和变量式 CAD 设计软件的通称。其中，参数式设计是 SolidWorks 最主要的设计特点。所谓参数式设计，是将零件尺寸的设计用参数描述，并在设计修改的过程中通过修改参数的数值来改变零件的外形。SolidWorks 中的参数不仅代表了设计对象的相关外观尺寸，并且具有实质上的物理意义。例如，可以将系统参数（如体积、表面积、重心、三维坐标等）或者用户定义参数即用户按照设计流程需求所定义的参数（如密度、厚度等具有设计意义的物理量或者字符），加入到设计构思中来表达设计思想。这不仅从根本上改变了设计理念，而且将设计的便捷性向前推进了一大步。用户可以运用强大的数学运算方式，建立各个尺寸参数间的关系式，使模型可以随时自动计算出应有的几何外形。

1.1.2 启动和退出 SolidWorks

1．启动

在 Windows 操作环境下，SolidWorks 2012 安装完成后，就可以启动该软件了。选择【开始】|【所有程序】|【SolidWorks 2012】菜单命令，或者双击桌面上的 SolidWorks 2012 的快捷方式图标，或者双击 SolidWorks 文件，该软件就可以被启动，如图 1-1 所示为 SolidWorks 2012 的启动画面。

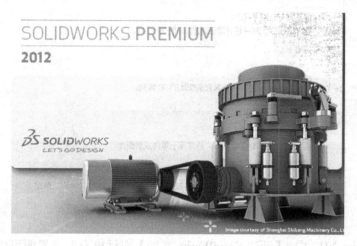

图 1-1　SolidWorks 2012 的启动画面

2．退出 SolidWorks 2012

文件保存完成后，用户可以退出 SolidWorks 2012 系统。选择【文件】|【退出】菜单命令，或者单击操作界面右上角的【退出】按钮，可退出 SolidWorks。

如果在操作过程中不小心执行了退出命令，或者对文件进行了编辑后没有保存而执行退出命令，系统会弹出如图 1-2 所示的对话框。如果要保存对文件的修改并退出 SolidWorks 系统，则单击对话框中的【保存】按钮。如果不保存对文件的修改并退出 SolidWorks 系统，则单击对话框中的【不保存】按钮。如果不对该文件进行任何操作并且不退出 SolidWorks 系统，则单击对话框中的【取消】按钮，回到原来的操作界面。

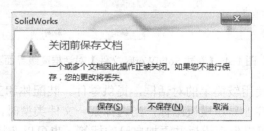

图 1-2　系统提示框

1.1.3 新建文件

创建新文件时，需要选择创建文件的类型。选择【文件】|【新建】菜单命令，或单击工具栏上的【新建】按钮 ，系统弹出如图1-3所示的【新建SolidWorks文件】对话框。不同类型的文件，其工作环境是不同的，SolidWorks提供了不同类型文件的默认工作环境，对应不同文件模板。在该对话框中有三个图标，分别是零件、装配体及工程图。单击【新建SolidWorks文件】对话框中需要创建文件类型的图标，然后单击【确定】按钮，就可以建立需要的文件，并进入默认的工作环境。

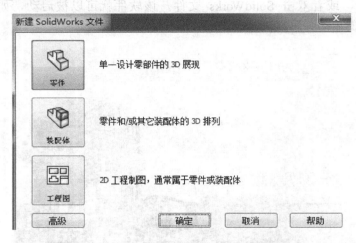

图1-3 【新建SolidWorks文件】对话框

在SolidWorks 2012中，【新建SolidWorks文件】对话框有两个界面可供选择，一个是新手界面对话框；另一个是高级界面对话框，单击【新建SolidWorks文件】对话框的【高级】按钮，【新建SolidWorks文件】对话框变为如图1-4所示。

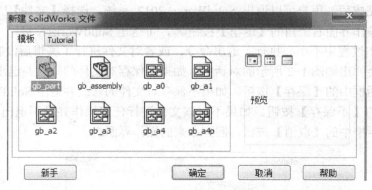

图1-4 【新建SolidWorks文件】对话框高级界面

新手界面对话框中使用较简单的对话框，提供零件、装配体和工程图文档的说明。高级界面对话框中在各个标签上显示模板图标，当选择某一文件类型时，模板预览出现在预览框中。在该界面中，用户可以保存模板并添加自己的标签，也可以选择【Tutorial】标签来访问指导教程模板。

1.1.4 打开文件

打开已存储的 SolidWorks 文件，对其进行相应的编辑和操作。选择【文件】|【打开】菜单命令，或单击工具栏上的【打开】按钮，系统弹出如图 1-5 所示的【打开】对话框。

打开
« 练习文件 ▸ 第6章 ▸ 球阀
搜索 球阀
组织 ▾
新建文件夹
名称
Double end studs M12X3
Hex nutsM12, style 1-Gra
扳手
阀盖
阀盖
阀杆
阀体
阀芯
密封圈
模式:
还原
配置:
默认
显示状态:
<默认>_外观 显示状
不装载隐藏的零部件
使用 SpeedPak(U)
参考(F)...
文件名(N): 球阀
所有文件 (*.*)
打开
取消

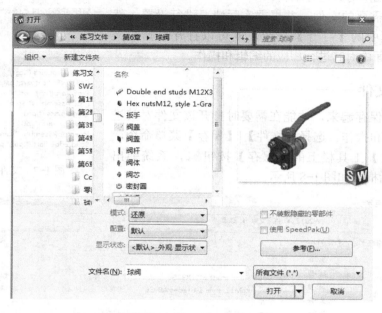

图 1-5 【打开】对话框

【打开】对话框中的属性设置如下：

（1）文件名：输入打开文件的文件名，或者单击文件列表中所需要的文件，文件名称会自动显示在文件名一栏中。

（2）下箭头▼（位于【打开】按钮右侧）：单击该按钮，会出现一个下拉列表，有【打开】和【以只读打开】两个选项。选择【打开】选项直接打开文件；选择【以只读打开】以只读方式打开选择的文件，同时允许另一用户有文件写入访问权。

（3）参考：单击该按钮可显示当前所选装配体或工程图所参考的文件清单，文件清单显示在【编辑参考的文件位置】对话框中，如图 1-6 所示。

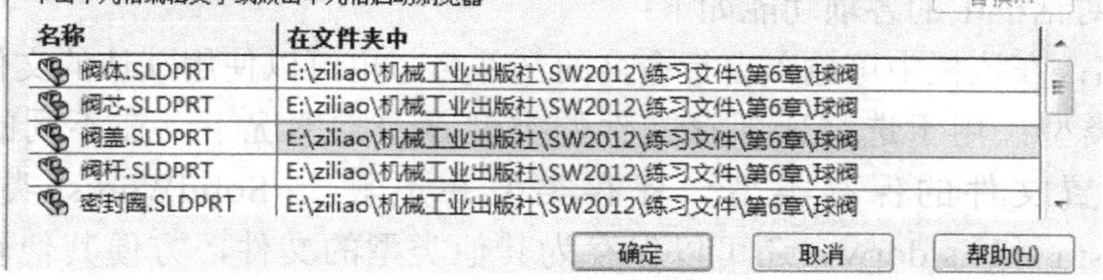

编辑参考的文件位置
单击单元格编辑文字或双击单元格启动浏览器
替换...
名称
在文件夹中
阀体.SLDPRT
E:\ziliao\机械工业出版社\SW2012\练习文件\第6章\球阀
阀芯.SLDPRT
E:\ziliao\机械工业出版社\SW2012\练习文件\第6章\球阀
阀盖.SLDPRT
E:\ziliao\机械工业出版社\SW2012\练习文件\第6章\球阀
阀杆.SLDPRT
E:\ziliao\机械工业出版社\SW2012\练习文件\第6章\球阀
密封圈.SLDPRT
E:\ziliao\机械工业出版社\SW2012\练习文件\第6章\球阀
确定
取消
帮助(H)

图 1-6 【编辑参考的文件位置】对话框

（4）对话框中的【文件类型】下拉列表框用于选择显示文件的类型，显示的文件类型并不限于 SolidWorks 类型的文件，如图 1-7 所示。默认的选项是 SolidWorks 文件（*.sldprt、*.sldasm 和*.slddrw）。如果在文件类型列表框中选择了其他类型的文件，SolidWorks 软件还可以调用其他软件所形成的图形对其进行编辑。

单击选取需要的文件，并根据实际情况进行设置，然后单击对话框中的【打开】按钮，就可以打开选择的文件，在操作界面中对其进行相应的编辑和操作。

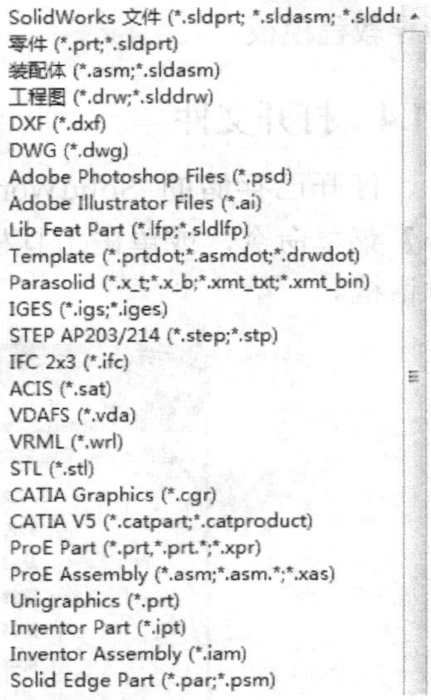

1.1.5 保存文件

文件只有保存起来，才能在需要时打开该文件对其进行相应的编辑和操作。选择【文件】|【保存】菜单命令，或单击【标准】工具栏上的【保存】按钮，系统弹出【另存为】对话框，如图 1-8 所示。

图 1-7 文件类型列表

图 1-8 【另存为】对话框

【另存为】对话框中的各项功能如下：

（1）文件名：在该栏中可输入自行命名的文件名，也可以使用默认的文件名。

（2）保存类型：用于选择所保存文件的类型。通常情况下，在不同的工作模式下，系统会自动设置文件的保存类型。保存类型并不限于 SolidWorks 类型的文件，如*.sldprt、*.sldasm 和*.slddrw，还可以保存为其他类型的文件，方便其他软件对其调用和编辑。

1.2 SolidWorks 操作界面

SolidWorks 2012 的操作界面是用户对创建文件进行操作的基础。如图 1-9 所示为一个零件文件的操作界面，包括菜单栏、工具栏、特征管理区、绘图区及状态栏等。装配体文件和工程图文件与零件文件的操作界面类似，本节以零件文件操作界面为例，介绍 SolidWorks 2012 的操作界面。

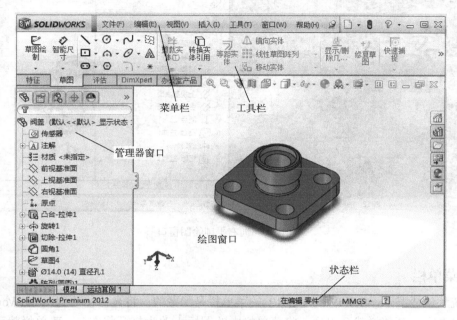

图 1-9　SolidWorks 2012 操作界面

在 SolidWorks 2012 的操作界面中，菜单栏包括了所有的操作命令，工具栏一般显示常用的按钮，可以根据用户需要进行相应的设置。

CommandManager（命令管理器）可以将工具栏按钮集中起来使用，从而为绘图窗口节省空间。FeatureManager（特征管理器）设计树记录文件的创建环境以及每一步骤的操作，对于不同类型的文件，其特征管理区有所差别。

绘图区是用户绘图的区域，文件的所有草图及特征生成都在该区域中完成，特征管理器设计树和绘图窗口为动态链接，可在任一窗格中选择特征、草图、工程视图和构造几何体。

状态栏显示编辑文件目前的操作状态。特征管理器中的注解、材质和基准面是系统默认的，可根据实际情况对其进行修改。

在 SolidWorks 2012 版本中，绘图窗口右上侧有【单击以向左平铺】按钮 和【单击以向右平铺】按钮 ，单击可以将当前绘图窗口向左或向右平铺，如图 1-10 所示，这在打开多个零件时很有用。

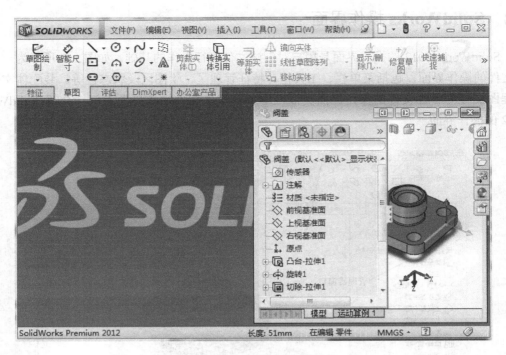

图 1-10　向右平铺绘图窗口

1.2.1　菜单栏

系统默认情况下，SolidWorks 2012 的菜单栏是隐藏的，将光标移动到 SolidWorks 图标上或者单击它，菜单栏就会出现，将菜单栏中的图标 ⇥ 改为打开状态 ◉，菜单栏就可以保持可见，如图 1-11 所示。SolidWorks 2012 包括【文件】、【编辑】、【视图】、【插入】、【工具】、【窗口】和【帮助】等菜单，单击可以将其打开并执行相应的命令。

文件(F)　编辑(E)　视图(V)　插入(I)　工具(T)　窗口(W)　帮助(H)　◉

图 1-11　菜单栏

下面对 SolidWorks 2012 中的各菜单分别进行介绍。

1．【文件】菜单

【文件】菜单包括【新建】、【打开】、【保存】、【另存为】和【打印】等命令，如图 1-12 所示。

2．【编辑】菜单

【编辑】菜单包括【剪切】、【复制】、【粘贴】、【删除】、【压缩】和【解除压缩】等命令，如图 1-13 所示。

3．【视图】菜单

【视图】菜单包括显示控制的相关命令，如图 1-14 所示。

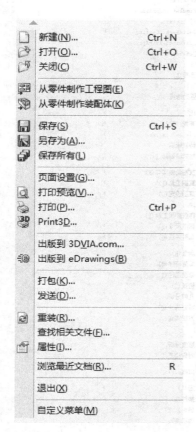

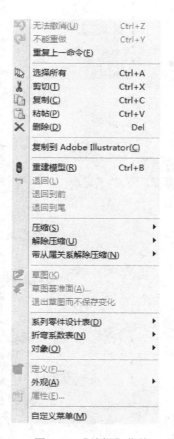

图 1-12 【文件】菜单　　　　　　图 1-13 【编辑】菜单　　　　　　图 1-14 【视图】菜单

4. 【插入】菜单

【插入】菜单包括【凸台/基体】、【切除】、【特征】、【阵列/镜向】、【扣合特征】、【曲面】、【参考几何体】、【钣金】和【焊件】等命令，如图 1-15 所示。这些命令也可通过【特征】工具栏中相应的功能按钮来实现。

5. 【工具】菜单

【工具】菜单包括多种命令，如【草图工具】、【几何关系】、【测量】、【质量特性】、【检查】、【自定义】和【选项】等，如图 1-16 所示。

6. 【窗口】菜单

【窗口】菜单包括【视口】、【新建窗口】、【层叠】和【关闭所有】等命令，如图 1-17 所示。

7. 【帮助】菜单

【帮助】菜单如图 1-18 所示，可提供各种信息查询，例如，【SolidWorks 帮助】命令可展开 SolidWorks 软件提供的在线帮助文件，【API 帮助主题】命令可展开 SolidWorks 软件提供的 API（应用程序界面）在线帮助文件，这些均为用户学习 SolidWorks 2012 中文版的参考文件。

图 1-15 【插入】菜单

图 1-16 【工具】菜单

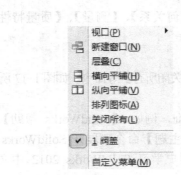

图 1-17 【窗口】菜单

图 1-18 【帮助】菜单

1.2.2 管理器窗格

管理器窗格包括【FeatureManager（特征管理器设计树）】 ✎ 、【PropertyManager（属性管理器）】 📄 、【ConfigurationManager（配置管理器）】 🖳 、【DimXpertManager（公差分析管理器）】 ⊕ 和【DisplayManager（外观管理器）】 ● 5 个选项卡，其中【特征管理器设计树】和【属性管理器】使用比较普遍，下面将进行详细介绍。

1．【特征管理器设计树】

特征管理器设计树提供激活的零件、装配体或者工程图的大纲视图，可以更方便地查看模型或装配体如何构造，或者查看工程图中的不同图纸和视图，如图 1-19 所示。

特征管理器设计树在图形区域左侧窗格中的特征管理器设计树标签 ✎ 上，特征管理器设计树和图形区域为动态链接，可在任一窗格中选择特征、草图、工程视图和构造几何体。特征管理器设计树是按照零件和装配体建模的先后顺序，以树状形式记录特征，可以通过该设计树了解零件建模和装配体装配的顺序，以及其他特征数据。在特征管理器设计树中包含 3 个基准面，分别是前视基准面、上视基准面和右视基准面。这 3 个基准面是系统自带的，用户可以直接在其上绘制草图。

用户可分割特征管理器设计树，以显示出两个特征管理器设计树，或将特征管理器设计树与属性管理器或配置管理器进行组合。

2．【属性管理器】

当用户在创建或者编辑特征时，出现相应的属性管理器，如图 1-20 所示为属性管理器。属性管理器可显示草图、零件或特征的属性。

图 1-19 【特征管理器设计树】

图 1-20 【属性管理器】

在属性管理器中一般包含【确定】 ✓ 、【取消】 ✗ 、【帮助】 ？ 、【细节预览】 66 等按钮。选项组用于引导用户下一步的操作，常列举出实施下一步操作的各种方法。选项组包含一组相关参数的设置，带有组标题（如【方向 1】等），单击 ︿ 或者 ﹀ 箭头图标，可以扩展或者折叠选项组。选择框处于活动状态时，显示为蓝色。在其中选择任一项目时，所选项在绘图窗口中高亮显示。若要删除所选项目，右击该项目，在弹出的快捷菜单中选择【删除】

命令（针对某一项目）或者选择【消除选择】命令（针对所有项目）。分隔条可控制属性管理器窗格的显示，将属性管理器与绘图窗口分开。如果将其来回拖动，则分隔条在属性管理器显示的最佳宽度处捕捉到位。当用户生成新文件时，分隔条在最佳宽度处打开。用户可以拖动分隔条以调整属性管理器的宽度。

1.2.3 SolidWorks 的按键操作

鼠标按键的方式和键盘快捷键的定义方式，都是在学习每套 CAD/CAM 软件前必须先了解清楚的。

1．基本鼠标按键操作

三键鼠标各键的作用如图 1-21 所示。

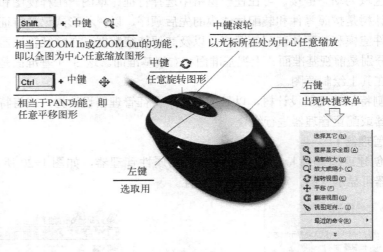

图 1-21 SolidWorks 中鼠标按键的作用

左键：选择功能选项或者操作对象。

右键：显示快捷菜单。

中键：只能在图形区使用，一般用于旋转、平移和缩放。在零件图和装配体的环境下，按住鼠标中键不放，移动鼠标就可以实现旋转；在零件图和装配体的环境下，先按住〈Ctrl〉键，然后按住鼠标中键不放，移动鼠标就可以实现平移；在工程图的环境下，按住鼠标中键，就可以实现平移；先按住〈Shift〉键，然后按住鼠标中键移动鼠标就可以实现缩放，如果是带滚轮的鼠标，直接转动滚轮就可以实现缩放。

2．键盘快捷键功能

SolidWorks 中的快捷键分为加速键和组合键。

（1）加速键。

大部分菜单项和对话框中都有加速键，由带下划线的字母表示。这些键无法自定义。

若想访问菜单，可按〈Alt〉再加上有下划线的字母。例如，按〈Alt+F〉组合键即可显示文件菜单。若想执行命令，在显示菜单后，再按带下划线的字母，如按〈Alt+F〉组合键，然后按〈C〉键关闭活动文档。

加速键可多次使用。继续按住该键可循环通过所有可能情形。

（2）组合键。

组合键如菜单右侧所示，这些键可自定义。

用户可以从【自定义】对话框的【键盘】标签中打印或复制快捷键列表。一些常用的快捷键，如表 1-1 所示。

表 1-1 常用的快捷键

操　作	快　捷　键
放大	Shift+Z
缩小	Z
整屏显示全图	F
视图定向菜单	空格键
重复上一命令	Enter
重建模型	Ctrl+B
绘屏幕	Ctrl+R
撤销	Ctrl+Z

1.2.4 操纵视图

1．视图定向

可旋转并缩放模型或工程图为预定视图。从【标准视图】（对于模型有正视于、前视、后视、等轴测等，对于工程图有全图纸）工具栏中选择或将自己命名的视图增加到清单中。【标准视图】工具栏如图 1-22 所示；【方向】对话框如图 1-23 所示。

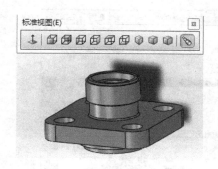

图 1-22 【标准视图】工具栏　　　　　　　　图 1-23 【方向】对话框

2．上一视图

当一次或多次切换模型视图之后，可以将模型或工程图恢复到先前的视图。可以撤销最近 10 次的视图更改。通过单击【上一视图】按钮，完成操作。

3．重画视图

此功能是刷新屏幕但不重建零件。通过单击【重画视图】按钮，完成操作。也可以单击【视图】|【重画】命令，或按〈Ctrl+R〉组合键。

4．透视图

显示模型的透视图。透视图是眼睛正常看到的视图，平行线在远处的消失点交汇，可以在一个模型透视图的工程图中生成【命名视图】。

5．局部放大

通过拖动边界框而对选择的区域进行放大。

6．整屏显示全图

调整放大/缩小的范围可看到整个模型、装配体或工程图纸。

7．放大选取范围

放大所选择的模型、装配体或工程图中的一部分。

8．平移视图

在文件窗口中平移零件、装配体或工程图。

9．旋转视图

在零件和装配体文档中旋转模型视图。

1.2.5 窗口和显示

1．文档窗口

（1）在 SolidWorks 中，每一个零件、装配体和工程图都是一个文档，而且每一个文档都显示在一个单独的窗口中。

（2）绘图区用于显示模型和工程图。绘图区可以同时打开多个零件、装配体和工程图文档窗口。

2．层叠显示窗口

可以将所有激活的 SolidWorks 文件，按重叠方式显示出每个文件的窗口。选择【窗口】|【层叠】菜单命令，层叠显示的窗口如图 1-24 所示。

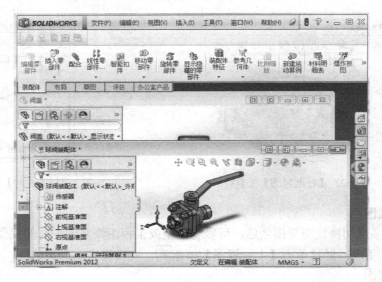

图 1-24　层叠显示窗口

3．横向平铺显示窗口

可以将所有激活的 SolidWorks 文件，按横向平铺方式显示出每个文件窗口。选择【窗口】|【横向平铺】菜单命令，横向平铺显示的窗口如图 1-25 所示。

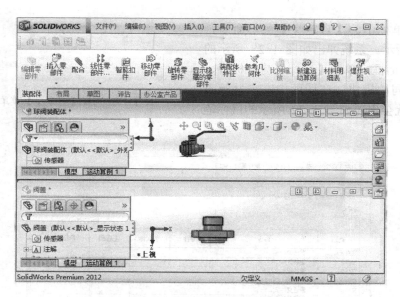

图 1-25　横向平铺显示窗口

4. 纵向平铺显示窗口

可以将所有激活的 SolidWorks 文件，按纵向平铺方式显示出每个文件窗口。选择【窗口】|【纵向平铺】菜单命令，纵向平铺显示的窗口如图 1-26 所示。

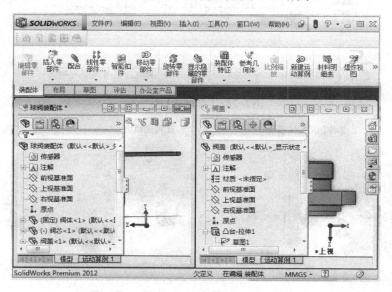

图 1-26　纵向平铺显示窗口

1.2.6　鼠标笔势支持

从 SolidWorks 2010 版开始，已经可以使用【鼠标笔势】来辅助快速操作，其作用类似键盘的快捷方式。只要了解本节所述的命令对应关系，即可顺利运用。

要激活鼠标笔势，请按以下步骤操作：

选择菜单栏中的【自定义】菜单命令，如图 1-27 所示。系统弹出如图 1-28 所示的【自定义】对话框，单击【鼠标笔势】标签，然后进入不同的模块，在图面中右击并笔直向下拖曳，就会出现如图 1-29 所示的鼠标笔势导引。

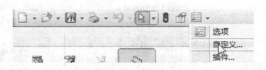

图 1-27　选择【自定义】菜单命令

图 1-28　【自定义】对话框

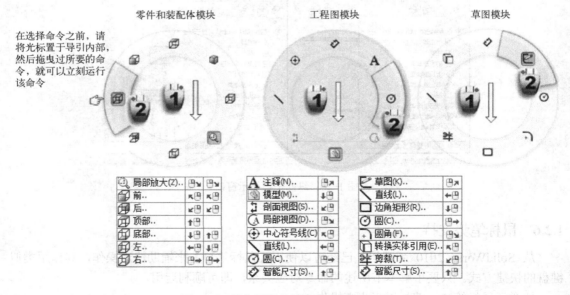

在选择命令之前，请将光标置于导引内部，然后拖曳过所要的命令，就可以立刻运行该命令

图 1-29　进入不同的模块后操作鼠标笔势

16

因此，可以将常用的命令设置到鼠标笔势中，以提高操作效率。但这个功能是一个需要用熟练后才能发挥功效的操作，完全视用户的喜好而定。

1.3 窗口界面设置

在使用软件前，用户可以根据实际需要设置适合自己的 SolidWorks 2012 系统环境，以提高工作的效率。SolidWorks 2012 同其他软件一样，可以显示或者隐藏工具栏，添加或者删除工具栏中的命令按钮，设置零件、装配体和工程图的操作界面。

1.3.1 工具栏简介

SolidWorks 根据设计功能需要，有较多的工具栏，由于图形区域限制，不能也不需要在一个操作中显示所有的工具栏，SolidWorks 系统默认的是比较常用的工具栏。在建模过程中，用户可以根据需要显示或者隐藏部分工具栏。常用设置工具栏的方法有两种，下面将分别介绍。

1. 利用菜单命令设置工具栏

利用菜单命令设置工具栏的操作方法如下。

（1）选择【工具】|【自定义】菜单命令，或者把鼠标光标移至某一工具栏并右击，在系统弹出的快捷菜单中选择【自定义】命令，如图1-30所示，此时系统弹出如图1-28所示的【自定义】对话框。

右键快捷菜单中选择项较多，【自定义】选项需要单击快捷菜单中向下的箭头才能显示出来。

图 1-30　快捷菜单

（2）单击【自定义】对话框中的【工具栏】标签，此时会显示 SolidWorks 2012 系统所有的工具栏，根据实际需要勾选工具栏。

（3）单击【自定义】对话框中的【确定】按钮，确认所选择的工具栏设置，则会在系统工作界面上显示选择的工具栏。

如果某些工具栏在设计中不需要，为了节省图形绘制空间，可以隐藏已经显示的工具栏，单击已经勾选的工具栏，则取消工具栏的勾选，然后单击【自定义】对话框中的【确定】按钮，此时操作界面上会隐藏取消勾选的工具栏。

2. 利用鼠标右键命令设置工具栏

利用鼠标右键命令设置工具栏的操作方法如下。

（1）在操作界面的工具栏中右击，系统弹出设置工具栏的快捷菜单，如图1-30所示。

（2）如果要显示某一工具栏，单击需要显示的工具栏，工具栏名称前面的标志图标会凹进，则操作界面上显示选择的工具栏。

（3）如果要隐藏某一工具栏，单击已经显示的工具栏，工具栏名称前面的标志图标会凸起，则操作界面上隐藏选择的工具栏。

隐藏工具栏还有一个更直接的方法，即将界面中需要隐藏的工具栏，用鼠标将其拖到绘图区域中，此时工具栏以标题栏的方式显示工具栏，如果要隐藏该工具栏，单击工具栏右上角的【关闭】按钮 ，则会在操作界面中隐藏该工具栏。

1.3.2　工具栏命令按钮

工具栏中系统默认的命令按钮，并不是所有的命令按钮，有时候在绘制图形时，上面没有需要的命令按钮，用户可以根据需要添加或者隐藏命令按钮。

添加或隐藏工具栏中命令按钮的操作方法如下。

（1）选择【工具】|【自定义】菜单命令，或者把光标移至某一工具栏并右击，在系统弹出的快捷菜单中选择【自定义】命令，系统弹出如图 1-31 所示的【自定义】对话框。

图 1-31　【自定义】对话框

（2）单击【自定义】对话框中的【命令】标签，此时出现如图 1-31 所示的命令按钮设置对话框。

（3）在左侧【类别】列表框中选择添加或隐藏命令所在的工具栏，此时会在右侧【按钮】列表框出现该工具栏中所有的命令按钮。

（4）添加命令按钮时，在【按钮】列表框中，单击选择要增加的命令按钮，按住鼠标左键拖动该按钮到要放置的工具栏上，然后松开鼠标左键。单击【自定义】对话框中的【确定】按钮，工具栏上显示添加的命令按钮。

（5）隐藏暂时不需要的命令按钮时，单击【自定义】对话框的【命令】标签，然后把要隐藏的按钮用鼠标左键拖动到绘图区域中，单击【自定义】对话框中的【确定】按钮，就可以隐藏该工具栏中的命令按钮。

1.3.3　快捷键的设置

SolidWorks 提供了多种方式来执行操作命令，除了使用菜单和工具栏中命令按钮执行操作命令外，用户还可以通过设置快捷键来执行操作命令。

快捷键设置的具体操作方法如下。

（1）选择【工具】|【自定义】菜单命令，或者把光标移至某一工具栏并右击，在系统弹出的快捷菜单中选择【自定义】命令，系统弹出如图 1-31 所示的【自定义】对话框。

（2）单击选择【自定义】对话框中的【键盘】标签，此时出现如图 1-32 所示的快捷键设置对话框。

图 1-32 【自定义】对话框

（3）在【类别】一栏的下拉列表中选择要设置快捷键的菜单项，然后在【命令】一栏中单击选择要设置快捷键的命令，然后输入快捷键，则在【快捷键】一栏中显示设置的快捷键。

（4）如果要移除快捷键，按照上述方式选择要删除的命令，单击【自定义】对话框中的【移除快捷键】按钮，则删除设置的快捷键；如果要恢复系统默认的快捷键设置，单击【自定义】对话框中的【重设到默认】按钮，则取消自行设置的快捷键，恢复到系统默认设置。

（5）单击【自定义】对话框中的【确定】按钮，完成快捷键的设置。

提示： 在设置快捷键时，如果某一快捷键已经被使用，则系统会提示该快捷键已经指定给某一命令，并提示是否要将该命令指派更改到新的命令中，如图 1-33 所示为将<Ctrl+N>快捷键指定给【新建】命令时系统弹出的提示框。

图 1-33 快捷键设置系统提示框

1.3.4 常用工具栏

1.【标准】工具栏

【标准】工具栏如图 1-34 所示，其使用方法与 Windows 中的工具栏一样。

图 1-34 【标准】工具栏

从零件/装配体制作工程图：生成当前零件或装配体的新工程图。

从零件/装配体制作装配体：生成当前零件或装配体的新装配体。

重建模型：重建零件、装配体或工程图。

打开系统选项对话框：更改 SolidWorks 选项的设定。

打开颜色的属性：将颜色应用到模型中的实体上。

打开材质编辑器：将材料及其物理属性应用到零件上。

打开纹理的属性：将纹理应用到模型中的实体上。

切换选择过滤器工具栏：切换到过滤器工具栏的显示。

选择按钮：用来选择草图实体、边线、顶点和零部件等。

2.【视图】工具栏

【视图】工具栏如图 1-35 所示。

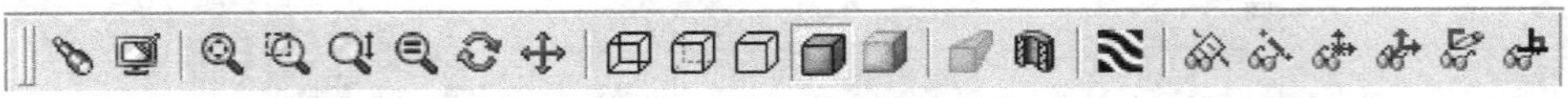

图 1-35 【视图】工具栏

确定视图的方向：显示一对话框来选择标准或用户定义的视图。

整屏显示全图：缩放模型以符合窗口的大小。

局部放大图形：将选定的部分放大到屏幕区域。

放大或缩小：按住鼠标左键上下移动光标来放大或缩小视图。

旋转视图：按住鼠标左键，拖动鼠标来旋转视图。

平移视图：按住鼠标左键，拖动图形的位置。

线架图：显示模型的所有边线。

带边线上色：以其边线显示模型的上色视图。

剖面视图：使用一个或多个横断面基准面生成零件或装配体的剖切。

斑马条纹：显示斑马条纹，可以看到以标准显示很难看到的面中更改。

观阅基准面：控制基准面显示的状态（注：此处"观阅"相当于"查看"）。

观阅基准轴：控制基准轴显示的状态。

观阅原点：控制原点显示的状态。

观阅坐标系：控制坐标系显示的状态。

观阅草图：控制草图显示的状态。

观阅草图几何关系：控制草图几何关系显示的状态。

3.【草图绘制】工具栏

【草图绘制】工具栏如图 1-36 所示，该工具栏包含了与草图绘制有关的大部分功能，里面的工具按钮很多，在这里只介绍一部分比较常用的功能。

图 1-36 【草图绘制】工具栏

- 草图绘制：绘制新草图，或者编辑现有草图。
- 智能尺寸：为一个或多个实体生成尺寸。
- 直线：绘制直线。
- 矩形：绘制一个矩形。
- 多边形：绘制多边形，在绘制多边形后可以更改边数。
- 圆：绘制圆，选择圆心然后拖动鼠标来设定其半径。
- 圆心/起点/终点画弧：绘制中心点圆弧，设定中心点，拖动鼠标来放置圆弧的起点，然后设定其长度和方向。
- 椭圆：绘制一完整椭圆，选择椭圆中心然后拖动鼠标来设定长轴和短轴。
- 样条曲线：绘制样条曲线，单击该图标按钮添加形成曲线的样条曲线点。
- 点：绘制点。
- 中心线：绘制中心线，使用中心线生成对称草图实体、旋转特征或作为改造几何线。
- 文字：绘制文字，可在面、边线及草图实体上绘制文字。
- 绘制圆角：在两条相邻线顶点处添加相切圆，从而生成圆弧。
- 绘制倒角：在两个草图实体的交叉点添加一倒角。
- 等距实体：通过一指定距离等距面、边线、曲线或草图实体来添加草图实体。
- 转换实体引用：将模型上所选的边线或草图实体转换为草图实体。
- 裁剪实体：裁剪或延伸一草图实体以使之与另一实体重合或删除一草图实体。
- 移动实体：移动草图实体和注解。
- 旋转实体：旋转草图实体和注解。
- 复制实体：复制草图实体和注解。
- 镜像实体：沿中心线镜像所选的实体。
- 线性草图阵列：添加草图实体的线性阵列。
- 圆周草图阵列：添加草图实体的圆周阵列。

4．【尺寸/几何关系】工具栏

【尺寸/几何关系】工具栏如图 1-37 所示，该工具栏用于标注各种控制尺寸以及在各个对象之间添加相对约束关系，这里简要说明各按钮的作用。

图 1-37 【尺寸/几何关系】工具栏

- 智能尺寸：为一个或多个实体生成尺寸。
- 水平尺寸：在所选实体之间生成水平尺寸。

⬚ 垂直尺寸：在所选实体之间生成垂直尺寸。

◈ 尺寸链：从工程图或草图的横、纵轴生成一组尺寸。

⬚ 水平尺寸链：从第一个所选实体水平测量而在工程图或草图中生成水平尺寸链。

⬚ 垂直尺寸链：从第一个所选实体水平测量而在工程图或草图中生成垂直尺寸链。

◈ 自动标注尺寸：在草图和模型的边线之间生成适合定义草图的自动尺寸。

⊥ 添加几何关系：控制带约束（如同轴心或竖直）的实体的大小或位置。

⊥ 自动几何关系：打开或关闭自动添加几何关系。

⬚ 显示/删除几何关系：显示和删除几何关系。

= 搜寻相等关系：在草图上搜寻具有等长或等半径的实体。在等长或等半径的草图实体之间设定相等的几何关系。

5. 【参考几何体】工具栏

【参考几何体】工具栏如图 1-38 所示，用于提供生成与使用参考几何体的工具。

图 1-38 【参考几何体】工具栏

◇ 基准面：添加一参考基准面。

╲ 基准轴：添加一参考轴。

⊥ 坐标系：为零件或装配体定义一坐标系。

✳ 点：添加一参考点。

▥ 配合参考：为使用 SmartMate 的自动配合功能指定作为参考的实体。

6. 【特征】工具栏

【特征】工具栏如图 1-39 所示，提供生成模型特征的工具，其中命令功能很多。特征包括多实体零件功能。可在同一零件文件中包括单独的拉伸、旋转、放样或扫描特征。

图 1-39 【特征】工具栏

▤ 拉伸凸台/基体：以一个或两个方向拉伸一草图或绘制的草图轮廓来生成实体。

⊕ 旋转凸台/基体：绕轴心旋转一草图或所选草图轮廓来生成一实体特征。

◷ 扫描：沿开环或闭合路径通过扫描闭合轮廓来生成实体特征。

◮ 放样凸台/基体：在两个或多个轮廓之间添加材质来生成实体特征。

▤ 拉伸切除：以一个或两个方向拉伸所绘制的轮廓来切除一实体模型。

◨ 旋转切除：通过绕轴心旋转绘制的轮廓来切除实体模型。

▥ 扫描切除：沿开环或闭合路径通过扫描闭合轮廓来切除实体模型。

▥ 放样切除：在两个或多个轮廓之间通过移除材质来切除实体模型。

◭ 圆角：沿实体或曲面特征中的一条或多条边线来生成圆形内部面或外部面。

◪ 倒角：沿边线、一串切边或顶点生成一倾斜的边线。

✋ 筋：给实体添加薄壁支撑。

抽壳：从实体移除材料来生成一个薄壁特征。

简单直孔：在平面上生成圆柱孔。

异型孔向导：用预先定义的剖面插入孔。

孔系列：在装配体系列零件中插入孔。

特型：通过扩展、约束及紧缩曲面将变形曲面添加到平面或非平面上。

弯曲：弯曲实体和曲面实体。

线性阵列：以一个或两个线性方向阵列特征、面及实体。

圆周阵列：绕轴心阵列特征、面及实体。

镜像：绕面或基准面镜像特征、面及实体（注：在系统界面中可能会出现"镜向"一词，含义相同）。

移动/复制实体：移动、复制并旋转实体和曲面实体。

7.【工程图】工具栏

【工程图】工具栏如图 1-40 所示，用于提供对齐尺寸及生成工程视图的工具。

一般来说，工程图包含几个由模型建立的视图；也可以由现有的视图建立视图。例如，剖面视图是由现有的工程视图所生成的，这一过程是由工程图工具栏来实现。

图 1-40 【工程图】工具栏

模型视图：根据现有零件或装配体添加正交或命名视图。

投影视图：从一个已经存在的视图展开新视图而添加一投影视图。

辅助视图：从一线性实体（边线、草图实体等）通过展开一新视图而添加一视图。

剖面视图：以剖面线切割父视图来添加一剖面视图。

旋转剖视图：使用在一角度连接的两条直线来添加对齐的剖面视图。

局部视图：添加一局部视图来显示一视图的某部分，通常放大比例。

相对视图：添加一个由两个正交面或基准面及其各自方向所定义的相对视图。

标准三视图：添加 3 个标准、正交视图。视图的方向可以为第一角或第三角。

断开的剖视图：将一断开的剖视图添加到一显露模型内部细节的视图上。

水平折断线：给所选视图添加水平折断线。

竖直折断线：给所选视图添加竖直折断线。

剪裁视图：剪裁现有视图以便只显示视图的一部分。

交替位置视图：添加一显示模型配置置于模型另一配置之上的视图。

空白视图：添加一常用来包含草图实体的空白视图。

预定义视图：添加以后以模型增值的预定义正交、投影或命名视图。

更新视图：更新所选视图到当前参考模型的状态。

8.【装配体】工具栏

【装配体】工具栏如图 1-41 所示，用于控制零部件的管理、移动及其配合，插入智能扣件。

图 1-41 【装配体】工具栏

插入零部件：添加一现有零件或子装配体到装配体。

新零件：生成一个新零件并插入到装配体中。

新装配体：生成新装配体并插入到当前的装配体中。

大型装配体：为此文件切换大型装配体模式。

隐藏/显示零部件：隐藏或显示零部件。

更改透明度：在 0%～75%之间切换零部件的透明度。

改变压缩状态：压缩或还原零部件。压缩的零部件不在内存中装入或不可见。

编辑零部件：编辑零部件或子装配体和主装配体之间的状态。

无外部参考：外部参考在生成或编辑关联特征时不会生成。

智能扣件：使用 SolidWorks Toolbox 标准件库将扣件添加到装配体中。

制作智能零部件：随相关联的零部件/特征定义智能零部件。

配合：定位两个零部件，使之相互配合。

移动零部件：在由其配合所定义的自由度内移动零部件。

旋转零部件：在由其配合所定义的自由度内旋转零部件。

替换零部件：以零件或子装配体替换零部件。

替换配合实体：替换所选零部件或整个配合组的配合实体。

爆炸视图：将零部件分离成爆炸视图。

爆炸直线草图：添加或编辑显示爆炸的零部件之间几何关系的 3D 草图。

干涉检查：检查零部件之间的任何干涉。

装配体透明度：设定除在关联装配体中正被编辑的零部件以外的零部件透明度。

模拟工具栏：显示或隐藏模拟工具栏。

1.4 系统属性设置

用户可以根据使用习惯或国家标准对 SolidWorks 进行必要的设置。例如，在【系统选项】对话框的【文档属性】选项卡中将尺寸的标准设置为 GB 后，在随后的设计工作中就会全部按照中华人民共和国标准来标注尺寸。

要设置系统的属性，可选择【工具】|【选项】菜单命令，系统弹出如图 1-42 所示的【系统选项】对话框。该对话框由【系统选项】和【文档属性】两个选项卡组成，强调了系统选项和文档属性之间的不同。

（1）【系统选项】选项卡：在该选项卡中设置的内容都将保存在注册表中，它不是文件的一部分。因此，这些更改会影响当前和将来的所有文件。

（2）【文档属性】选项卡：在该选项卡中设置的内容仅应用于当前文件。

每个选项卡下都包括多个项目，并以目录树的形式显示在选项卡的左侧。单击其中一个项目时，该项目的相关选项就会出现在选项卡右侧。

1.4.1 系统选项设置

选择【工具】|【选项】命令，系统弹出如图 1-42 所示的【系统选项】对话框。【系统选项】选项卡有很多项目，以目录树的形式显示在选项卡的左侧，其对应的选项显示在右侧。

下面介绍几个常用项目的设定。

1.【普通】项目的设定

（1）启动时打开上次所使用的文档：如果希望在打开 SolidWorks 时自动打开最近使用的文件，则在该下拉列表框中选择【总是】；否则，选择【从不】。

（2）输入尺寸值：如果选中该复选框，当对一个新的尺寸进行标注后，会自动显示尺寸值修改框；否则，必须双击标注尺寸才会显示修改框。建议选中该复选框。

（3）每选择一个命令仅一次有效：选中该复选框后，当每次使用草图绘制或者尺寸标注工具进行操作之后，系统会自动取消其选择状态，从而避免该命令的连续执行。双击某工具可使其保持为选择状态以继续使用。

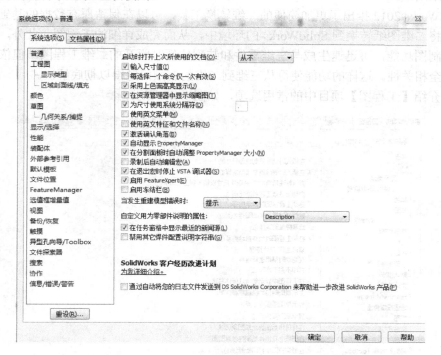

图 1-42 【系统选项】对话框

（4）采用上色面高亮显示：选中该复选框后，当使用选择工具选择面时，系统会将该面用单色显示（默认为绿色）；否则，系统会将面的边线用蓝色虚线高亮显示。

（5）在资源管理器中显示缩略图：在建立装配体文件时，如果选中该复选框，则在Windows 资源管理器中会显示每个 SolidWorks 零件或装配体文件的缩略图，而不是图标。该缩略图将以文件保存时的模型视图为基础，并使用 16 色的调色板（如果其中没有模型使用的颜色，则用相似的颜色代替）。此外，该缩略图也可以在【打开】对话框中使用。

（6）为尺寸使用系统分隔符：选中该复选框后，系统将用默认的系统小数点分隔符来显示小数数值。如果要使用不同于系统默认的小数分隔符，则应取消选中该复选框，此时其右侧的文本框便被激活，可以在其中输入作为小数分隔符的符号。

（7）使用英文菜单：作为全球装机量最大的计算机三维 CAD 软件之一，SolidWorks 支持多种语言（如中文、俄文、西班牙文等）。如果在安装 SolidWorks 时已指定使用其他语言，通过选中此复选框可以改为英文版本。

（8）激活确认角落：选中该复选框后，当进行某些需要确认的操作时，在图形窗口的右上角将会显示确认角落。

（9）自动显示 PropertyManager：选中该复选框后，在对特征进行编辑时，系统将自动显示该特征的属性管理器。例如，如果选择了一个草图特征进行编辑，则所选草图特征的属性管理器将自动出现。

2.【工程图】项目的设定

SolidWorks 是一个基于造型的三维机械设计软件，其基本设计思路是"实体造型—虚拟装配—二维图纸"。

SolidWorks 2012 推出了更加简便的二维转换工具，可以在保留原有数据的基础上，让用户方便地将二维图纸转换到 SolidWorks 的环境中，从而完成详细的工程图。此外，利用其独有的快速制图功能，可迅速生成与三维零件和装配体暂时脱开的二维工程图，但依然保持与三维图的全相关性。这样的功能使得从三维到二维的瓶颈问题得以彻底解决。

下面介绍【工程图】项目中的常用选项，如图 1-43 所示。

图 1-43 【系统选项】对话框中的【工程图】项目选项

（1）自动缩放新工程视图比例：选中此复选框后，当插入零件或装配体的标准三视图到工程图时，将会调整三视图的比例以配合工程图纸的大小，而不管已选的图纸大小。

（2）拖动工程视图时显示内容：选中此复选框后，在拖动视图时会显示模型的具体内容；否则，在拖动时将只显示视图边界。

（3）显示新的局部视图图标为圆：选中该复选框后，新的局部视图轮廓显示为圆。取消选中此复选框时，显示为草图轮廓。这样做可以提高系统的显示性能。

（4）选取隐藏的实体：选中该复选框后，用户可以选择隐藏实体的切边和边线。当光标经过隐藏的边线时，边线将以双点画线显示。

（5）在工程图中显示参考几何体名称：选中该复选框后，当将参考几何实体输入工程图中时，其名称将在工程图中显示出来。

（6）生成视图时自动隐藏零部件：选中该复选框后，当生成新的视图时，装配体的任何隐藏零部件将自动列举在【工程视图属性】对话框的【隐藏/显示零部件】选项卡中。

（7）显示草图圆弧中心点：选中该复选框后，将在工程图中显示草图圆弧的中心点。

（8）显示草图实体点：选中该复选框后，草图中的实体点将在工程图中一同显示。

（9）局部视图比例缩放：局部视图比例是指局部视图相对于原工程图的比例，可在其右侧的文本框中指定该比例。

3．【草图】项目的设定

在 SolidWorks 中所有的零件都是建立在草图基础上的，大部分特征也都是由二维草图绘制开始的。增强草图的功能有利于提高对零件的编辑能力，所以能够熟练地使用草图绘制工具绘制草图至关重要。

下面介绍【草图】项目中的常用选项，如图 1-44 所示。

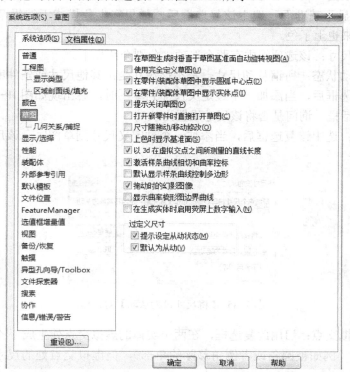

图 1-44 【系统选项】对话框中的【草图】项目选项

（1）使用完全定义草图：所谓完全定义草图，是指草图中所有的直线和曲线及其位置均由尺寸、几何关系或两者的组合说明。选中该复选框后，草图用来生成特征之前必须是完全定义的。

（2）在零件/装配体草图中显示圆弧中心点：选中该复选框后，草图中所有圆弧的圆心点都将显示在草图中。

（3）在零件/装配体草图中显示实体点：选中该复选框，草图中实体的端点将以实心圆点的形式显示。

实心圆点的颜色反映了草图中该实体的状态：黑色表示该实体是完全定义的；蓝色表示该实体是欠定义的，即草图中实体的一些尺寸或几何关系未定义，可以随意改变；红色表示该实体是过定义的，即草图中的实体中有些尺寸、几何关系是多余的或两者处于冲突中。

（4）提示关闭草图：选中该复选框，当利用具有开环轮廓的草图来生成凸台时，如果此草图可以用模型的边线来封闭，系统就会显示【封闭草图到模型边线】对话框。单击"是"按钮，即可用模型的边线来封闭草图轮廓，同时还可选择封闭草图的方向。

（5）打开新零件时直接打开草图：选中该复选框后，新建零件时可以直接使用草图绘制区域和草图绘制工具。

（6）尺寸随拖动/移动修改：选中该复选框后，可以通过拖动草图中的实体或在【移动/复制 属性管理器】选项卡中移动实体来修改尺寸值。拖动完成后，尺寸会自动更新。生成几何关系时，要求其中至少有一个项目是草图实体。其他项目可以是草图实体或边线、面、顶点、原点、基准面、轴或其他草图的曲线投影到草图基准面上形成的直线或圆弧。

（7）上色时显示基准面：选中该复选框后，如果在上色模式下编辑草图，会显示网格线，基准面看起来也上了色。

（8）过定义尺寸：该选项组中有两个选项，分别介绍如下。

提示设定从动状态：所谓从动尺寸，是指该尺寸是由其他尺寸或条件所驱动的，不能被修改。选中此复选框后，当添加一个过定义尺寸到草图时，会出现如图 1-45 所示的【将尺寸设为从动】对话框，询问是否将该尺寸设置为从动。

默认为从动：选中该复选框后，当添加一个过定义尺寸到草图时，该尺寸会被默认为从动尺寸。

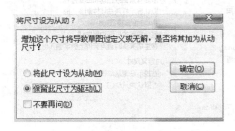

图 1-45 【将尺寸设为从动】对话框

（9）显示虚拟交点：启用此复选框，在两个实体的虚拟交点处生成 1 个草图点。即使实际交点已不存在（例如被圆角或者倒角移除的角部），但虚拟交点处的尺寸和几何关系仍保持不变。

（10）以 3d 在虚拟交点之间所测量的直线长度：从虚拟交点处测量直线长度，而不是三维草图中的端点。

（11）激活样条曲线相切和曲率控标：为相切和曲率显示样条曲线控标。

（12）默认显示样条曲线控制多边形：显示空间中用于操纵对象形状的一系列控制点以操纵样条曲线的形状。

（13）拖动时的幻影图像：在拖动草图时显示草图实体原有位置的幻影图像。

（14）显示曲率梳形图边界曲线：显示曲率表达时梳形图上的模型边界曲线。

（15）在生成实体时启用荧屏上数字输入：生成实体操作时可以在屏幕上进行数字输入操作。

4.【显示/选择】项目的设定

任何一个零件的轮廓都是一个复杂的闭合边线回路，在 SolidWorks 的操作中离不开对边线的操作。该项目就是为边线显示和边线选择设定系统的默认值。

下面介绍【显示/选择】项目中的常用选项，如图 1-46 所示。

图 1-46　【系统选项】对话框中的【显示/选择】项目选项

（1）隐藏边线显示为：该组单选按钮只有在隐藏线变暗模式下才有效。选中【实线】单选按钮，则将零件或装配体中的隐藏线以实线显示。所谓【虚线】模式，是指以浅灰色线显示视图中不可见的边线，而可见的边线仍正常显示。

（2）隐藏边线选择：该选项组中包括 2 个复选框，分别介绍如下。

允许在线架图及隐藏线可见模式下选择：选中该复选框，则在这两种模式下，可以选择隐藏的边线或顶点。【线架图】模式是指显示零件或装配体的所有边线。

允许在消除隐藏线及上色模式下选择：选中该复选框，则在这两种模式下，可以选择隐藏的边线或顶点。【消除隐藏线】模式是指系统仅显示在模型旋转到的角度下可见的线条，不可见的线条将被消除。【上色】模式是指系统将对模型使用颜色渲染。

（3）零件/装配体上切边显示：该组单选按钮用来控制在消除隐藏线和隐藏线变暗模式下，模型切边的显示状态。

（4）在带边线上色模式下显示边线：该组单选按钮用来控制在上色模式下，模型边线的显示状态。

（5）关联中编辑的装配体透明度：该下拉列表框用来设置在关联中编辑装配体的透明度，可以选择【保持装配体透明度】或【强制装配体透明度】，其右侧的滑块用来设置透明度的值。所谓关联是指在装配体中，在零部件中生成一个参考其他零部件几何特征的关联特征，则此关联特征对其他零部件进行了外部参考。如果改变了参考零部件的几何特征，则相关的关联特征也会相应改变。

（6）高亮显示所有图形区域中选中特征的边线：选中该复选框后，当单击模型特征时，所选特征的所有边线会以高亮显示。

（7）图形视区中动态高亮显示：选中该复选框后，当移动光标经过草图、模型或工程图时，系统将以高亮显示模型的边线、面及顶点。

（8）以不同的颜色显示曲面的开环边线：选中该复选框后，系统将以不同的颜色显示曲面的开环边线，这样可以更容易地区分曲面开环边线和任何相切边线或侧影轮廓边线。

（9）显示上色基准面：选中该复选框后，系统将显示上色基准面。

（10）激活通过透明度选择：选中该复选框后，可以通过装配体中零部件透明度的不同进行选择。

（11）显示参考三重轴：选中该复选框后，将在图形区域中显示参考三重轴。

1.4.2　文档属性设置

【文档属性】选项卡仅在文件打开时可用，在其中设置的内容仅应用于当前文件。对于新建文件，如果没有特别指定该文档属性，将采用建立该文件时所用模板的默认设置（如网格线、边线显示、单位等）。

选择【工具】|【选项】菜单命令，系统弹出的【系统选项】对话框，单击【文档属性】选项卡，如图 1-47 所示。

其中的项目以目录树的形式显示在选项卡的左侧。单击其中一个项目时，该项目的相关选项就会出现在右侧。下面介绍两个常用项目的设定。

1.【尺寸】项目的设定

单击【尺寸】项目后，该项目的相关选项就会出现在选项卡的右侧。

（1）主要精度：该选项组用于设置主要尺寸、角度尺寸以及替换单位的尺寸精度和公差值。

（2）水平折线：在工程图中，如果尺寸界线彼此交叉，需要穿越其他尺寸界线时，即可折断尺寸界线。

（3）添加默认括号：选中该复选框后，将添加默认括号并在括号中显示工程图的参考尺寸。

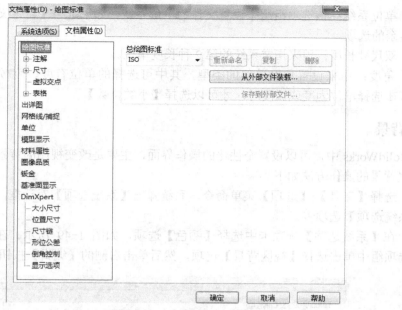

图 1-47 【系统选项】对话框中的【文档属性】选项卡

（4）置中于延伸线之间：选中该复选框后，标注的尺寸文字将被置于尺寸界线的中间位置。

（5）箭头：该选项组用来指定标注尺寸中箭头的显示状态。

（6）等距距离：该选项组用来设置标准尺寸间的距离。其中，【距离上一尺寸】是指与前一个标准尺寸间的距离；【距离模型】是指模型与基准尺寸第一个尺寸之间的距离。【基准尺寸】属于参考尺寸，用户不能更改其数值或者使用其数值来驱动模型。

2．【单位】项目的设定

该项目主要用来指定激活的零件、装配体或工程图文件所使用的线性单位类型和角度单位类型，如图 1-48 所示。

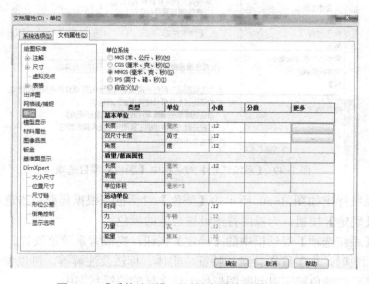

图 1-48 【系统选项】对话框中【单位】项目选项

（1）单位系统：该选项组用来设置文件的单位系统。如果选中【自定义】单选按钮，则可激活其余的选项。

（2）双尺寸长度：用来指定系统的第2种长度单位。

（3）角度：用来设置角度单位的类型，其中可选择的单位有度、度/分、度/分/秒或弧度。只有在选择单位为度或弧度时，才可以选择【小数位数】

1.4.3　背景

在 SolidWorks 中，可以设置个性化的操作界面，主要是改变视图的背景。

设置背景的操作方法如下。

（1）选择【工具】|【选项】菜单命令，系统弹出【系统选项】对话框，默认打开对话框中的【系统选项】选项卡。

（2）在【系统选项】选项卡中选择【颜色】选项，如图 1-49 所示。在右侧【颜色方案设置】选项组中单击选择【视区背景】选项，然后单击右侧的【编辑】按钮。

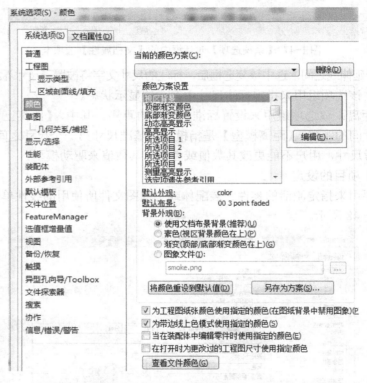

图 1-49　【系统选项】对话框中【颜色】项目选项

（3）此时系统弹出如图 1-50 所示的【颜色】对话框，根据需要单击选择需要设置的颜色，然后单击【确定】按钮，为视图背景设置合适的颜色。

（4）单击【系统选项】对话框中的【确定】按钮，完成背景颜色设置。

设置其他颜色时，如工程图背景、特征、实体、标注及注解等，可以参考上面的步骤进行，这样根据显示的颜色就可以判断图形处于什么样的编辑状态中。

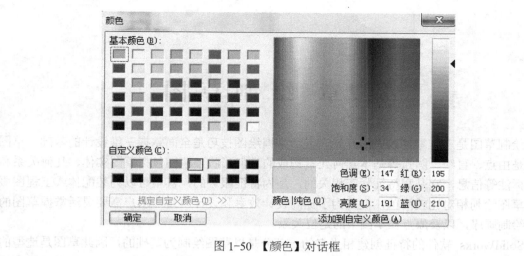

图 1-50 【颜色】对话框

1.5 思考与练习题

一、填空题

1. 所谓参数式设计是将零件尺寸的设计用_____描述，并在设计修改的过程中通过数值来改变零件的外形，SolidWorks 中的参数不仅代表了设计对象的相关_____，并且具有实质上的物理意义。

2. _____是 SolidWorks 中实体建模的基础元素，是构成_____或装配体等的单元，从几何外形上来看，它包含最基本的_____如点、线、面或实体单元，同时还具有很强的工程制造意义。

二、判断题

1. SolidWorks 提供了强大的零件建模、装配建模、铂金建模、二维制图等设计功能，已被广泛应用于机械设计、工业设计、电装设计、消费品及通信器材设计等行业中。
（　　）

2. 用户利用 SolidWorks 设计出的模型是虚拟的三维模型，这种三维实体模型将用户的设计思想和理念以一种最真实的方式展现出来。
（　　）

3. SolidWorks 建模时，使用智能化、易于理解的几何特征，如拉伸和旋转等，在建模过程中，这些特征可直接添加到零件中。　　　　　　　　　　　　　　　　　（　　）

三、问答题

1. 使用 SolidWorks 2012 如何新建文件？
2. 使用 SolidWorks 2012 如何保存文件？
3. 自定义一些自己常用的工具栏。

第2章 绘制草图

绘制草图是三维零件建模的开始，灵活掌握绘图技巧是全面掌握三维设计的基础。草图实体是由点、直线、圆弧等基本几何元素构成的几何形状。草图包括草图实体、几何关系和尺寸标注等信息，它是和特征紧密相关的，是为特征服务的，甚至可以为装配体或工程图服务。草图绘制相对比较简单，但是为了提高设计效率和设计质量，用户需要灵活掌握草图的先后绘制顺序，以及原点在草图中的定位关系。

SolidWorks 软件的特征创建相当多的一部分是以草图绘制为基础的，因此草图是造型的关键，是 SolidWorks 中比较重要的工具之一。草图对象由草图的点、直线、圆弧等元素构成，运用 SolidWorks 中的草图绘制工具，可以非常方便地完成复杂图形的绘制操作，还可以进行参数化的编辑。

本章将综合应用草图绘制实体、草图工具、尺寸标注、几何关系等命令完成二维图形的绘制，掌握草图设计的一般步骤和应用技巧。

2.1 草图绘制基本概念及绘制过程

在使用草图绘制命令前，首先要了解草图绘制的基本概念，以更好地掌握草图绘制和草图编辑的方法。本节主要介绍草图的基本操作、认识草图绘制工具栏、熟悉绘制草图时光标的显示状态。

2.1.1 草图基本概念

草图有 2D 草图和 3D 草图之分。2D 草图是在一个平面上进行绘制的，在绘制 2D 草图时必须确定一个绘图平面；而 3D 草图是位于空间上的点、线的组合。3D 草图一般用于特定的工作场合，本书中除非特别注明，"草图"一词均指 2D 草图。

1. 草图基准面

2D 草图必须绘制在一个平面上，绘制平面可以使用以下几种方法。

（1）3 个默认的基准面（前视基准面、右视基准面或上视基准面），如图 2-1a 所示。

（2）用户建立的参考基准面，如图 2-1b 所示。

（3）模型中的平面表面，如图 2-1c 所示。

2. 草图的构成

在草图中一般包含以下几类信息。

（1）草图实体：由线条构成的基本形状。草图中的线段、圆弧等元素均可以称为草图实体。

（2）几何关系：表明草图实体之间的关系，例如两条直线的【水平】、两条直线的【竖直】、圆心和矩形中心与原点【重合】。

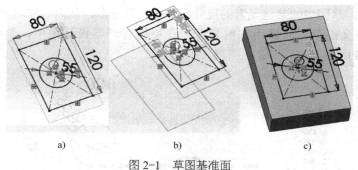

a)   b)   c)

图 2-1　草图基准面

a) 默认基准面　b) 自建基准面　c) 模型表面

（3）尺寸：标注草图实体大小或位置的数值，如矩形长 120、宽 80 和圆直径 55。草图构成的示意如图 2-2 所示。

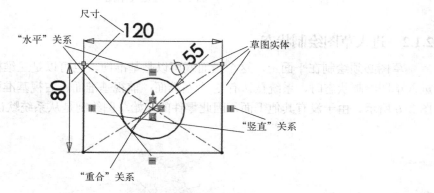

图 2-2　草图的构成

3. 草图的定义状态

一般而言，草图可以处于欠定义、完全定义或过定义状态。

（1）欠定义：草图中某些元素的尺寸或几何关系没有定义。欠定义的元素用蓝色表示。拖动欠定义的元素，可以改变它们的大小或位置。在特征管理器设计树中，草图名称的前面为"（-）"，如图 2-3 所示。

（2）完全定义：草图中所有元素均已通过尺寸或几何关系进行了约束，完全定义的草图中的元素均使用黑颜色表示，用户不能拖动完全定义的草图实体来改变大小。在特征管理器设计树中，草图名称前面无符号标识，如图 2-4 所示。

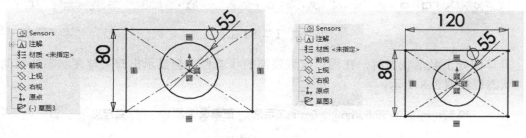

图 2-3　欠定义草图　　　　　　　　图 2-4　完全定义草图

（3）过定义：草图中的某些元素的尺寸或几何关系过多，从而导致对一个元素有多种冲突的约束，过定义的草图元素用红色表示。在特征管理器设计树中，草图名称的前面为"（+）"，如图 2-5 所示。

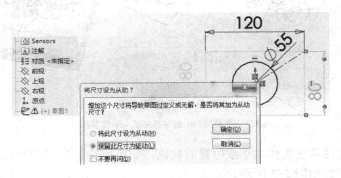

图 2-5　过定义草图

2.1.2　进入草图绘制状态

草图必须绘制在平面上，这个平面既可以是基准面，也可以是三维模型上的平面。初始进入草图绘制状态时，系统默认有 3 个基准面：前视基准面、右视基准面和上视基准面，如图 2-6 所示。由于没有其他平面，因此零件的初始草图绘制是从系统默认的基准面开始的。

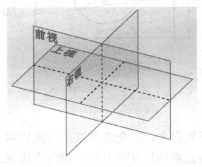

图 2-6　系统默认的基准面

常用的【草图】工具栏如图 2-7 所示，工具栏中有绘制草图、编辑草图及其他草图命令按钮。

图 2-7　【草图】工具栏

当草图处于激活状态时，在图形区域底部的状态栏中会显示出有关草图状态的帮助信息，状态栏如图 2-8 所示。

| -49.57mm | -39.83mm | 0mrr | 欠定义 | 在编辑 草图1 | 自定义 ▲ | ? |

图 2-8　状态栏

36

在激活的草图中，草图原点显示为红色。使用草图原点，可以帮助了解所绘制的草图的坐标。零件中的每个草图都有自己的原点，所以在一个零件中通常有多个草图原点。当草图打开时，不能关闭其原点的显示。草图原点和零件原点（以灰色显示）并非同一点，也不是同一个概念。不能将尺寸标注到草图原点，或者为草图原点添加几何关系，只能向零件原点添加尺寸和几何关系。

绘制草图既可以先指定绘制草图所在的平面，也可以先选择草图绘制实体，具体根据实际情况灵活运用。下面将分别介绍常用的两种进入草图绘制状态的操作方法。

1．先指定草图所在平面方式

（1）在特征管理器设计树中选择要绘制草图的基准面，即前视基准面、右视基准面或上视基准面中的一个面。

（2）单击【视图定向】工具栏中的【正视于】按钮 ⬚，使基准面旋转到正视于绘图者方向。

（3）单击【草图】工具栏中的【草图绘制】按钮⬚，或者单击【草图】工具栏上要绘制的草图实体，进入草图绘制状态。

在新建零件的初始草图绘制时，基准面以正视于绘图者显示，在绘制中，基准面并不都以正视于绘图者显示，需要在【标准视图】工具栏中使用合适的命令按钮选择合适的基准面方向。

2．先选择草图绘制实体方式

（1）选择【插入】|【草图绘制】菜单命令，或者单击【草图】工具栏中的【草图绘制】按钮⬚，或者直接单击选择【草图】工具栏上要绘制的草图实体命令按钮，此时可以单击【视图定向】工具栏中的【等轴测】按钮 ⬚，以等轴测方向显示基准面，便于观察，确定选择哪个基准面作为草图平面。

（2）单击选择绘图区域中 3 个基准面之一作为合适的绘制图形的平面，进入草图绘制状态。

2.1.3　退出草图绘制状态

零件是由多个特征组成的，有些特征需要由一个草图生成，有些需要多个草图生成，如扫描实体、放样实体等。因此草图绘制后，即可立即建立特征，也可以退出草图绘制状态再绘制其他草图，然后再建立特征。退出草图绘制状态的方法主要有以下几种，下面将分别介绍，在实际使用中要灵活运用。

1．菜单方式

草图绘制后，选择【插入】|【退出草图】菜单命令，如图 2-9 所示，退出草图绘制状态，或者单击【标准】工具栏中的【重建模型】按钮 ⬚，退出草图绘制状态。

2．工具栏命令按钮方式

单击【草图】工具栏中的【退出草图】按钮⬚，退出草图绘制状态。

3．右键快捷菜单方式

在绘图区域右击，系统弹出如图 2-10 所示的快捷菜单，在其中单击【退出草图】按钮，即退出草图绘制状态。

图 2-9　菜单方式退出草图绘制状态　　　图 2-10　右键快捷菜单方式退出草图绘制状态

4．绘图区域退出图标方式

在进入草图绘制状态的过程中，在绘图区域右上角会出现如图 2-11 所示的草图提示图标。单击上面的图标，确认绘制的草图并退出草图绘制状态。如果单击下面的图标，则系统会提示是否丢弃对草图的所有更改，系统提示框如图 2-12 所示，然后根据设计需要单击系统提示框中的选项，并退出草图绘制状态。

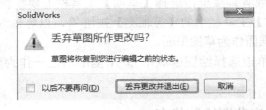

图 2-11　草图提示图标　　　　　　　图 2-12　系统提示框

2.1.4　草图绘制工具

常用的草图绘制工具显示在【草图】工具栏中，如果没有显示的草图绘制工具按钮，可以按照第 1 章介绍的方法进行设置。草图绘制工具栏主要包括：草图绘制命令按钮、实体绘制命令按钮、标注几何关系命令按钮和草图编辑命令按钮，下面将分别介绍各自的概念。

1．草图绘制命令按钮

【草图绘制】/【退出草图】按钮 ：选择进入或者退出草图绘制状态。

【移动实体】按钮 ：在草图和工程图中，选择一个或多个草图实体并将之移动，该操作不生成几何关系。

【旋转实体】按钮 ：在草图和工程图中，选择一个或多个草图实体并将其旋转，该操作不生成几何关系。

【缩放实体比例】按钮 ：在草图和工程图中，选择一个或多个草图实体并将其按比例缩放，该操作不生成几何关系。

【复制实体】按钮 ▣：在草图和工程图中，选择一个或多个草图实体并将其复制，该操作不生成几何关系。

2. 实体绘制工具命令按钮

【直线】按钮 ◢：以起点、终点方式绘制一条直线，绘制的直线可以作为构造线使用。

【边角矩形】按钮 ▢：绘制标准矩形草图，通常以对角线的起点和终点绘制一个矩形，其一边为水平或竖直。

【中心矩形】按钮 ▣：在中心点绘制矩形草图。

【3 点边角矩形】按钮 ◇：以所选的角度绘制矩形草图。

【3 点中心矩形】按钮 ◈：以所选的角度绘制带有中心点的矩形草图。

【平行四边形】按钮 ▱：可绘制一个标准的平行四边形，即生成边不为水平或竖直的平行四边形及矩形。

【多边形】按钮 ⊕：绘制边数在 3～40 之间的等边多边形。

【圆】按钮 ◎：绘制中心圆，先指定圆心，然后拖动鼠标确定的距离为半径的方式绘制的圆为中心圆。

【周边圆】按钮 ⊕：绘制周边圆，是指以指定圆周上点的方式绘制的圆。

【圆心/起/终点画弧】按钮 ⊙：以顺序指定圆心、起点以及终点的方式绘制一个圆弧。

【切线弧】按钮 ⊃：绘制一条与草图实体相切的弧线，绘制的圆弧可以根据草图实体自动确认是法向相切还是径向相切。

【3 点圆弧】按钮 ⌒：以顺序指定起点、终点及中点的方式绘制一个圆弧。

【椭圆】按钮 ⊘：该命令用于绘制一个完整的椭圆，以顺序指定圆心，然后指定长短轴的方式绘制。

【部分椭圆】按钮 ⊘：该命令用于绘制一部分椭圆，以先指定中心点，然后指定起点及终点的方式绘制。

【抛物线】按钮 ∪：该命令用于绘制一条抛物线，以先指定焦点，然后拖动鼠标确定焦距，再指定起点和终点的方式绘制。

【样条曲线】按钮 ∿：该命令用于绘制一条样条曲线，以不同路径上的两点或者多点绘制，绘制的样条曲线可以在指定端点处相切。

【方程式驱动的曲线】按钮 ⅀：该命令用于以数学方程式方式绘制一条样条曲线。

【点】按钮 ＊：该命令用于绘制一个点，该点可以绘制在草图或者工程图中。

【中心线】按钮 ┆：该命令用于绘制一条中心线，中心线可以在草图或者工程图中绘制。

【文字】按钮 Ⓐ：在任何连续曲线或边线组中，包括零件面上由直线、圆弧或样条曲线组成的圆或轮廓之上绘制草图文字，然后拉伸或者切除生成文字实体。

3. 标注几何关系命令按钮

【智能尺寸】按钮 ◇：自动识别尺寸类型并标注。

【水平尺寸】按钮 ⊡：设定水平尺寸。

【竖直尺寸】按钮 ⊞：设定竖直尺寸。

【尺寸链】按钮 ◈：设定配套的尺寸链条。

【水平尺寸链】按钮 ⊞：设定配套的水平尺寸链条。

【竖直尺寸链】按钮 ⊟：设定配套的竖直尺寸链条。

4．草图编辑工具命令按钮

【绘制圆角】按钮 ⌐：执行该命令将两个草图实体的交叉处剪裁掉角部，从而生成一个切线弧，即形成圆角，此命令在 2D 和 3D 草图中均可使用。

【绘制倒角】按钮 ↘：执行该命令将两个草图实体交叉处按照一定角度和距离剪裁，并用直线相连，即形成倒角，此命令在 2D 和 3D 草图中均可使用。

【等距实体】按钮 ⊐：按给定的距离和方向将一个或多个草图实体等距生成相同的草图实体，草图实体可以是线、弧、环等实体。

【转换实体引用】按钮 ⬚：通过将边线、环、面、曲线、外部草图轮廓线、一组边线或一组草图曲线投影到草图基准面上生成草图实体。

【交叉曲线】按钮 ❊：该命令将在基准面和曲面或模型面、两个曲面、曲面和模型面、基准面和整个零件、曲面和整个零件的交叉处生成草图曲线。可以按照与使用任何草图曲线相同的方式使用生成的草图交叉曲线。

【剪裁实体】按钮 ✂：根据所选择的剪裁类型，剪裁或者延伸草图实体，该命令可为 2D 草图以及在 3D 基准面上的 2D 草图所使用。

【延伸实体】按钮 ⊤：执行该命令可以将草图实体包括直线、中心线或者圆弧的长度，延伸至与另一个草图实体相遇。

【镜像实体】按钮 ⚠：将选择的草图实体以一条中心线为对称轴生成对称的草图实体。

【线性草图阵列】按钮 ▦：将选择的草图实体沿一个轴或同时沿两个轴生成线性草图排列，选择的草图可以是多个草图实体。

【圆周草图阵列】按钮 ✿：生成草图实体的圆周排列。

【修复草图】按钮 ⟳：该命令用来移动、旋转或者按比例缩放整个草图实体。

2.1.5 设置草图绘制环境

1．设置草图的系统选项

选择【工具】|【选项】菜单命令，系统弹出【系统选项】对话框。选择【草图】选项并进行设置，具体选项含义见本书第 1 章的相关内容，完成设置后单击【确定】按钮 ✔。

2．【草图设定】菜单

选择【工具】|【草图设定】菜单命令，系统弹出如图 2-13 所示的【草图设定】子菜单，在此菜单中可以使用草图的各种设定。

图 2-13 【草图设定】子菜单

（1）【自动添加几何关系】：在添加草图实体时自动建立几何关系。

（2）【自动求解】：在生成零件时自动计算求解草图几何体。

（3）【激活捕捉】：可以激活快速捕捉功能。

（4）【移动时不求解】：可以在不解出尺寸或者几何关系的情况下，在草图中移动草图实体。

（5）【独立拖动单一草图实体】：在拖动时可以从其他实体中独立拖动单一草图实体。

（6）【尺寸随拖动/移动修改】：拖动草图实体或者在【移动】或【复制】的属性设置中将其移动以覆盖尺寸。

3．草图网格线和捕捉

当草图或者工程图处于激活状态时，可以选择在当前的草图或者工程图上显示草图网格线。由于 SolidWorks 是参变量式设计，所以草图网格线和捕捉功能并不像 AutoCAD 那么重要，在大多数情况下不需要使用该功能。

2.2　绘制草图

绘制草图是指先绘制出大概的二维轮廓，然后再添加相应的约束，进而通过拉伸、旋转或扫描等操作，生成与草图对象相关联的实体模型。绘制草图是本章的重要内容，也是创建实体模型的基础和关键。在参数化建模时，灵活地应用绘制草图功能，会给设计带来很大的方便。

上一节介绍了草图绘制命令按钮及其基本概念，本节将介绍草图绘制命令的使用方法。在 SolidWorks 建模过程中，大部分特征都需要先建立草图实体然后再执行特征命令，因此本节的学习非常重要。

2.2.1　直线

单击【草图】工具栏中的【直线】按钮 ，或选择【工具】|【草图绘制实体】|【直线】菜单命令，系统弹出如图 2-14 所示的【插入线条】属性管理器。下面具体介绍各项参数的设置。

1．【方向】选项组

（1）【按绘制原样】：以鼠标指定的点绘制直线，选中该单选按钮绘制直线时，光标附近出现任意直线图标符号 。

（2）【水平】：以指定的长度在水平方向绘制直线，选中该单选按钮绘制直线时，光标附近出现水平直线图标符号 。

（3）【竖直】：以指定的长度在竖直方向绘制直线，选中该单选按钮绘制直线时，光标附近出现竖直直线图标符号 。

（4）【角度】：以指定的角度和长度方式绘制直线，选中该单选按钮绘制直线时，光标附近出现角度直线图标符号 。

除【按绘制原样】选项外的所有选项均在【插入线条】属性管理器中显示【参数】或【额外参数】选项组，如图 2-15 所示。

图 2-14 【插入线条】属性管理器　　　　图 2-15 【参数】和【额外参数】选项组

2．【选项】选项组

（1）【作为构造线】：绘制为构造线。

（2）【无限长度】：绘制无限长度的直线。

3．【参数】选项组

（1）【长度】：设置一个数值作为直线的长度。

（2）【角度】：设置一个数值作为直线的角度。

（3）【添加尺寸】：启用该复选框用于显示或隐藏设置的长度值和角度值。

直线通常有两种绘制方式，即拖动式和单击式。拖动式是在绘制直线的起点，按住鼠标左键开始拖动鼠标，直到直线终点放开；单击式是在绘制直线的起点单击，然后在直线终点单击。

4．【额外参数】选项组

【开始 X 坐标】：开始点的 X 坐标。

【开始 Y 坐标】：开始点的 Y 坐标。

【结束 X 坐标】：结束点的 X 坐标。

【结束 Y 坐标】：结束点的 Y 坐标。

【Delta X】：开始点和结束点 X 坐标方向之间的偏移。

【Delta Y】：开始点和结束点 Y 坐标方向之间的偏移。

2.2.2　中心线

单击【草图】工具栏中的【中心线】按钮，或选择
【工具】|【草图绘制实体】|【中心线】菜单命令，系统弹出如
图 2-16 所示的【插入线条】属性管理器。对比图 2-14 所示的
属性管理器，就会发现，中心线的各参数的设置与直线相同，只是在【选项】选项组中选中
了【作为构造线】复选框作为默认选项。

图 2-16 【插入线条】属性管理

2.2.3　矩形

单击【草图】工具栏中的【边角矩形】按钮或【中心矩形】按钮或【3 点边角矩形】按钮或【3 点中心矩形】按钮或【平行四边形】按钮，也可以选择【工具】|【草图绘制实体】|【边角矩形】或【中心矩形】或【3 点边角矩形】或【3 点中心矩形】或

【平行四边形】菜单命令，系统弹出如图 2-17 所示的【矩形】属性管理器。矩形类型有 5 种，分别是：边角矩形、中心矩形、3 点边角矩形、3 点中心矩形和平行四边形。当执行中心矩形或 3 点中心矩形命令时，属性管理器中会出现如图 2-18 所示的【中心点】选项组。

矩形绘制完毕后，属性管理器中会出现如图 2-19 所示的【现有几何关系】选项组、如图 2-20 所示的【添加几何关系】选项组、如图 2-21 所示的【选项】选项组和如图 2-22 所示的【参数】选项组。下面具体介绍各参数的设置。

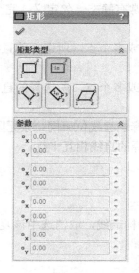

图 2-17 【矩形】属性管理

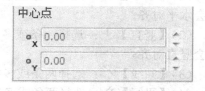

图 2-18 【中心点】选项组

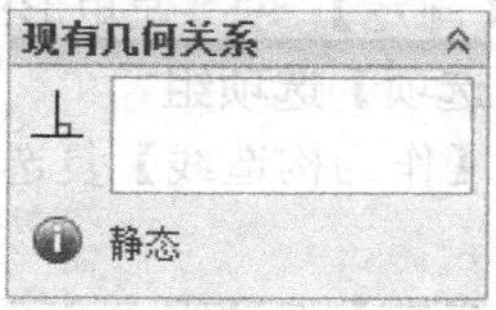

图 2-19 【现有几何关系】选项组

图 2-20 【添加几何关系】选项组

图 2-21 【选项】选项组

图 2-22 【参数】选项组

1．【矩形类型】选项组

（1）【边角矩形】 用于绘制标准矩形草图。

（2）【中心矩形】 绘制一个包括中心点的矩形。

（3）【3 点边角矩形】 以所选的角度绘制一个矩形。

（4）【3 点中心矩形】 以所选的角度绘制带有中心点的矩形。

（5）【平行四边形】 绘制标准平行四边形草图。

43

2.【中心点】选项组

（1）【X 坐标】$\bullet_x$：在后面的微调框中输入点的 X 坐标。

（2）【Y 坐标】$\bullet_y$：在后面的微调框中输入点的 Y 坐标。

3.【现有几何关系】选项组

（1）【几何关系】$\perp$：显示草图绘制过程中自动推理或使用添加几何关系命令手工生成的几何关系，当在列表中选择一个几何关系时，在图形区域中的标注被高亮显示。

（2）【信息】$\boldsymbol{i}$：显示所选草图实体的状态，通常有静态、欠定义、完全定义等。

4.【添加几何关系】选项组

（1）【水平】$-$：选择一条或多条直线，或两个或多个点，所选择的直线会变成水平，点会水平对齐。

（2）【竖直】$\mid$：选择一条或多条直线，或两个或多个点，所选择的直线会变成竖直，点会竖直对齐。

（3）【共线】$\diagup$：选择两条或多条直线，使所选择的直线位于同一条无限长的直线上。

（4）【平行】$\diagdown$：选择两条或多条直线，使所选择的直线相互平行。

（5）【相等】$=$：使矩形的四条边相等。

（6）【固定】$\boxtimes$：使矩形的位置固定。

5.【选项】选项组

选中【作为构造线】复选框，生成的矩形将作为构造线，取消选中该复选框，将为实体草图。

6.【参数】选项组

X、Y 坐标成组出现，用于设置绘制矩形的 4 个点的坐标。

7．绘制矩形的操作方法

（1）选择【工具】|【草图绘制实体】|【矩形】菜单命令，或者单击【草图】工具栏中的【边角矩形】按钮□，此时光标变为□形状。

（2）在系统弹出的【矩形】属性管理器的【矩形类型】选项组中选择绘制矩形的类型。

（3）在绘图区域中根据选择的矩形类型绘制矩形。

（4）单击【矩形】属性管理器中的【确定】按钮✔，完成矩形的绘制。

2.2.4　槽口

键槽是指轴或轮毂上的凹槽，其通过与相应的键配合，使轴转向。通常情况下，轴上的键槽由铣刀铣出，轮毂上的键槽由插刀插出。在机械设计中，键槽按外形可分为平底槽、半圆槽和楔形槽等。

在 SolidWorks 中，为了方便绘制键槽的投影轮廓，系统专门提供了 4 种槽口的绘制工具，如表 2-1 所示。

表 2-1　槽口绘制工具

槽口工具类型	槽口属性
直槽口 ▭	以两个端点为参照，绘制直槽口
中心点直槽口 ▭	以中心点为参照，绘制直槽口
三点圆弧槽口 ◠	在圆弧上以 3 个点为参照，绘制圆弧槽口
中心点圆弧槽口 ◠	以圆弧半径的中心点和两个端点为参照，绘制圆弧槽口

单击【草图】工具栏中的【直槽口】按钮 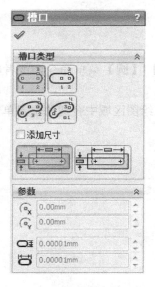 或【中心点直槽口】按钮 或【三点圆弧槽口】按钮 或【中心点圆弧槽口】按钮 ，也可以选择【工具】|【草图绘制实体】|【直槽口】或【中心点直槽口】或【三点圆弧槽口】或【中心点圆弧槽口】菜单命令，系统弹出如图 2-23 所示的【槽口】属性管理器。

1．绘制槽口

现以常用的【直槽口】工具为例，介绍其具体操作方法。

单击【草图】工具栏中的【直槽口】按钮 ，系统弹出如图 2-23 所示的【槽口】属性管理器。其中，直槽口长度参数的设置方式有两种：选择【中心到中心】按钮 ，系统将以两个中心之间的长度作为直槽口的长度尺寸；选择【总长度】按钮 ，系统将以槽口的总长度作为直槽口的长度尺寸。指定完长度参数的设置方式后，在绘图区中依次单击确定直槽口的长度尺寸，然后竖直移动指针至合适位置单击，确定直槽口的宽度尺寸，即可完成直槽口的绘制，效果如图 2-24 所示。

2．修改槽口属性

在草图中选择绘制后的直槽口轮廓，系统弹出如图 2-25 所示的【槽口】属性管理器，用户可以根据需要对其属性参数进行相应的修改。其中，在【添加几何关系】选项组中，如单击【固定槽口】按钮，系统将默认槽口的大小和位置是固定的；【参数】选项组中，用于修改直槽口的中心位置和长宽尺寸。

图 2-23 【槽口】属性管理器 1

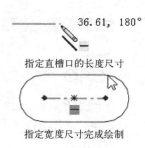

36.61，180°

指定直槽口的长度尺寸

指定宽度尺寸完成绘制

图 2-24 绘制直槽口

图 2-25 【槽口】属性管理器 2

2.2.5 圆

在草图绘制状态下，单击【草图】工具栏中的【圆】按钮 ，或选择【工具】|【草图绘制实体】|【圆】菜单命令；或选择【工具】|【草图绘制实体】|【周边圆】菜单命令，或者单击【草图】工具栏中的【周边圆】按钮 ，系统弹出如图 2-26 所示的【圆】属性管理器。圆的绘制方式有中心圆和周边圆两种，当以某一种方式绘制圆以后，【圆】属性管理器

如图 2-27 所示。下面具体介绍各项参数的设置。

1. 【圆类型】选项组

（1）【中心圆】 ：绘制基于中心的圆。

（2）【周边圆】 ：绘制基于周边的圆。

2. 其他选项组

其他选项组可以参考直线类型进行设置，主要说明如下。

在图形区域中选择绘制的圆，在属性管理器中弹出【圆】的属性设置，可以编辑其属性，如图 2-27 所示。

（1）【现有几何关系】选项组。

可以显示现有的几何关系以及所选草图实体的状态信息。

（2）【添加几何关系】选项组。

可以将新的几何关系添加到所选的草图实体圆中。

（3）【选项】选项组。

可以选中【作为构造线】复选框，将实体圆转换为构造几何体的圆。

（4）【参数】选项组。

设置圆心的位置坐标和圆的半径尺寸。

【X 坐标】 ：设置圆心 X 坐标。

【Y 坐标】 ：设置圆心 Y 坐标。

【半径】 ：设置圆的半径。

3. 绘制中心圆的操作方法

（1）在草图绘制状态下，选择【工具】|【草图绘制实体】|【圆】菜单命令，或者单击【草图】工具栏中的【圆】按钮 ，开始绘制圆。

（2）在【圆类型】选项组中，单击【中心圆】按钮 ，在绘图区域中合适的位置单击确定圆的圆心，如图 2-28 所示。

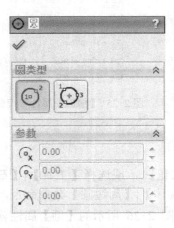

图 2-26 【圆】属性管理器 1　　图 2-27 【圆】属性管理器 2　　图 2-28 绘制圆心

46

（3）移动光标拖出一个圆，然后单击确定圆的半径，如图 2-29 所示。

（4）单击【圆】属性管理器中的【确定】按钮 ✔，完成圆的绘制，绘制的圆如图 2-30 所示。

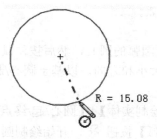

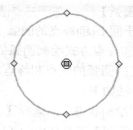

图 2-29　绘制圆的半径　　　　　　　　　图 2-30　绘制的圆

4．绘制周边圆的操作方法

（1）在【圆类型】选项组中，单击【周边圆】按钮 ◎，在绘图区域中合适的位置单击确定圆上一点。

（2）移动鼠标到绘图区域中合适的位置，单击确定周边上的另一点。

（3）移动鼠标到绘图区域中另一个合适的位置，单击确定周边上的第三点。

（4）单击【圆】属性管理器中的【确定】按钮 ✔，完成圆的绘制。

2.2.6　圆弧

单击【草图】工具栏中的【圆心/起/终点画弧】按钮 ⚲ 或【切线弧】按钮 ⌐ 或【三点圆弧】按钮 ⌒，也可以选择【工具】|【草图绘制实体】|【圆心/起/终点画弧】或【切线弧】或【三点圆弧】菜单命令，系统弹出如图 2-31 所示的【圆弧】属性管理器。以基于圆心/起/终点画弧方式绘制圆弧，其【圆弧】属性管理器如图 2-32 所示。下面具体介绍各参数的设置。

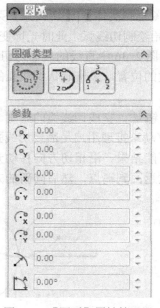

图 2-31　【圆弧】属性管理器 1　　　　　　图 2-32　【圆弧】属性管理器 2

1.【圆弧类型】选项组

（1）【圆心|起|终点画弧】 ：基于圆心/起/终点画弧方式绘制圆弧。

（2）【切线弧】 ：基于切线弧方式绘制圆弧。

（3）【三点圆弧】 ：基于三点圆弧方式绘制圆弧。

2．绘制基于圆心|起|终点的圆弧

基于圆心/起/终点方式绘制圆弧的方法是先指定圆弧的圆心，然后按住鼠标左键不放，顺序拖动到指定的圆弧的起点和终点，确定圆弧的大小和方向。以基于圆心/起/终点方式绘制圆弧的操作方法如下。

（1）在草图绘制状态下，选择【工具】|【草图绘制实体】|【圆心/起/终点画弧】菜单命令，或者单击【草图】工具栏中的【圆心/起/终点画弧】按钮 ，开始绘制圆弧。

（2）在绘图区域单击确定圆弧的圆心，如图 2-33 所示。

（3）在绘图区域合适的位置，单击确定圆弧的起点，如图 2-34 所示。

（4）在绘图区域合适的位置，单击确定圆弧的终点，如图 2-35 所示。

图 2-33　绘制圆弧圆心　　　　图 2-34　绘制圆弧起点　　　　图 2-35　绘制圆弧终点

（5）单击【圆弧】属性管理器中的【确定】按钮 ，完成圆弧的绘制。

3．绘制切线弧

切线弧是指基于切线方式绘制圆弧，生成一条与草图实体（直线、圆弧、椭圆和样条曲线等）相切的弧线。绘制切线弧的操作方法如下。

（1）在草图绘制状态下，选择【工具】|【草图绘制实体】|【切线弧】菜单命令，或者单击【草图】工具栏中的【切线弧】按钮 ，开始绘制切线弧，此时光标变为 形状。

（2）在已经存在草图实体的端点处，单击选择图 2-36 中直线的右端为切线弧的起点。

（3）按住鼠标左键不放拖动到绘图区域中合适的位置，单击确认切线弧的终点，绘制的切线弧如图 2-36 所示。

（4）单击【圆弧】属性管理器中的【确定】按钮 ，完成切线弧的绘制。

绘制切线弧时，SolidWorks 可以通过光标的移动来推理用户是需要切线弧还是法线弧，共有 4 个目的区，具有如图 2-37 所示的 8 种可能结果。沿相切方向移动光标将生成切线弧；沿垂直方向移动光标将生成法线弧。可以通过返回到端点，然后向新的方向移动光标在切线弧和法线弧之间进行切换。

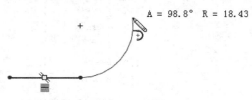 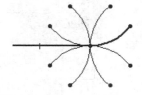

图 2-36　绘制的切线弧　　　　　　　图 2-37　切线弧 8 种可能的结果

4．绘制三点圆弧

三点圆弧是通过起点、终点与中点的方式绘制的圆弧。绘制三点圆弧的操作方法如下。

（1）在草图绘制状态下，选择【工具】|【草图绘制实体】|【三点圆弧】菜单命令，或者单击【草图】工具栏中的【三点圆弧】按钮，开始绘制圆弧，此时光标变为形状。

（2）在绘图区域单击确定圆弧的起点，如图 2-38 所示。

（3）移动光标到绘图区域中合适的位置，单击确认圆弧终点的位置，如图 2-39 所示。

（4）移动光标到绘图区域中合适的位置，单击确认圆弧中点的位置，如图 2-40 所示。

（5）单击【圆弧】属性管理器中的【确定】按钮，完成三点圆弧的绘制。

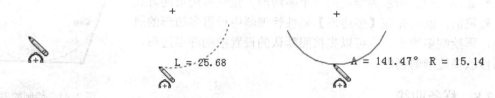

图 2-38　绘制圆弧的起点　　图 2-39　绘制圆弧的终点　　图 2-40　绘制圆弧的中点

2.2.7　多边形

多边形命令用于绘制数量为 3～40 之间的等边多边形，单击【草图】工具栏中的【多边形】按钮，或选择【工具】|【草图绘制实体】|【多边形】菜单命令，系统弹出如图 2-41 所示的【多边形】属性管理器。下面具体介绍各项参数的设置。

1．【选项】选项组

选中【作为构造线】复选框，生成的多边形将作为构造线，取消选中该复选框将为实体草图。

2．【参数】选项组

（1）【边数】：在后面的微调框中输入多边形的边数，通常为 3～40 个边。

（2）【内切圆】：以内切圆方式生成多边形，在多边形内显示内切圆以定义多边形的大小，内切圆为构造几何线。

（3）【外接圆】：以外接圆方式生成多边形，在多边形外显示外接圆以定义多边形的大小，外接圆为构造几何线。

图 2-41　【多边形】属性管理器

（4）【X 坐标】：显示多边形中心的 X 坐标，可以在微调框中对其进行修改。

（5）【Y 坐标】：显示多边形中心的 Y 坐标，可以在微调框中对其进行修改。

（6）【圆直径】：显示内切圆或外接圆的直径，可以在微调框中对其进行修改。

（7）【角度】：显示多边形的旋转角度，可以在微调框中对其进行修改。

（8）【新多边形】：单击该按钮，可以绘制另外一个多边形。

3．绘制多边形的操作方法

（1）在草图绘制状态下，选择【工具】|【草图绘制实体】|【多边形】菜单命令，或者单击【草图】工具栏中的【多边形】按钮，此时光标变为形状。

（2）在【多边形】属性管理器中【参数】选项组中，设置多边形的边数，选择是内切圆模式还是外接圆模式。

（3）在绘图区域单击确定多边形的中心，移动鼠标，在合适的位置单击确定多边形的形状。

（4）在【参数】选项组中，设置多边形的圆心、圆直径及选择角度。

（5）如果继续绘制另一个多边形，单击属性管理器中的【新多边形】按钮，然后重复上述步骤即可绘制一个新的多边形。

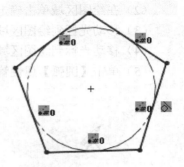

（6）单击【多边形】属性管理器中的【确定】按钮，完成多边形的绘制。

如图 2-42 所示为绘制的一个多边形。绘制多边形的方式比较灵活，既可先在【多边形】属性管理器中设置多边形的属性，再绘制多边形；也可以先按照默认的设置绘制好多边形，再修改多边形的属性。

图 2-42　绘制的多边形

2.2.8　样条曲线

SolidWorks 提供了强大的样条曲线绘制功能，样条曲线至少需要两个点，并且可以在端点上指定相切。单击【草图】工具栏中的【样条曲线】按钮，或选择【工具】|【草图绘制实体】|【样条曲线】菜单命令，此时光标变为形状。在绘图区单击，确定样条曲线的起始点；然后移动光标，在绘图区合适的位置单击，确定样条曲线的第二点；重复移动光标，取得样条曲线上的其他点；按〈Esc〉键或双击或右击退出样条曲线的绘制，如图 2-43 所示为绘制样条曲线的基本过程。样条曲线绘制完后，可以对样条曲线进行编辑和修改，单击已绘制的样条曲线，系统弹出如图 2-44 所示的【样条曲线】属性管理器。在【参数】选项组中可以实现样条曲线的各种参数的修改，如样条曲线上的点、增加点和删除点等。

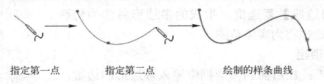

指定第一点　　　　指定第二点　　　　　绘制的样条曲线

图 2-43　绘制样条曲线的过程

图 2-44　【样条曲线】属性管理器

2.2.9 椭圆/部分椭圆

椭圆是由中心点、长轴长度与短轴长度确定的，三者缺一不可。单击【草图】工具栏中的【椭圆】按钮 ，或选择【工具】|【草图绘制实体】|【椭圆（长短轴）】命令，即可绘制椭圆。

绘制椭圆的操作方法如下。

（1）在草图绘制状态下，选择【工具】|【草图绘制实体】|【椭圆（长短轴）】菜单命令，或者单击【草图】工具栏中的【椭圆】按钮，此时光标变为 形状。

（2）在绘图区域合适的位置单击，确定椭圆的中心。

（3）按住鼠标左键不放拖动，在光标附近会显示椭圆的长半轴 R 和短半轴 r。在绘图区域中合适的位置单击，确定椭圆的长半轴 R。

（4）继续按住鼠标左键不放拖动鼠标，在绘图区域中合适的位置单击，确定椭圆的短半轴 r，此时系统弹出如图 2-45 所示的【椭圆】属性管理器。

（5）在【椭圆】属性管理器中，根据设计需要对其中心坐标，以及长半轴和短半轴的大小进行修改。

（6）单击【椭圆】属性管理器中的【确定】按钮 ，完成椭圆的绘制。

【椭圆】属性管理器中各个参数不再加以介绍，可以参考前面命令中的参数。椭圆绘制完毕后，按住鼠标左键不放拖动椭圆的中心和 4 个特征点，如图 2-46 所示，可以改变椭圆的形状。通过【椭圆】属性管理器可以精确修改椭圆的位置和长、短半轴。

图 2-45 【椭圆】属性管理器

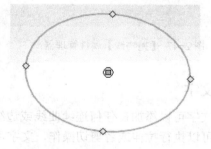

图 2-46 绘制的椭圆

椭圆弧的绘制过程与椭圆相似，绘制过程为：先确定圆心，然后绘制长半轴，再绘制短半轴，最后确定椭圆弧。

2.2.10 抛物线

单击【草图】工具栏中的【抛物线】按钮 ，或选择【工具】|【草图绘制实体】|【抛物线】菜单命令，即可绘制抛物线。

绘制抛物线的操作方法如下。

（1）在草图绘制状态下，选择【工具】|【草图绘制实体】|【抛物线】菜单命令，或者单击【草图】工具栏中的【抛物线】按钮 ，此时光标变为 形状。

（2）在绘图区域中合适的位置单击，确定抛物线的焦点。

（3）按住鼠标左键不放拖动鼠标，在绘图区域中合适的位置单击，确定抛物线的焦距。

（4）继续按住鼠标左键不放拖动鼠标，在绘图区域中合适的位置单击，确定抛物线的起点。

（5）再继续按住鼠标左键不放拖动鼠标，在绘图区域中合适的位置单击，确定抛物线的终点，此时系统弹出如图 2-47 所示的【抛物线】属性管理器，根据设计需要修改属性管理器中抛物线的参数。

（6）单击【抛物线】属性管理器中的【确定】按钮，完成抛物线的绘制。

如图 2-48 所示为绘制的抛物线。抛物线由焦点、焦距、起点及终点构成，【抛物线】属性管理器参数对应为各点的坐标，可以根据设计需要对其进行修改。

图 2-47 【抛物线】属性管理器　　　　图 2-48 绘制的抛物线

2.2.11 文字

草图文字可以添加在任何连续曲线或边线组中，包括由直线、圆弧或样条曲线组成的圆或轮廓，可以执行拉伸或者剪切操作，文字可以插入。单击【草图】工具栏中的【文字】按钮，或选择【工具】|【草图绘制实体】|【文本】菜单命令，系统弹出如图 2-49 所示的【草图文字】属性管理器，即可绘制草图文字。下面具体介绍各项参数的设置。

1．【曲线】选项组

【选择边线、曲线、草图及草图段】：选择边线、曲线、草图及草图段。所选实体的名称显示在右侧显示框中，绘制的草图文字将沿实体出现。

2．【文字】选项组

（1）文字框：在【文字】文本框中输入文字，文字在图形区域中沿所选实体出现。如果没选取实体，文字在原点开始水平出现。

（2）样式：有 4 种样式，即【加粗】按钮 B，将输入的文字加粗；【斜体】按钮 I，将输入的文字以斜体方式显示；【旋转】按钮 ，将选择的文字以设定的角度旋转；【链接到属性】按钮 ，将添加或编辑自定义属性。

（3）对齐：有 4 种样式，即【左对齐】 、【居中】 、【右对齐】 和【两端对齐】 ，对齐只可用于沿曲线、边线或草图线段的文字。

（4）反转：有 4 种样式，即【竖直反转】 A、【竖直反转】（返回） V、【水平反转】 AB 和【水平反转】（返回） BA，其中竖直反转只可用于沿曲线、边线或草图线段的文字。

（5）【宽度因子】 ：按指定的百分比均匀加宽每个字符。

（6）【间距】 ：按指定的百分比更改每个字符之间的间距。

（7）【使用文档字体】：选中该复选框用于使用文档字体，取消选中该复选框可以使用另一种字体。

（8）【字体】：单击以打开【选择字体】对话框，根据需要可以设置字体样式和大小。

3．绘制草图文字的操作方法

（1）选择【工具】|【草图绘制实体】|【文本】菜单命令，或者单击【草图】工具栏中的【文字】按钮 ，此时光标变为 形状，系统弹出如图 2-49 所示的【草图文字】属性管理器。

（2）在绘图区域中选择一条边线、曲线、草图或草图线段，作为绘制文字草图的定位线，此时所选择的边线出现在【草图文字】属性管理器中的【曲线】选项组。

（3）在【草图文字】属性管理器中的【文字】文本框中输入要添加的文字。此时，添加的文字出现在绘图区域曲线上。

（4）如果系统默认的字体不满足设计需要，取消选中属性管理器中的【使用文档字体】复选框，然后单击【字体】按钮，在系统弹出的【选择字体】对话框中设置字体的属性。

（5）设置好字体属性后，单击【选择字体】对话框中的【确定】按钮，然后单击【草图文字】属性管理器中的【确定】按钮 ，完成草图文字的绘制。如图 2-50 所示为绘制的草图文字。

图 2-49 【草图文字】属性管理器

图 2-50 绘制的草图文字

2.2.12　点

点在模型中只起参考作用，而不影响三维建模的外形，执行绘制点命令后，在绘图区域中的任何位置都可以绘制点。

单击【草图】工具栏中的【点】按钮，或选择【工具】|【草图绘制实体】|【点】菜单命令，单击确定位置后，系统弹出如图 2-51 所示的【点】属性管理器。下面具体介绍各参数的设置。

1．【现有几何关系】选项组

（1）【几何关系】：显示草图绘制过程中自动推理或使用添加几何关系命令手工生成的几何关系，当在列表中选择一个几何关系时，在图形区域中的标注被高亮显示。

（2）【信息】：显示所选草图实体的状态，通常有欠定义、完全定义等。

2．【添加几何关系】选项组

列表中显示的是可以添加的几何关系，单击需要的选项即可添加，点常用的几何关系为固定几何关系。

图 2-51　【点】属性管理器

3．【参数】选项组

（1）【X 坐标】：在后面的微调框中输入点的 X 坐标。

（2）【Y 坐标】：在后面的微调框中输入点的 Y 坐标。

4．绘制点的操作方法

（1）选择合适的基准面，利用前面介绍的命令进入草图绘制状态。

（2）选择【工具】|【草图绘制实体】|【点】菜单命令，或者单击【草图】工具栏中的【点】按钮，此时光标变为形状。

（3）在绘图区域需要绘制点的位置单击，确认绘制点的位置，此时绘制点命令继续处于激活状态，可以继续绘制点。

2.3　草图工具命令（编辑草图）

草图绘制完毕后，需要对草图进一步进行编辑以符合设计的需要，本节介绍常用的草图编辑工具，如绘制圆角、绘制倒角、草图剪裁、草图延伸、镜像移动、线性阵列草图、圆周阵列草图、等距实体、转换实体引用等。

2.3.1　绘制圆角

选择【工具】|【草图工具】|【圆角】菜单命令，或者单击【草图】工具栏中的【绘制圆角】按钮，系统弹出如图 2-52 所示的【绘制圆角】属性管理器，即可绘制圆角。下面具体介绍各项参数的设置。

1．【圆角参数】选项组

（1）【圆角半径】：指定绘制圆角的半径。

图 2-52　【绘制圆角】属性管理器

（2）【保持拐角处约束条件】：如果顶点具有尺寸或几何关系，选中该复选框，将保留虚拟交点。如果取消选中该复选框，且如果顶点具有尺寸或几何关系，将会询问用户是否想在生成圆角时删除这些几何关系，系统提示框如图 2-53 所示。

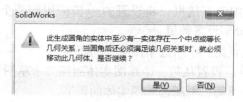

图 2-53　系统提示框

（3）【标注每个圆角的尺寸】：选中该复选框，在每次单击【确定】按钮 ✔，完成圆角绘制的同时标注圆角的尺寸。

2．绘制圆角的操作方法

（1）在草图编辑状态下，选择【工具】|【草图工具】|【圆角】菜单命令，或者单击【草图】工具栏中的【绘制圆角】按钮 🔲，系统弹出【绘制圆角】属性管理器。

（2）在【绘制圆角】属性管理器中，设置圆角的半径、拐角处约束条件。

（3）单击选择图 2-54 中的直线 1 和 2、直线 3 和 4。

（4）单击【绘制圆角】属性管理器中的【确定】按钮 ✔，完成圆角的绘制，绘制后的草图如图 2-55 所示。

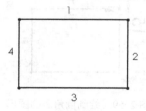

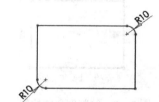

图 2-54　绘制前的草图　　　　　　图 2-55　绘制后的草图

2.3.2　绘制倒角

绘制倒角命令是将倒角应用到相邻的草图实体中，此工具在 2D 和 3D 草图中均可使用。选择【工具】|【草图工具】|【倒角】菜单命令，或者单击【草图】工具栏中的【绘制倒角】按钮 ＼，系统弹出如图 2-56 所示的选中【距离-距离】单选按钮的【绘制倒角】属性管理器，如图 2-57 所示为选中【角度距离】单选按钮的【绘制倒角】属性管理器，即可绘制倒角。下面具体介绍各项参数的设置。

图 2-56　【绘制倒角】属性管理器 1　　　图 2-57　【绘制倒角】属性管理器 2

1．【倒角参数】选项组

（1）【角度距离】：以【角度距离】方式设置绘制的倒角。

（2）【距离-距离】：以【距离-距离】方式设置绘制的倒角。

（3）【相等距离】：选中该复选框，将设置的 $\overset{\cdot}{D1}$ 值应用到两个草图实体中，取消选中该复选框将为两个草图实体分别设置数值。

（4）【距离 1】 $\overset{\cdot}{D1}$：设置第一个所选草图实体的距离。

（5）【方向 1 角度】 $\Box$：设置从第一个草图实体到第二个草图实体夹角的大小。

（6）【距离 2】 $\overset{\cdot}{D2}$：设置第二个所选草图实体的距离。

2．绘制倒角的操作方法

（1）在草图编辑状态下，选择【工具】|【草图工具】|【倒角】命令，或者单击【草图】工具栏中的【绘制倒角】按钮 ＼，此时系统弹出如图 2-56 所示的【绘制倒角】属性管理器。

（2）设置绘制倒角的方式，本节采用系统默认的【距离-距离】倒角方式，在【距离 1】 $\overset{\cdot}{D1}$ 微调框中输入数值 15，在【距离 2】 $\overset{\cdot}{D2}$ 微调框中输入距离 25。

（3）单击选择图 2-58 中的直线 1，再单击选择图 2-58 中的直线 2。

（4）单击【绘制倒角】属性管理器中的【确定】按钮 ✔，完成倒角的绘制，绘制倒角后的图形如图 2-59 所示。

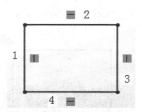

图 2-58　绘制倒角前的图形

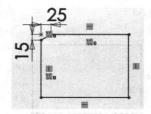

图 2-59　绘制倒角后的图形

图 2-59 是以【距离-距离】方式绘制的倒角，还可以选中【相等距离】复选框，以【距离 1】 $\overset{\cdot}{D1}$ 微调框中的数值设置倒角，图 2-60 是以【相等距离】方式设置的倒角；图 2-61 是以【角度距离】方式设置的倒角。

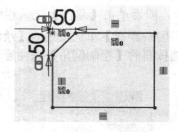

图 2-60　【相等距离】方式设置的倒角

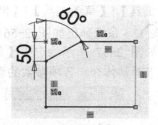

图 2-61　【角度距离】方式设置的倒角

2.3.3　剪裁草图实体

剪裁草图实体命令是比较常用的草图编辑命令，剪裁类型可以为 2D 草图以及在 3D 基

准面上的 2D 草图。选择【工具】|【草图工具】|【剪裁】菜单命令，或者单击【草图】工具栏中的【剪裁实体】按钮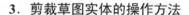，系统弹出如图 2-62 所示的【剪裁】属性管理器，下面具体介绍各参数的设置。

图 2-62 【剪裁】属性管理器

1．【信息】选项组

选择两个边界实体或一个面，然后选择要剪裁的实体。此选项移除边界内的实体部分。剪裁操作的提示信息，用于选择要剪裁的实体。

2．【选项】选项组

（1）【强劲剪裁】：通过将鼠标拖过每个草图实体来剪裁多个相邻的草图实体。

（2）【边角】：剪裁两个草图实体，直到它们在虚拟边角处相交。

（3）【在内剪除】：选择两个边界实体，剪裁位于两个边界实体内的草图实体。

（4）【在外剪除】：选择两个边界实体，剪裁位于两个边界实体外的草图实体。

（5）【剪裁到最近端】：将一草图实体剪裁到最近交叉实体端。

3．剪裁草图实体的操作方法

（1）在草图编辑状态下，选择【工具】|【草图工具】|【剪裁】菜单命令，或者单击【草图】工具栏中的【剪裁实体】按钮，系统弹出如图 2-62 所示的【剪裁】属性管理器。

（2）设置剪裁模式，在【选项】选项组中，选择【剪裁到最近端】模式。

（3）选择需要剪裁的草图实体，单击选择图 2-63 中椭圆弧右侧外的直线段，剪裁后的图形如图 2-64 所示。

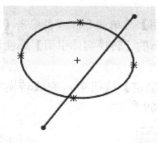

图 2-63 剪裁前的图形

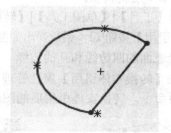

图 2-64 剪裁后的图形

（4）单击【剪裁】属性管理器中的【确定】按钮，完成剪裁草图实体。

2.3.4 延伸实体

延伸草图实体命令可以将一草图实体延伸至另一个草图实体。选择【工具】|【草图工具】|【延伸】菜单命令，或者单击【草图】工具栏中的【延伸实体】按钮，执行延伸草

图实体命令。

延伸草图实体的操作方法如下。

（1）在草图编辑状态下，选择【工具】|【草图工具】|【延伸】菜单命令，或者单击【草图】工具栏中的【延伸实体】按钮 ，此时光标变为 形状。

（2）单击选择图 2-65 中下方的斜线，将其延伸，草图延伸后的图形如图 2-66 所示。

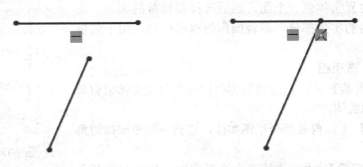

图 2-65　草图延伸前的图形　　　　　图 2-66　草图延伸后的图形

延伸草图实体时，如果两个方向都可以延伸，而实际需要单一方向延伸时，单击延伸方向一侧的实体部分即可实现延伸，在执行该命令过程中，实体延伸的结果预览会以红色显示。如果预览以错误方向延伸，将光标移到直线或圆弧实体的另一半上延伸。

2.3.5　转换实体引用

转换实体引用是通过已有模型或者草图，将其边线、环、面、曲线、外部草图轮廓线、一组边线或一组草图曲线投影到草图基准面上，生成新的草图。使用该命令时，如果引用的实体发生更改，那么转换的草图实体也会相应改变。

转换实体引用的操作方法如下。

（1）单击选择图 2-67 中的前视基准面，然后单击【草图】工具栏中的【草图绘制】按钮 ，进入草图绘制状态。

（2）选择【工具】|【草图工具】|【转换实体引用】菜单命令，或者单击【草图】工具栏中的【转换实体引用】按钮 ，系统弹出如图 2-68 所示的【转换实体引用】属性管理器。

（3）选择表面的四边缘和孔的边缘。

（4）单击【转换实体引用】属性管理器中的【确定】按钮 ，完成转换实体引用。执行转换实体引用命令，转换实体引用后的图形如图 2-69 所示。

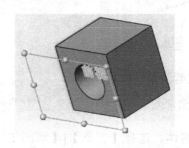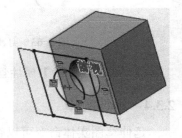

图 2-67　转换实体引用前的图形　　图 2-68　【转换实体引用】属性管理器　　图 2-69　转换实体引用后的图形

58

2.3.6　等距实体

等距实体命令是按指定的距离等距一个或者多个草图实体、所选模型边线或模型面。例如样条曲线、圆弧、模型边线组、环等草图实体。选择【工具】|【草图工具】|【等距实体】菜单命令，或者单击【草图】工具栏中的【等距实体】按钮⏋，系统弹出如图 2-70 所示的【等距实体】属性管理器。下面具体介绍各参数的设置。

1．【参数】设置组

（1）【等距距离】：设定数值以特定距离来等距草图实体。

（2）【添加尺寸】：为等距的草图添加等距距离的尺寸标注。

（3）【反向】：选中该复选框更改单向等距实体的方向，取消选中该复选框则按默认的方向进行。

（4）【选择链】：生成所有连续草图实体的等距。

（5）【双向】：在绘图区域中双向生成等距实体。

（6）【制作基体结构】：将原有草图实体转换到构造性直线。

（7）【顶端加盖】：在选中【双向】复选框后此功能有效，在草图实体的顶部添加一个顶盖来封闭原有草图实体。可以使用圆弧或直线为延伸顶盖类型。

2．等距实体的操作方法

（1）在草图绘制状态下，选择【工具】|【草图工具】|【等距实体】菜单命令，或者单击【草图】工具栏中的【等距实体】按钮⏋，系统弹出【等距实体】属性管理器。

（2）在绘图区域中选择如图 2-71 所示的圆，在【等距距离】微调框中输入值 12，选中【添加尺寸】和【双向】复选框，其他按照默认设置。

（3）单击【等距实体】属性管理器中的【确定】按钮✔，完成等距实体的绘制，等距实体后的图形如图 2-72 所示。

 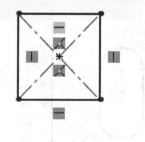 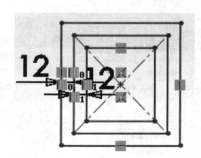

图 2-70　【等距实体】属性管理器　　图 2-71　等距实体前的图形　　图 2-72　等距实体后的图形

在草图状态下，双击等距距离的尺寸，即可修改等距数值，如果是在双向等距中，修改单个数值就可以修改双向等距尺寸。

2.3.7　镜像实体

镜像草图命令适用于绘制对称的图形，镜像的对象为 2D 草图或在 3D 草图基准面上所

生成的 2D 草图。选择【工具】|【草图工具】|【镜像】菜单命令，或者单击【草图】工具栏中的【镜像实体】按钮 ，系统弹出如图 2-73 所示的【镜像】属性管理器，下面具体介绍各项参数的设置。

1．【信息】选项组

【选择要镜像的实体及一镜像所绕的草图线或线性模型边线】：提示选择镜像的实体及镜像点以及是否复制原镜像实体。

2．【选项】选项组

（1）【要镜像的实体】：选择要镜像的草图实体，所选择的实体出现在【要镜像的实体】选择框中。

（2）【复制】：选中该复选框可以保留原始草图实体并镜像草图实体，取消选中该复选框则删除原始草图实体再镜像草图实体。

（3）【镜像点】：选择边线或直线作为镜像点，所选择的对象出现在【镜像点】选择框中。

3．镜像草图实体的操作方法

（1）在草图编辑状态下，选择【工具】|【草图工具】|【镜像】菜单命令，或者单击【草图】工具栏中的【镜像实体】按钮 ，系统弹出【镜像】属性管理器。

（2）单击属性管理器中【要镜像的实体】选择框，然后在绘图区域中框选图 2-74 中的竖线左侧的图形，作为要镜像的原始草图。

（3）单击属性管理器中【镜像点】选择框，然后在绘图区域中选取图 2-74 中的竖线，作为镜像点。

（4）单击【镜像】属性管理器中的【确定】按钮 ，草图实体镜像完毕，镜像后的图形如图 2-75 所示。

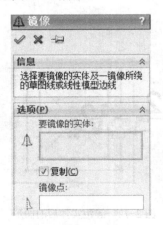

图 2-73　【镜像】属性管理器

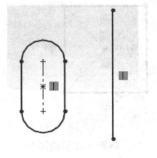

图 2-74　镜像前的图形

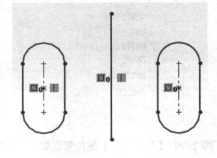

图 2-75　镜像后的图形

2.3.8　线性草图阵列

线性草图阵列就是将草图实体沿一个或者两个轴复制生成多个排列图形。选择【工具】|【草图工具】|【线性阵列】菜单命令，或者单击【草图】工具栏中的【线性草图阵列】按钮

，系统弹出如图 2-76 所示的【线性阵列】属性管理器，下面具体介绍各项参数的设置。

1.【方向 1】选项组

（1）【反向】：单击以反方向进行线性阵列。

（2）【间距】：设置阵列草图实体的间距。

（3）【添加尺寸】：选中该复选框，阵列后的草图实体将自动标注阵列尺寸。

（4）【数量】：设置阵列草图实体的数量。

（5）【角度】：设置阵列草图实体的角度。

2.【方向 2】选项组

【方向 2】选项组中各参数与【方向 1】选项组相同，用来设置方向 2 的各个参数，选中【在轴之间添加角度尺寸】复选框，将自动标注方向 1 和方向 2 的尺寸，取消选中该复选框则不标注。

3. 线性阵列草图实体的操作方法

（1）在草图编辑状态下，选择【工具】|【草图工具】|【线性阵列】菜单命令，或者单击【草图】工具栏中的【线性阵列草图实体】按钮，系统弹出【线性阵列】属性管理器。

（2）在【线性阵列】属性管理器中的【要阵列的实体】选择框中选取图 2-77 中的矩形，【方向 1】选项组中的【间距】输入 50，【数量】输入 3；【方向 2】选项组中的【间距】输入 50，【数量】输入 4。此时绘图区域中图形预览为图 2-78 所示。

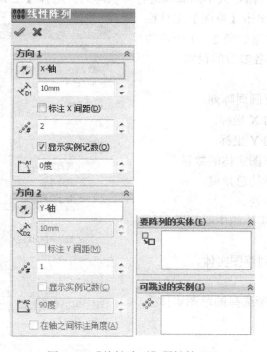

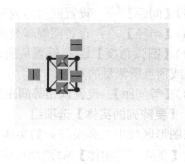

图 2-76 【线性阵列】属性管理器　　　图 2-77 阵列草图实体前的图形

（3）单击【线性阵列】属性管理器中的【确定】按钮，阵列草图实体后的图形如图 2-79 所示。

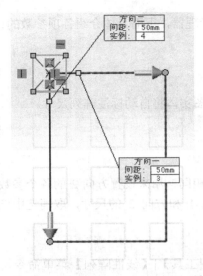
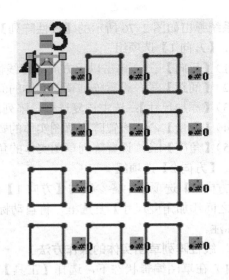

图 2-78 预览的阵列草图实体图形　　　　图 2-79 阵列草图实体后的图形

2.3.9 圆周草图阵列

圆周草图阵列就是将草图实体沿一个指定大小的圆弧进行环状阵列。选择【工具】|【草图工具】|【圆周阵列】菜单命令，或者单击【草图】工具栏中的【圆周草图阵列】按钮 ，系统弹出如图 2-80 所示的【圆周阵列】属性管理器。下面具体介绍各参数的设置。

1.【参数】选项组

（1）【反向】：单击以反方向进行圆周阵列。

（2）【中心 X】：设置阵列中心的 X 坐标。

（3）【中心 Y】：设置阵列中心的 Y 坐标。

（4）【实例数】：设置圆周阵列草图实体的数量。

（5）【间距】：设置圆周阵列包括的总角度。

（6）【半径】：设置圆周阵列的半径。

（7）【圆弧角度】：设置从所选实体的中心到阵列的中心点或顶点所测量的夹角。

（8）【等间距】：设置以相等间距阵列草图实体。

2.【要阵列的实体】选项组

在图形区域中选择要阵列的实体，所选择的草图实体会出现在【要阵列的实体】选择框中。

3.【可跳过的实例】选项组

在图形区域中选择不想包括在阵列图形中的草图实体，所选择的草图实体会出现在【可跳过的实例】选择框中。

图 2-80 【圆周阵列】属性管理器

4.圆周阵列草图实体的操作方法

（1）在草图编辑状态下，选择【工具】|【草图工具】|【圆周阵列】菜单命令，或者

单击【草图】工具栏中的【圆周草图阵列】按钮 ![icon]，此时系统弹出【圆周阵列】属性管理器。

（2）在【圆周阵列】属性管理器中的【要阵列的实体】选择框中选取图 2-81 中圆弧外的齿轮外齿草图，在【参数】选项组中的【中心 X】和【中心 Y】微调框中输入原点的坐标值，【数量】微调框中输入 6，【间距】微调框中输入 360。

（3）单击【圆周阵列】属性管理器中的【确定】按钮 ![icon]，圆周阵列后的图形如图 2-82 所示。

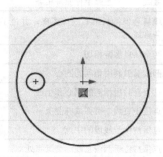

图 2-81　圆周阵列前的图形

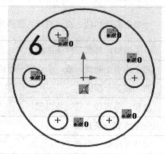

图 2-82　圆周阵列后的图形

2.4　草图几何关系

几何关系是草图实体之间或草图实体与基准面、基准轴、边线或点之间的几何约束。掌握好草图捕捉、快速捕捉、添加/删除几何关系等功能，在绘图时可省去许多不必要的操作，提高绘图效率。

草图几何关系是指各几何元素或几何元素与基准面、轴线、边线或端点之间的相对位置关系。

2.4.1　草图几何关系概述

添加草图几何关系就是添加草图约束，约束的概念就是指一个图形在某一点位置上被固定，使其不能运动。约束可分为几何约束和尺寸约束。

（1）几何约束也可称为位置约束，有了位置上的约束，就可以使草图上的图形与坐标轴或图形之间有相对的位置关系，如同心圆、两直线平行、直线与坐标轴平行等。

（2）尺寸约束就是设置图形的大小、长短，如圆的直径、直线的长度等。

在使用草图约束时，草图上会自动显示自由度和约束的符号，就像线段等的端点处出现一些互相垂直的黄色箭头，就表示了哪些自由度没有被限制，而没有出现黄色箭头，就表示此对象已被约束，当草图对象全部被约束后，自由度的符号会完全消失。

几何关系是用来确定几何体的空间位置和相互之间的关系。在绘制草图时利用几何关系可以更容易控制草图的形状，以表达设计者的意图。几何关系和捕捉是相对应的，如表 2-2 所示详细列出了常用的几何关系及使用效果。

表2-2　草图几何关系

添加几何关系	选　择	结　果
━ 水平	一条或多条直线，或两个或多个点	直线会变成水平，而点会水平对齐
┃ 竖直	一条或多条直线，或两个或多个点	直线会变成竖直，而点会竖直对齐
╱ 共线	两条或多条直线	直线位于同一条无限长的直线上
⊥ 垂直	两条直线	两条直线相互垂直
╲ 平行	两条或多条直线	直线会保持平行
═ 相等	两条或多条直线，或两个或多个圆弧	直线长度或圆弧半径保持相等
⌀ 对称	一条中心线和两个点、直线、圆弧或椭圆	项目会保持与中心线等距离，并位于与中心线垂直的一条直线上
⌀ 相切	一个圆弧、椭圆或样条曲线，与一直线或圆弧	两个项目保持相切
◎ 同心	两个或多个圆弧，或一个点和一个圆弧	圆或圆弧共用相同的圆心
↻ 全等	两个或多个圆弧	项目会共用相同的圆心和半径
✕ 重合	点和一条直线、圆弧或椭圆	点位于直线、圆弧或椭圆上
╱ 中点	一个点和一条直线	点保持位于线段的中点
✕ 交叉点	两条直线和一个点	点保持位于两条直线的交叉点处
⌀ 穿透	一个草图点和一个基准轴、边线、直线或样条曲线	草图点与基准轴、边线或直线在草图基准面上穿透的位置重合
⌐ 固定	任何项目	固定项目的大小和位置。圆弧或椭圆线段的端点可以自由地沿不可见的圆或椭圆移动。并且，圆弧或椭圆的端点可以随意沿着下面的圆或圆弧移动

2.4.2　自动添加几何关系

自动添加几何关系是指在绘图过程中，系统会根据几何元素的相对位置，自动赋予几何意义，不需要另行添加几何关系。例如，在绘制一条水平直线时，系统就会将【水平】的几何关系自动添加给该直线。

自动添加几何关系的方法是：选择【工具】|【选项】菜单命令，系统弹出【系统选项】对话框，选择【几何关系/捕捉】选项，并选中【自动添加几何关系】复选框，如图 2-83 所示。

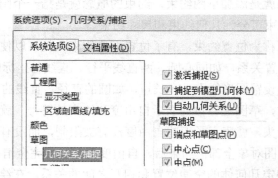

图 2-83　【系统选项】对话框

当系统处于自动添加几何关系的状态时，会将绘图时光标提示的几何关系自动添加给所绘图线，如图 2-84 所示。

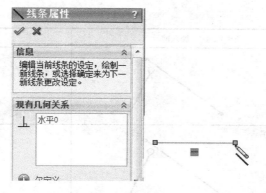

图 2-84 自动添加几何关系

2.4.3 添加几何关系

图 2-85 【添加几何关系】属性管理器

【添加几何关系】命令用于为草图实体之间添加诸如平行或共线之类的几何关系。选择【工具】|【几何关系】|【添加】菜单命令或者单击【草图】工具栏上的【添加几何关系】按钮 ，系统弹出如图 2-85 所示的【添加几何关系】属性管理器。所选取的实体会在【所选实体】选项中显示；如果发现选错或者多选了实体，可以移除，在【所选实体】选项的列表框中右击，在弹出的快捷菜单中选取【取消选择】或者【删除】命令。【信息栏】 显示所选实体的状态（完全定义或者欠定义等）。在【添加几何关系】选项组中单击要添加的几何关系类型，这时添加的几何关系类型就会显示在【现有的几何关系】列表框中；如果要删除已经添加的几何关系，可以在【现有的几何关系】列表框中选取已添加的几何关系，右击，在弹出的快捷菜单中选择【删除】命令即可。如表 2-3 所示列举了常用的几何约束关系。

表 2-3　常用的几何约束关系。

几何约束关系	加入前	加入后的结果
将端点重合在线上		
合并两个端点		
使两条线平行		

几何约束关系	加入前	加入后的结果
使两条线垂直		
使两条线共线		
使一条或者多条线变成水平线		
使一条或者多条线变成竖线		
使两个端点位于同一垂直高度		
使两条线等长		
置于线段的中点		
使两圆或者圆弧等径		

几何约束关系	加入前	加入后的结果
使两圆或者圆弧相切	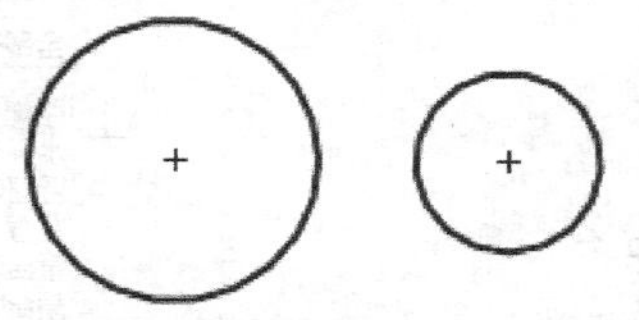	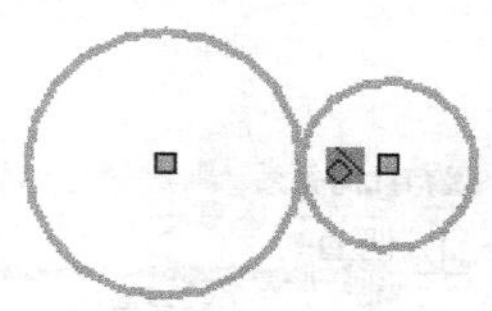
使两圆或者圆弧同心	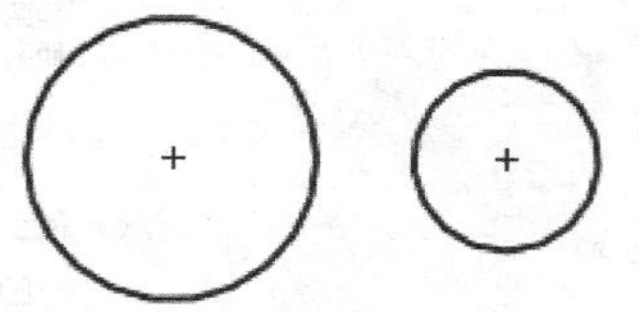	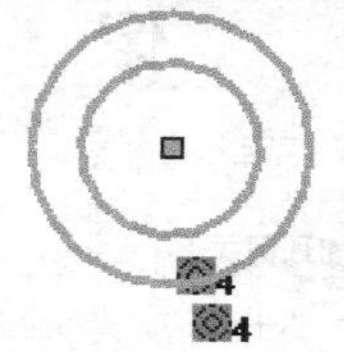
直线与圆或者圆弧相切	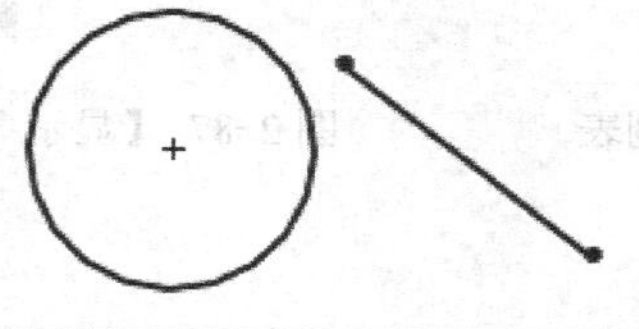	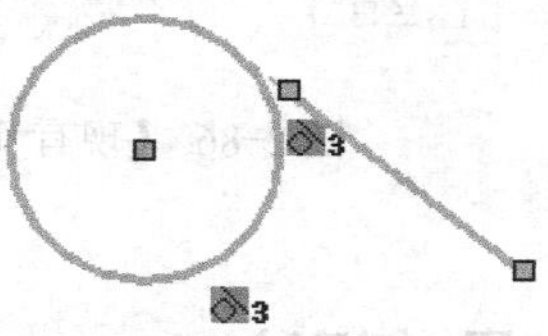
交叉	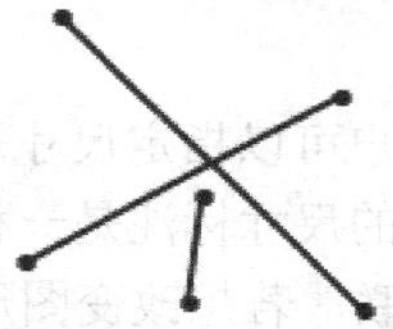	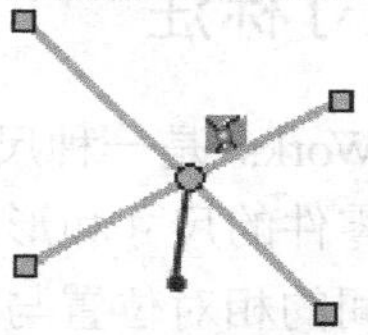
穿透	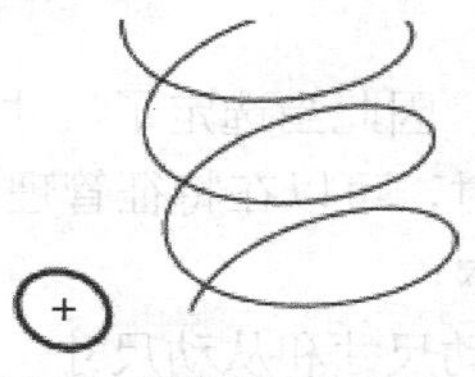	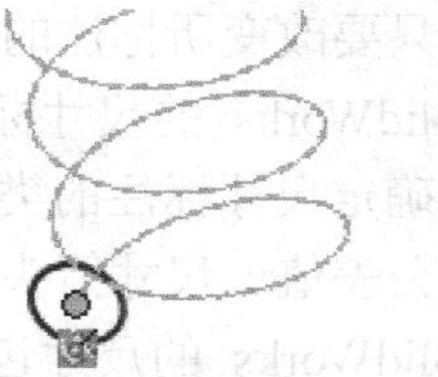

2.4.4　显示/删除几何关系

　　用户可通过以下两种方法显示/删除所选实体的几何关系。

　　第一种方法是单击需显示几何关系的实体，在其属性管理器中有【现有几何关系】列表，从中可看到实体对应的几何关系，如果需要删除几何关系，选取需要删除的几何关系，右击，在弹出的快捷菜单选择【删除】命令，即可删除，如图 2-86 所示。

　　第二种方法是选择【工具】|【几何关系】|【显示/删除】菜单命令或者单击【草图】工具栏上的【显示/删除几何关系】按钮，系统弹出如图 2-87 所示的【显示/删除几何关系】属性管理器。当草图中没有实体被选中，则管理器中【过滤器】为【全部在此草图中】，即显示草图中所有的几何关系，如图 2-87 所示；选择需显示或删除几何关系的实体，则在【现有几何关系】列表中会显示该实体的所有几何关系，单击各几何关系，图形区将以绿色显示对应关系的实体，如果需要删除几何关系，在【现有几何关系】列表中选取相应的几何关系，右击，在弹出的快捷菜单中选择【删除】命令，即可删除；如果需删除所有的几何关系，选择快捷菜单【删除所有】命令。

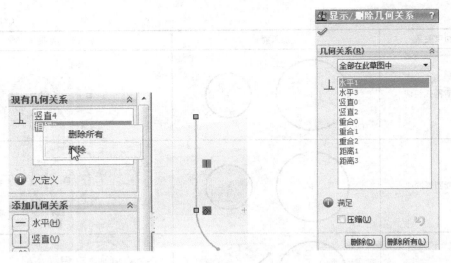

图 2-86 【现有几何关系】列表　　　　　图 2-87 【显示/删除几何关系】属性管理器

2.5　尺寸标注

　　SolidWorks 是一种尺寸驱动式系统，用户可以指定尺寸及各实体间的几何关系，更改尺寸将改变零件的尺寸和形状。SolidWorks 中的尺寸标注是一种参数式的软件；即图形的形状或各部分间的相对位置与所标注的尺寸相关联，若想改变图形的形状大小或各部分间的相对位置，只要改变所标注的尺寸就可完成。

　　SolidWorks 的尺寸标注是动态预览的，因此当选定了尺寸间的元素时，尺寸会依据放置位置来确定尺寸标注的类型。在标注尺寸时，可以在特征管理属性管理器中修改尺寸的公差形式、公差值、尺寸箭头的符号及尺寸文本。

　　SolidWorks 的尺寸包括两大类，即驱动尺寸和从动尺寸。驱动尺寸是指能够改变几何体形状或大小的尺寸，改变尺寸的数值将引起几何体的变化。从动尺寸是指尺寸的数值是由几何体来确定的，不能用来改变几何体的大小。

2.5.1　标注尺寸

　　选择【工具】|【标注尺寸】|【智能尺寸】菜单命令或单击【草图】工具栏上的【智能尺寸】按钮 ◇，光标变为 ◇ 形状，进行尺寸标注，按〈Esc〉键或者再次单击【草图】工具栏上的【智能尺寸】按钮 ◇，退出尺寸标注。

1. 线性尺寸的标注

　　线性尺寸一般分为水平尺寸、垂直尺寸或平行尺寸 3 种。水平尺寸的标注步骤如下。

　　（1）启动标注尺寸命令后，移动光标，到需标注尺寸的直线位置附近，当光标形状变为 ◇ 时，表示系统捕捉到直线，如图 2-88a 所示，单击选取直线。

　　（2）移动光标，将拖出线性尺寸，当尺寸成为如图 2-88b 所示的水平尺寸时，在放置尺寸的合适位置单击，确定所标注尺寸的位置，同时弹出【修改】尺寸对话框，如图 2-88c 所示。

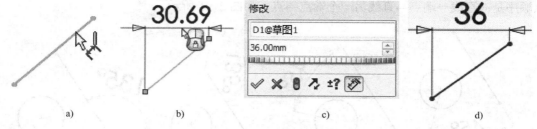

图 2-88　线性水平尺寸的标注

a) 选取直线　b) 单击后拖出水平尺寸　c) 单击确定尺寸位置, 弹出对话框　d) 标注水平尺寸

（3）在【修改】尺寸对话框中输入尺寸数值。

（4）单击【确定】按钮✔, 完成该线性尺寸的标注, 结果如图 2-88d 所示。

当需标注垂直尺寸或平行尺寸时, 只要在选取直线后, 移动光标拖出垂直或平行尺寸, 如图 2-89 所示。

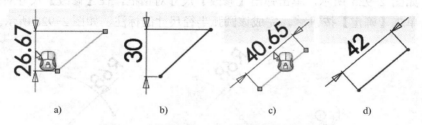

图 2-89　线性垂直尺寸和平行尺寸的标注

a) 拖出垂直尺寸　b) 标注垂直尺寸　c) 拖出平行尺寸　d) 标注平行尺寸

2.角度尺寸的标注

角度尺寸分为两种：一种是两直线间的角度尺寸, 另一种是直线与点间的角度尺寸。两直线间角度尺寸的标注步骤如下。

（1）启动标注尺寸命令后, 移动光标, 分别单击选取需标注角度尺寸的两条边。

（2）移动光标, 拖出角度尺寸, 光标位置的不同, 将得到不同的标注形式。

（3）单击确定角度尺寸的位置, 同时弹出【修改】尺寸对话框。

（4）在【修改】尺寸对话框中输入尺寸数值。

（5）单击【确定】按钮✔, 完成该角度尺寸的标注, 如图 2-90 所示。

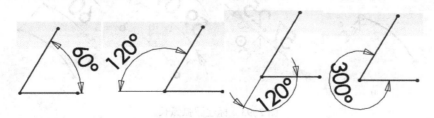

图 2-90　角度尺寸的标注

当需标注直线与点的角度时, 不同的选取顺序, 会导致尺寸标注形式的不同, 一般的选

取顺序是：直线一端点→直线另一个端点→点，如图 2-91 所示。

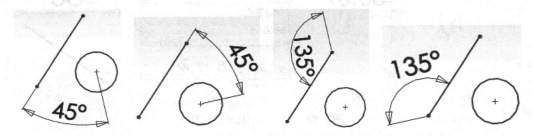

图 2-91　直线与点间角度尺寸标注

3．圆弧尺寸的标注

圆弧的标注分为标注圆弧半径、标注圆弧的弧长和标注圆弧对应弦长的线性尺寸。

（1）圆弧半径的标注。直接单击圆弧，如图 2-92a 所示，拖出半径尺寸后，在合适位置放置尺寸，如图 2-92b 所示，单击弹出【修改】尺寸对话框，在【修改】尺寸对话框中输入尺寸数值，单击【确定】按钮 ✔，完成该圆弧半径尺寸的标注，如图 2-92c 所示。

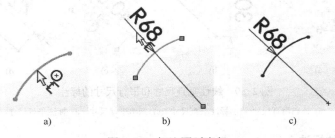

图 2-92　标注圆弧半径

a) 选取圆弧　b) 拖动尺寸，单击确定尺寸位置　c) 完成圆弧半径的标注

（2）圆弧弧长的标注。分别选取圆弧的两个端点，如图 2-93a 所示，再选取圆弧，如图 2-93b 所示，此时，拖出的尺寸即为圆弧弧长。在合适位置单击，确定尺寸的位置，如图 2-93c 所示，单击弹出【修改】尺寸对话框，在【修改】尺寸对话框中输入尺寸数值，单击【确定】按钮 ✔，完成该圆弧半弧长尺寸的标注，如图 2-93d 所示。

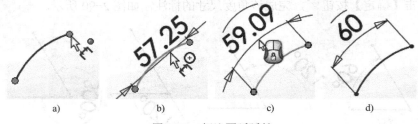

图 2-93　标注圆弧弧长

a) 分别选取两端点　b) 选取圆弧　c) 拖动尺寸，单击确定尺寸位置　d) 完成圆弧弧长的标注

（3）圆弧对应弦长的标注。分别选取圆弧的两个端点，拖出的尺寸即为圆弧对应弦长的线性尺寸，在合适的位置单击，弹出【修改】尺寸对话框，在【修改】尺寸对话框中输入尺

寸数值，单击【确定】按钮 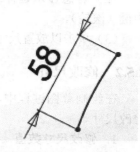，完成该圆弧对应弦长尺寸的标注，如图 2-94 所示。

4．圆的尺寸的标注

（1）启动标注尺寸命令后，移动光标，单击选取需标注直径尺寸的圆。

（2）移动光标，拖出直径尺寸，光标位置不同，将得到不同的标注形式。

（3）单击确定直径尺寸的位置，同时弹出【修改】尺寸对话框。

图 2-94　标注圆弧对应弦长

（4）在【修改】尺寸对话框中输入尺寸数值。

（5）单击【确定】按钮 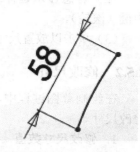，完成该圆尺寸的标注，如图 2-95 所示。

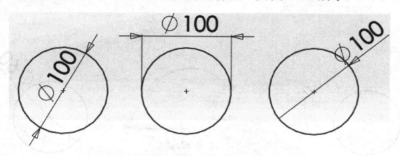

图 2-95　圆尺寸的标注的 3 种形式

5．中心距标注

（1）启动标注尺寸命令后，移动光标，单击选取需标注中心距尺寸的圆，如图 2-96a 所示。

（2）移动光标，拖出中心距尺寸，如图 2-96b 所示。

（3）单击确定角度尺寸的位置，同时弹出【修改】尺寸对话框。

（4）在【修改】尺寸对话框中输入尺寸数值。

（5）单击【确定】按钮 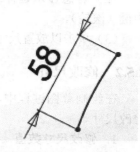，完成该中心距尺寸的标注，如图 2-96c 所示。

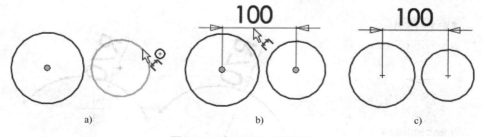

图 2-96　中心距尺寸的标注

a) 选取圆　b) 移动光标，将拖出中心距尺寸　c) 中心距尺寸的标注

6．同心圆之间标注尺寸并显示延伸线

（1）启动标注尺寸命令后，移动光标，单击一个同心圆，然后单击第二个同心圆。

71

（2）若想显示延伸线，先右击，然后单击鼠标中键（滚轮）。

（3）单击以放置尺寸，结果如图 2-97 所示。

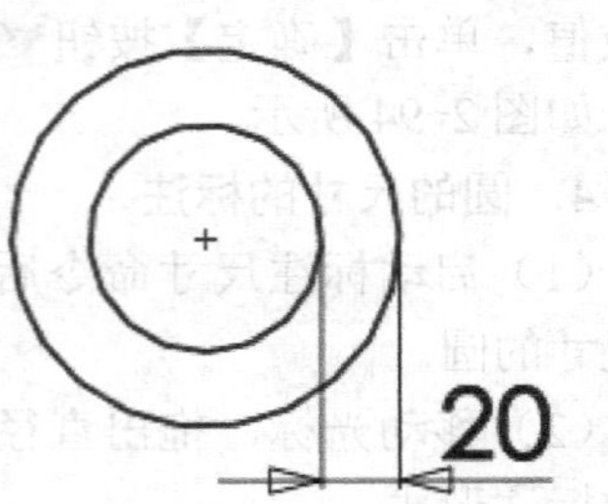

2.5.2 修改尺寸

在绘制草图过程中，为了需要的图形常常需要修改尺寸。

1．修改尺寸数值

图 2-97 同心圆之间标注尺寸并显示延伸线

在草图绘制状态下，移动光标至需修改数值的尺寸附近，当尺寸以高亮显示，且光标形状为 时，如图 2-98a 所示，双击鼠标，弹出【修改】尺寸对话框，在【修改】尺寸对话框中输入尺寸数值，如图 2-98b 所示，单击【确定】按钮 ，完成尺寸的修改，如图 2-98c 所示。

图 2-98 修改尺寸数值

a) 选取尺寸　b)【修改】尺寸对话框　c) 完成尺寸的修改

2．修改尺寸属性

（1）大半径尺寸可缩短其尺寸线，具体操作步骤如下：选择标注好的尺寸，在【尺寸】属性管理器中单击【引线】选项卡，【尺寸】属性管理器如图 2-99a 所示，单击【尺寸线打折】按钮 ，单击【确定】按钮 ，如图 2-99b 所示。

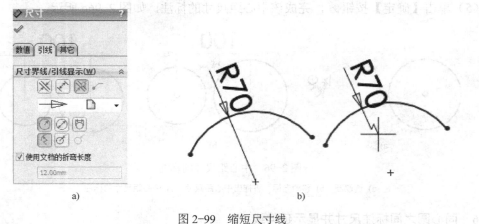

图 2-99 缩短尺寸线

a)【尺寸】属性管理器　b) 半径尺寸线打折

（2）标注两圆之间的距离，具体操作步骤如下：选择两圆标注如图 2-100a 所示，选择标注好的尺寸，在【尺寸】属性管理器中单击【引线】选项卡，【尺寸】属性管理器如图 2-100b 所示。【圆弧条件】选项组中的【第一圆弧条件】选择【最小】单选按钮，【第二圆弧条件】选择【最小】单选按钮，如图 2-100b 所示，标注最小距离；【第一圆弧条件】选择【最大】单选按钮，【第二圆弧条件】选择【最大】单选按钮，如图 2-100c 所示，标注最大距离。

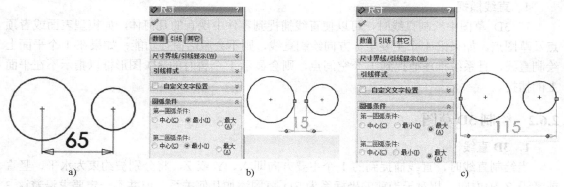

图 2-100　圆之间距离的标注方式

a) 标注中心矩　b) 最小距离　c) 最大距离

2.6　3D 草图

3D 草图由系列直线、圆弧以及样条曲线构成。3D 草图可以作为扫描路径，也可以用作放样或者扫描的引导线、放样的中心线等。

2.6.1　3D 草图简介

选择【插入】|【3D 草图】菜单命令或者单击【草图】工具栏中的【3D 草图】按钮，开始绘制 3D 草图。

1. 3D 草图坐标系

生成 3D 草图时，在默认情况下，通常是相对于模型中默认的坐标系进行绘制的。如果要切换到另外两个默认基准面中的 1 个，则单击所需的草图绘制工具，然后按〈Tab〉键，当前的草图基准面的原点显示出来。如果要改变 3D 草图的坐标系，则单击所需的草图绘制工具，按住〈Ctrl〉键，然后单击 1 个基准面、1 个平面或者 1 个用户定义的坐标系。如果选择 1 个基准面或者平面，3D 草图基准面将进行旋转，使 X、Y 草图基准面与所选项目对正。如果选择 1 个坐标系，3D 草图基准面将进行旋转，使 X、Y 草图基准面与该坐标系的 X、Y 基准面平行。在开始 3D 草图绘制前，将视图方向改为【等轴测】，因为在此方向中 X、Y、Z 方向均可见，可以更方便地生成 3D 草图。

2. 空间控标

当使用 3D 草图绘图时，一个图形化的助手可以帮助定位方向，此助手被称为空间控标。在所选基准面上定义直线或者样条曲线的第 1 个点时，空间控标就会显示出来。使用空间控标可以提示当前绘图的坐标，如图 2-101 所示。

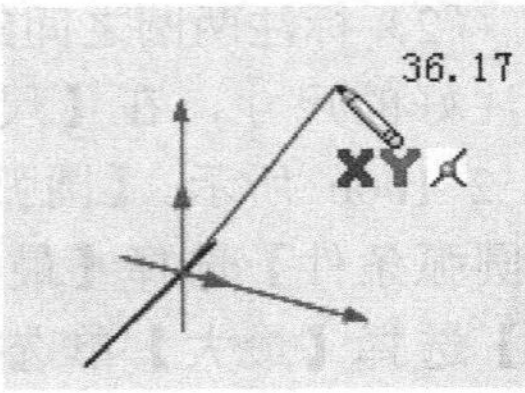

3．3D 草图的尺寸标注

使用 3D 草图时，先按照近似长度绘制直线，然后再按照精确尺寸进行标注。选择两个点、1 条直线或者两条平行线，可以添加 1 个长度尺寸。选择 3 个点或者两条直线，可以添加 1 个角度尺寸。

4．直线捕捉

在 3D 草图中绘制直线时，可以使直线捕捉到零件中现有的几何体，如模型表面或者顶点及草图点。如果沿 1 个主要坐标方向绘制直线，则不会激活捕捉功能；如果在 1 个平面上绘制直线，且系统推理捕捉到 1 个空间点，则会显示 1 个暂时的 3D 图形框以指示不在平面上的捕捉。

图 2-101　空间控标

2.6.2　绘制 3D 草图

1．3D 直线

当绘制直线时，直线捕捉到的 1 个主要方向即 X、Y 或 Z，将分别被约束为水平、竖直或者沿 Z 轴方向，相对于当前的坐标系为 3D 草图添加几何关系，但并不一定要求沿着这 3 个主要方向之一绘制直线，可以在当前基准面中与 1 个主要方向呈一任意角度进行绘制。如果直线端点捕捉到现有的几何模型，可以在基准面之外进行绘制。

一般是相对于模型中的默认坐标系进行绘制。如果需要转换到其他两个默认基准面，则选择草图绘制工具，然后按〈Tab〉键，当前草图基准面的原点显示出来。

（1）选择【插入】|【3D 草图】菜单命令或者单击【草图】工具栏中的【3D 草图】按钮，进入 3D 草图绘制状态。

（2）单击【草图】工具栏中的【直线】按钮，系统弹出【插入线条】属性管理器。在图形区域中单击开始绘制直线，此时出现空间控标，帮助在不同的基准面上绘制草图（如果想改变基准面，按〈Tab〉键）。

（3）移动光标至线段的终点处。

（4）如果要继续绘制直线，可以选择线段的终点，然后按〈Tab〉键转换到另一个基准面。

（5）移动光标直至出现第 2 段直线，然后释放鼠标，绘制的 3D 直线如图 2-102 所示。

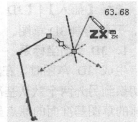

图 2-102　绘制的 3D 直线

2．3D 圆角

绘制 3D 圆角的操作方法如下。

（1）选择【插入】|【3D 草图】菜单命令或者单击【草图】工具栏中的【3D 草图】按钮，进入 3D 草图绘制状态。

（2）选择【工具】|【草图工具】|【圆角】菜单命令或者单击【草图】工具栏中的【绘制圆角】按钮，系统弹出如图 2-103 所示的【绘制圆角】属性管理器。在【圆角参数】选项组中，设置【半径】的数值，如图 2-103 所示。

（3）选择两条相交的线段或者选择其交叉点，单击【确定】按钮，即可绘制出圆角，绘制的圆角如图 2-104 所示。

74

图 2-103 【绘制圆角】属性管理器　　　　　　图 2-104　绘制的圆角

3．3D 样条曲线

绘制 3D 样条曲线的操作方法如下。

（1）选择【插入】|【3D 草图】菜单命令或者单击【草图】工具栏中的【3D 草图】按钮，进入 3D 草图绘制状态。

（2）选择【工具】|【草图绘制实体】|【样条曲线】菜单命令或者单击【草图】工具栏中的【样条曲线】按钮。

（3）在图形区域中单击以放置第 1 个点，然后依次放置各点，直至完成样条曲线的绘制。当选取已绘制的样条曲线或者单击已绘制的样条曲线时，系统弹出如图 2-105 所示的【样条曲线】属性管理器，它比二维的【样条曲线】的属性设置多了【Z 坐标】参数。

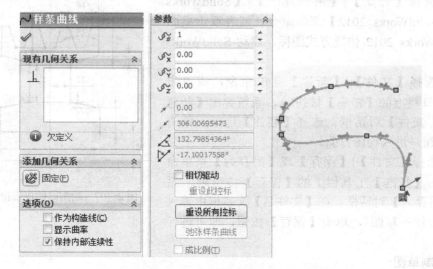

图 2-105 【样条曲线】属性管理器和绘制的样条曲线

（4）每次单击时，都会出现空间控标来帮助在不同的基准面上绘制草图。

（5）重复前面的步骤，直到完成 3D 样条曲线的绘制。

4．3D 草图点

绘制 3D 草图点的操作方法如下。

（1）选择【插入】|【3D 图】菜单命令或者单击【草图】工具栏中的【3D 草图】按钮，进入 3D 草图绘制状态。

（2）选择【工具】|【草图绘制实体】|【点】菜单命令或者单击【草图】工具栏中的【点】按钮。

（3）在图形区域中单击以放置点，系统弹出如图 2-106 所示的【点】属性管理器，它比二维的【点】的属性设置多了【Z 坐标】参数。

（4）【点】命令保持激活，可以继续插入点。

如果需要改变【点】的属性，可以在 3D 草图中选择 1 个点，然后在【点】的属性设置中编辑其属性。

图 2-106 【点】的属性设置

2.7 典型实例

2.7.1 实例 1-皮带轮旋转截面草图的绘制

本实例介绍一个皮带轮旋转截面草图的绘制过程，如图 2-107 所示为绘制好的皮带轮草图，下面进行详细的介绍。

1．新建零件

（1）选择【开始】|【所有程序】|【SolidWorks 2012】|【SolidWorks 2012】菜单命令，或者双击桌面上的 SolidWorks 2012 快捷方式图标，启动 SolidWorks 软件。

（2）选择【文件】|【新建】菜单命令，或单击【标准】工具栏上的【新建】按钮，系统弹出【新建 SolidWorks 文件】对话框。选择【零件】选项，单击【确定】按钮，进入绘图界面。

（3）选择【文件】|【保存】或【另存为】菜单命令，或单击【标准】工具栏上的【保存】按钮，系统弹出【另存为】对话框。在【文件名】文本框中输入名称为"带轮—草图"，单击【保存】按钮，即可进行保存。

2．绘制草图

（1）在特征管理器设计树中选择【前视基准面】选项，如图 2-108 所示。

（2）单击【草图】工具栏中的【草图绘制】按钮，或者右击，在弹出的快捷菜单中

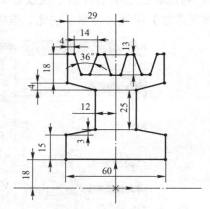

图 2-107 绘制好的皮带轮草图

选择【草图绘制】命令，如图 2-109 所示，进入草绘模式，开始绘制模型草图。

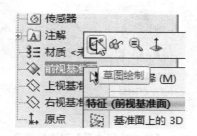

图 2-108 选择【前视基准面】   图 2-109 【草图绘制】命令

（3）单击【草图】工具栏中的【中心线】按钮 ，在绘图区中心绘制两段中心线，如图 2-110 所示。

（4）单击【草图】工具栏中的【直线】按钮 ，绘制一段直线，如图 2-111 所示。单击【草图】工具栏【智能尺寸】按钮 ，选取直线，在弹出的【修改】对话框修改尺寸数值为 60，如图 2-112 所示，单击【保存】按钮 ；再分别选取虚线和直线，同样设置距离为 18，如图 2-113 所示。

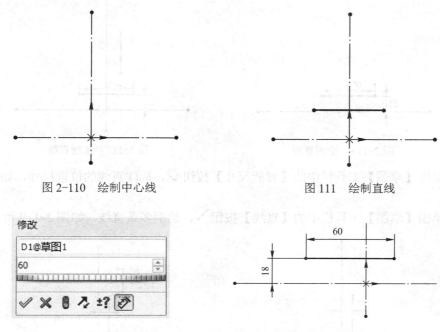

图 2-110 绘制中心线   图 111 绘制直线

图 2-112 【修改】对话框   图 2-113 标注尺寸

（5）单击【草图】工具栏中的【添加几何关系】按钮 ，系统弹出如图 2-114 所示的【添加几何关系】属性管理器。分别选取直线的左端点、竖直的虚线和直线的右端点，单击【对称】按钮 ，然后单击【确定】按钮 ，结果如图 2-115 所示。

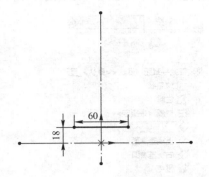

图 2-114 【添加几何关系】属性管理器　　　　　图 2-115　添加对称后的图形

（6）单击【草图】工具栏中的【直线】按钮 ⬊ ，绘制一段直线，如图 2-116 所示。在弹出的【线条属性】属性管理器中，在【长度】数值框中输入 15，单击【关闭对话框】按钮 ✓ ，关闭【线条属性】属性管理器。

（7）单击【草图】工具栏中的【直线】按钮 ⬊ ，绘制一段直线，长度为 25，如图 2-117 所示。

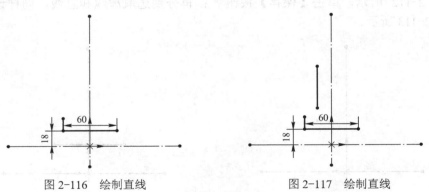

图 2-116　绘制直线　　　　　　　　　　　　　图 2-117　绘制直线

（8）单击【草图】工具栏中的【智能尺寸】按钮 ◆ ，标注直线的位置尺寸，如图 2-118 所示。

（9）单击【草图】工具栏中的【直线】按钮 ⬊ ，绘制多条直线，如图 2-119 所示。

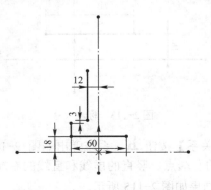

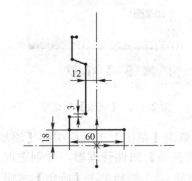

图 2-118　标注尺寸-标注直线位置　　　　　　图 2-119　绘制多条直线

78

（10）单击【草图】工具栏中的【智能尺寸】按钮✦，标注直线的位置尺寸和长度，如图 2-120 所示。

（11）单击【草图】工具栏中的【直线】按钮＼，绘制多条直线，如图 2-121 所示。

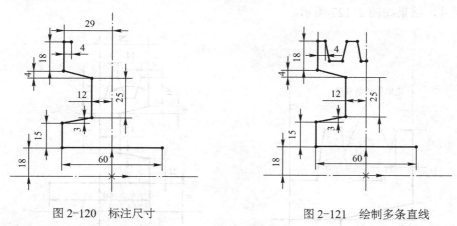

图 2-120　标注尺寸　　　　　　　　图 2-121　绘制多条直线

（12）单击【草图】工具栏中的【添加几何关系】按钮┖，系统弹出【添加几何关系】属性管理器。分别选取如图 2-122 所示的两条直线，单击【添加几何关系】属性管理器中的【添加几何关系】选项组下的【相等】按钮＝；采用相同的方法约束如图 2-123 所示的 3 条直线相等。选取如图 2-124 所示的两条直线，单击【添加几何关系】属性管理器中的【添加几何关系】选项组下的【共线】按钮╱；采用相同的方法约束如图 2-125 所示的两条直线共线。

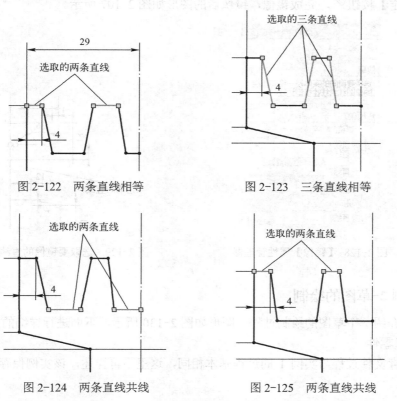

图 2-122　两条直线相等　　　　　　图 2-123　三条直线相等

图 2-124　两条直线共线　　　　　　图 2-125　两条直线共线

（13）单击【草图】工具栏中的【智能尺寸】按钮 ◇，选取如图 2-126 所示的两条直线，在弹出的【修改】对话框修改尺寸数值为 36，单击【保存】按钮 ✓；用相同的方法标注其他尺寸，结果如图 2-127 所示。

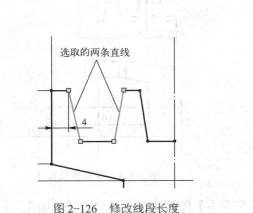

图 2-126　修改线段长度

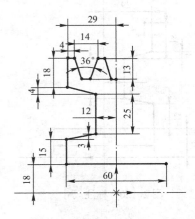

图 2-127　标注尺寸

（14）单击【草图】工具栏中的【镜像实体】按钮 ⚠，系统弹出如图 2-128 所示的【镜像】属性管理器。在绘图区依次选取要镜像的线条，这里选取前面绘制的如图 2-129 所示的直线；单击【镜像点】选择框，选取竖直的点画线作为镜像中心线；最后单击【镜像】属性管理器【确定】按钮 ✓，完成镜像，镜像后的图形如图 2-107 所示。

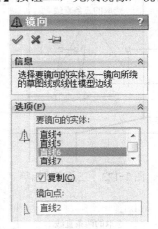

图 2-128　【镜像】属性管理器

图 2-129　选取要镜像的直线

2.7.2　实例 2-草图的绘制

本实例介绍一个草图的绘制过程，图形如图 2-130 所示，下面进行详细的介绍。

1．新建零件

新建保存文件过程与实例 1 的过程基本相同，这里不再详述，该实例保存文件名为"草图 2"。

80

2．绘制草图

（1）单击【草图】工具栏中的【草图绘制】按钮![icon]，系统弹出如图 2-131 所示的【编辑草图】属性管理器。提示需要选择一个基准面作为草图平面，在绘图区选取"前视基准面"，如图 2-132 所示。

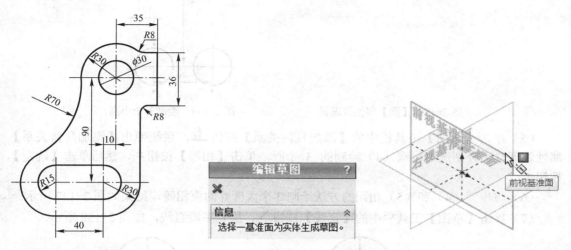

图 2-130　草图实例 2　　　图 2-131　【编辑草图】属性管理器　　　图 2-132　选取"前视基准面"

（2）单击【草图】工具栏中的【中心线】按钮![icon]，在绘图区中心绘制多段中心线，如图 2-133 所示。

（3）单击【草图】工具栏【智能尺寸】按钮![icon]，选取两条水平的中心线，在弹出的【修改】对话框修改尺寸数值为 90，单击【保存】按钮![icon]；再用同样的方法标注其他尺寸，结果如图 2-134 所示。

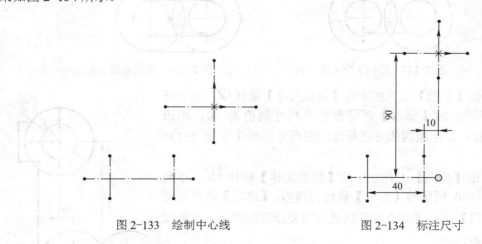

图 2-133　绘制中心线　　　　　　　图 2-134　标注尺寸

（4）单击【草图】工具栏中的【圆】按钮![icon]，系统弹出如图 2-135 所示的【圆】属性管理器。【圆类型】选项选择【中心圆】![icon]，然后绘制如图 2-136 所示的 3 个小圆。

图 2-135　【圆】属性管理器

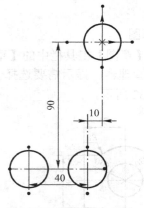

图 2-136　绘制 3 个小圆

（5）单击【草图】工具栏中的【添加几何关系】按钮，系统弹出【添加几何关系】属性管理器。分别选取步骤（4）绘制的 3 个圆，单击【相等】按钮 ＝，然后单击【确定】按钮。

（6）与步骤（4）和（5）相同的方法绘制 3 个大圆并约束相等，结果如图 2-137 所示。

（7）单击【草图】工具栏中的【直线】按钮，绘制多段直线，如图 2-138 所示。

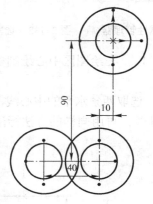

图 2-137　绘制 3 个大圆

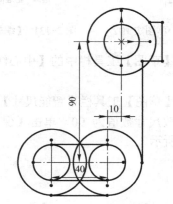

图 2-138　绘制直线

（8）单击【草图】工具栏中的【智能尺寸】按钮，选取任一小圆，在弹出的【修改】对话框修改尺寸数值为 30，单击【保存】按钮；用相同的方法标注大圆尺寸，结果如图 2-139 所示。

（9）单击【草图】工具栏中的【剪裁实体】按钮，系统弹出如图 2-140 所示的【剪裁】属性管理器。【选项】选项组选择【强劲剪裁】，然后在绘图区选取需要删除的线条，结果如图 2-141 所示。

（10）单击【草图】工具栏中的【3 点圆弧】按钮，系统弹出如图 2-142 所示的【圆弧】属性管理器。【圆弧类型】选项选择【三点圆弧】，然后绘制如图 2-143 所示的圆弧。

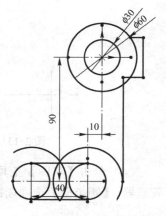

图 2-139　标注圆尺寸

图 2-140 【剪裁】属性管理器

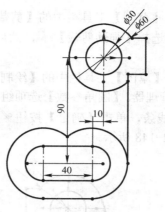

图 2-141 剪裁后的图形

图 2-142 【圆弧】属性管理器

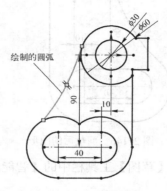

图 2-143 绘制圆弧

（11）单击【草图】工具栏中的【添加几何关系】按钮 ，系统弹出【添加几何关系】属性管理器。分别选取如图 2-144 所示的圆弧 1 和圆弧 2。单击【添加几何关系】属性管理器中的【添加几何关系】选项组下的【相切】按钮 ；采用相同的方法约束圆弧 2 的另一端与相交的圆弧相切。

（12）单击【草图】工具栏中的【添加几何关系】按钮 ，系统弹出【添加几何关系】属性管理器。依次选取如图 2-145 所示的中心线和直线的两个端点，单击【添加几何关系】属性管理器中的【添加几何关系】选项组下的【对称】按钮 ，单击【确定】按钮 。

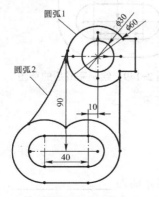

图 2-144 选取的两段圆弧

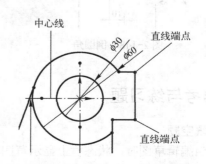

图 2-145 选取中心线和直线端点

（13）单击【草图】工具栏中的【剪裁实体】按钮 ⨇，系统弹出【剪裁】属性管理器。【选项】选项组选择【强劲剪裁】 ⨏，然后在绘图区选取需要删除的线条，结果如图 2-146 所示。

（14）单击【草图】工具栏中的【绘制圆角】按钮 ⌐，系统弹出如图 2-147 所示的【绘制圆角】属性管理器。【圆角参数】选项组中的【圆角半径】文本框中输入 8，然后依次选取要倒圆的两条线条，单击【确定】按钮 ✓ 即可完成倒圆角。采用相同的方法倒另一处的圆角，结果如图 2-148 所示。

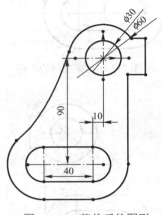

图 2-146　剪裁后的图形

图 2-147　【绘制圆角】属性管理器

（15）单击【草图】工具栏中的【智能尺寸】按钮 ✦，依次标注未标注的尺寸，结果如图 2-149 所示。

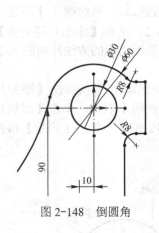

图 2-148　倒圆角

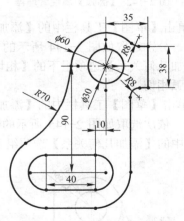

图 2-149　绘制完成后的草图

2.8　思考与练习题

一、填空题

（1）当编辑草图时，状态栏上显示草图状态，它们分别为_____、_____、_____。

（2）假设系统默认的标注标准是英制（in），当在尺寸数值对话框中输入"60mm"，确定之后，标注对象的实际长度将是_____。

（3）在草图中倒角，倒角形式有_____、_____、_____。

二、问答题

（1）在什么情况下需要中心线？如何进行中心线的操作？中心线是否影响特征的生成？

（2）为什么说完全定义草图几何线是一个良好的习惯？

三、操作题

绘制如图 2-150～图 2-154 所示的草图，并标注尺寸。

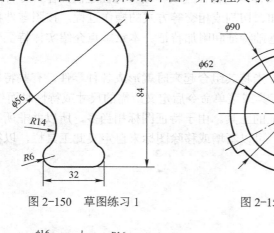

图 2-150　草图练习 1

图 2-151　草图练习 2

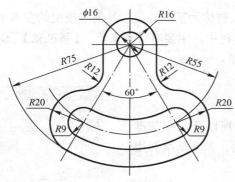

图 2-152　草图练习 3

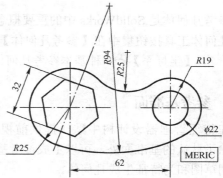

图 2-153　草图练习 4

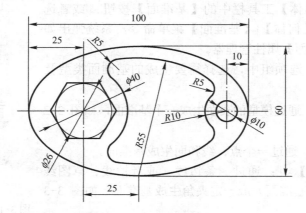

图 2-154　草图练习 5

85

第3章　实体建模特征

本章介绍 SolidWorks 2012 实体基础特征建模和编辑特征建模操作。零件的建模过程，实质上是许多简单特征之间的叠加、切割或相交等方式的操作过程。按照零件特征的创建顺序，可以把构成零件的特征分为基础特征和附加特征。本章重点介绍实体特征建模的过程和方法。

特征是各种单独的基本形状，当将其组合起来时就形成各种零件。有些特征是由草图生成的，有些特征是在选择适当的工具或菜单命令后定义所需的尺寸或特性时而生成。

特征工具栏提供生成模型特征的工具。由于特征图标相当多，所以并非所有的特征工具都被包含在默认的特征工具栏中。可以新增或移除图标来自定义此工具栏，以符合设计者的工作方式与要求。

3.1　参考几何体

参考几何体是 SolidWorks 中的重要概念，又被称为基准特征，是创建模型的参考基准。参考几何体工具按钮集中在【参考几何体】工具栏中，主要有【点】※、【基准轴】、【基准面】、【坐标系】4 种基本参考几何体类型。

3.1.1　参考基准面

在特征管理器设计树中默认提供前视、上视以及右视基准面，除了默认的基准面外，可以生成参考基准面。参考基准面用来绘制草图和为特征生成几何体。

1. 参考基准面的属性设置

单击【参考几何体】工具栏中的【基准面】按钮或者选择【插入】|【参考几何体】|【基准面】菜单命令，系统弹出如图 3-1 所示的【基准面】属性管理器。

在【第一参考】选项组中，选择需要生成的基准面类型及项目。

（1）【平行】：通过模型的表面生成一个基准面，如图 3-2 所示。

（2）【重合】：通过一个点、线和面生成基准面。

（3）【两面夹角】：通过一条边线（或者轴线、草图线等）与一个面（或者基准面）成一定夹角生成基准面，如图 3-3 所示。

图 3-1 【基准面】属性管理器

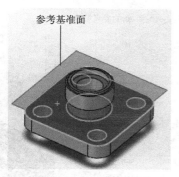

图 3-2 通过平面生成一个基准面

图 3-3 两面夹角生成基准面

（4）【偏移距离】 ▭：在平行于一个面（或基准面）指定距离处生成等距基准面。首先选择一个平面（或基准面），然后设置【距离】数值，如图 3-4 所示。

（5）【反转】：选中此复选框，在相反的方向生成基准面。

（6）【垂直】 ⊥：可生成垂直于一条边线、轴线或者平面的基准面。

2．修改参考基准面

双击基准面，显示等距距离或角度。双击尺寸或角度数值，在弹出的【修改】对话框中输入新的数值，如图 3-5 所示；也可在特征管理器设计树中选取需要编辑的基准面，右击，在弹出的菜单中选择【编辑特征】命令，系统弹出如图 3-1 所示的【基准面】属性管理器。在【基准面】属性管理器中的相关选项组中输入新数值以定义基准面，然后单击【确定】按钮 ✔。

图 3-4 生成等距距离基准面

图 3-5 在【修改】对话框中修改数值

可使用基准面控标和边线来移动、复制基准面或者调整基准面的大小。要显示基准面控标，可在特征管理器设计树中单击已生成基准面的图标或在绘图窗口中单击基准面的名称，也可选择基准面的边线，然后进行调整，如图 3-6 所示。

利用基准面控标和边线，可以进行以下操作。

（1）拖动边角或者边线控标以调整基准面的大小。

（2）拖动基准面的边线以移动基准面。

（3）通过在绘图窗口中选择基准面以复制基准面，然后按住〈Ctrl〉键并使用边线将基准面拖动至新的位置，生成一个等距基准面，如图 3-7 所示。

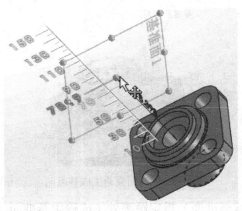
图 3-6 显示基准面控标

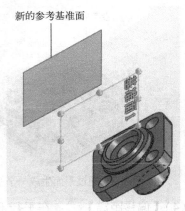
新的参考基准面

图 3-7 生成等距基准面

3.1.2 参考基准轴

参考基准轴是参考几何体中的重要组成部分。在生成草图几何体或圆周阵列时常使用参考基准轴。参考基准轴的用途较多，概括起来有以下 3 项。

（1）参考基准轴作为中心线。基准轴可作为圆柱体、圆孔、回转体的中心线。通常情况下，拉伸一个草图绘制的圆得到一个圆柱体，或通过旋转得到一个回转体时，SolidWorks 会自动生成一个临时轴，但生成圆角特征时系统不会自动生成临时轴。

（2）作为参考轴，辅助生成圆周阵列等特征。

（3）基准轴作为同轴度特征的参考轴。当两个均包含基准轴的零件需要生成同轴度特征时，可选择各个零件的基准轴作为几何约束条件，使两个基准轴在同一轴上。

1．临时轴

每一个圆柱和圆锥面都有一条轴线。临时轴是由模型中的圆锥和圆柱隐含生成的，临时轴常被设置为基准轴。

可以设置隐藏或显示所有临时轴。选择【视图】|【临时轴】菜单命令，如图 3-8 所示表示临时轴可见，绘图窗口显示如图 3-9 所示。

图 3-8 选择【临时轴】菜单命令

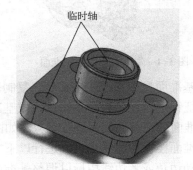
临时轴

图 3-9 显示临时轴

2．参考基准轴的属性设置

单击【参考几何体】工具栏中的【基准轴】按钮 或者选择【插入】|【参考几何体】|

【基准轴】菜单命令，系统弹出如图 3-10 所示的【基准轴】属性管理器。

在【选择】选项组中选择以生成不同类型的基准轴。

（1）【一直线/边线/轴】：选择一条草图直线或边线作为基准轴，或双击选择临时轴作为基准轴。

（2）【两平面】：选择两个平面，利用两个面的交叉线作为基准轴。

（3）【两点/顶点】：选择两点之间的连线作为基准轴。

（4）【圆柱/圆锥面】：选择一个圆柱或者圆锥面，利用其轴线作为基准轴。

（5）【点和面/基准面】：选择一个平面（或者基准面），然后选择一个点（顶点或中点等），由此所生成的轴通过所选择的点并垂直于所选的平面（或者基准面）。

图 3-10 【基准轴】属性管理器

属性设置完成后，检查【参考实体】选择框中列出的项目是否正确。

3．显示参考基准轴

选择【视图】|【基准轴】菜单命令，可以看到菜单命令左侧基准轴的图标下沉，如图 3-8 所示，表示基准轴可见（再次选择该命令，该图标恢复，即关闭基准轴的显示）。

3.1.3 参考坐标系

SolidWorks 使用带原点的坐标系，零件文件包含原有原点。当用户选择基准面或者打开一个草图并选择某一面时，将生成一个新的原点。原点可用作草图实体的定位点，有助于定向轴心透视图。三维视图引导可使用户快速定向到零件和装配体文件中的 X、Y、Z 轴方向。

1．原点

零件原点显示为蓝色，代表零件的（0，0，0）坐标。当草图处于激活状态时，草图原点显示为红色，代表草图的（0，0，0）坐标。可以将尺寸标注和几何关系添加到零件原点中，但不能添加到草图原点中。

（1）：蓝色，表示零件原点，每个零件文件中均有一个零件原点。

（2）：红色，表示草图原点，每个新草图中均有一个草图原点。

（3）：表示装配体原点。

（4）：表示零件和装配体文件中的视图引导。

2．参考坐标系的属性设置

可定义零件或装配体的坐标系，并将此坐标系与测量和质量特性工具一起使用，也可将 SolidWorks 文件导出为 IGES、STL、ACIS、STEP、Parasolid、VDA 等格式。

单击【参考几何体】工具栏中的【坐标系】按钮或选择【插入】|【参考几何体】|【坐标系】菜单命令，系统弹出如图 3-11 所示的【坐标系】属性管理器。

图 3-11 【坐标系】属性管理器

（1）【原点】：定义原点。单击其选择框，在绘图窗口中选择零件或者装配体中的 1 个点或者默认的原点。

（2）【X 轴】、【Y 轴】、【Z 轴】（此处为与软件界面统一，使用英文大写正体，下同）：

定义各轴。单击其选择框，在绘图窗口中按照以下方法之一定义所选轴的方向。单击点，则轴与所选点对齐；单击线性边线或者草图直线，则轴与所选的边线或者直线平行；单击非线性边线或者草图实体，则轴与所选实体上选择的位置对齐；单击平面，则轴与所选面的垂直方向对齐。

（3）【反转 X/Y 轴方向】按钮 ：反转轴的方向。

坐标系定义完成之后，单击【确定】按钮 。

3．修改和显示参考坐标系

（1）将参考坐标系平移到新的位置。

在特征管理器设计树中，右击已生成的坐标系的图标，在弹出的快捷菜单中选择【编辑特征】命令，系统弹出如图 3-11 所示的【坐标系】属性管理器。在【选择】选项组中，单击【原点】选择框 ，在绘图窗口中单击想将原点平移到的点或者顶点处，单击【确定】按钮 ，原点被移动到指定的位置上。

（2）切换参考坐标系的显示。

要切换坐标系的显示，可以选择【视图】|【坐标系】菜单命令（菜单命令左侧的坐标系图标下沉，表示坐标系可见）。

3.1.4 参考点

SolidWorks 可生成多种类型的参考点用作构造对象，还可在彼此间已指定距离分割的曲线上生成指定数量的参考点。通过选择【视图】|【点】菜单命令，切换参考点的显示。

参考点的属性设置如下。

单击【参考几何体】工具栏中的【点】按钮 或者选择【插入】|【参考几何体】|【点】菜单命令，系统弹出如图 3-12 所示的【点】属性管理器。

在【选择】选项组中，单击【参考实体】选择框 ，在绘图窗口中选择用以生成点的实体；选择要生成的点的类型，可单击【圆弧中心】 、【面中心】 、【交叉点】 、【投影】 等按钮。

图 3-12 【点】属性管理器

单击【沿曲线距离或多个参考点】按钮 ，可沿边线、曲线或草图线段生成一组参考点，输入距离或百分比数值（如果数值对于生成所指定的参考点数太大，会出现信息提示要求设置较小的数值）。

（1）【距离】：按照设置的距离生成参考点数。

（2）【百分比】：按照设置的百分比生成参考点数。

（3）【均匀分布】：在实体上均匀分布的参考点数。

（4）【参考点数】 ：设置沿所选实体生成的参考点数。

属性设置完成后，单击【确定】按钮 ，生成参考点，如图 3-13 所示。

图 3-13 生成参考点

3.1.5 参考几何体实例

下面结合现有模型，介绍生成参考几何体的具体方法。零件阀盖的模型如图 3-13 所示。

1．生成参考点

启动 SolidWorks 2012 中文版，选择【文件】|【打开】菜单命令，系统弹出【打开】对话框，在本书配套素材文件中选择"第 3 章\阀盖.SLDPRT"，单击【打开】按钮，在图形区域中显示出模型，如图 3-13 所示。

选择【插入】|【参考几何体】|【点】菜单命令，系统弹出【点】属性管理器。选取如图 3-14 所示的上表面的内边缘，单击【确定】按钮✔，生成参考点，如图 3-13 所示。

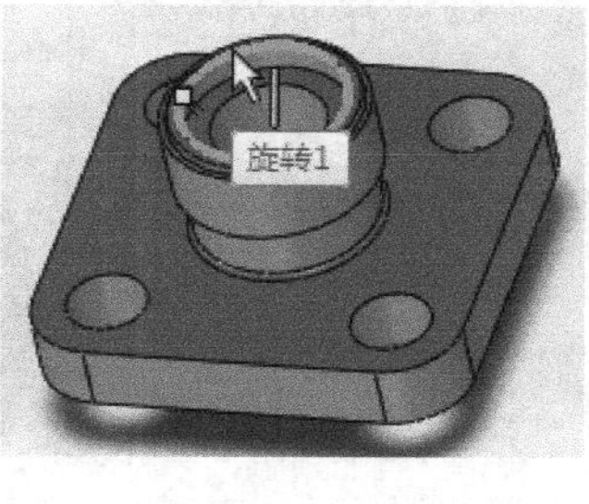

2．创建参考坐标系

（1）生成坐标系。选择【插入】|【参考几何体】|【坐标系】菜单命令，系统弹出【坐标系】属性管理器。

（2）在图形区域选取前面创建的参考点，则点的名称显示在【原点】选择框↓中，如图 3-15 所示。

图 3-14　选取边缘

（3）单击【X 轴】、【Y 轴】、【Z 轴】选择框，在图形区域中选择线性边线，指示所选轴的方向与所选的边线平行，如图 3-16 所示，单击【确定】按钮✔，生成坐标系 1。

图 3-15　定义原点

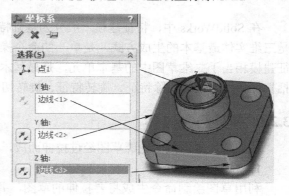

图 3-16　定义各轴

3．生成参考基准轴

（1）选择【插入】|【参考几何体】|【基准轴】菜单命令，系统弹出【基准轴】属性管理器。

（2）单击【圆柱/圆锥面】按钮，选择模型的曲面，检查【参考实体】选择框中列出的项目，如图 3-17 所示，单击【确定】按钮✔，生成基准轴 1。

4．生成参考基准面

（1）选择【插入】|【参考几何体】|【基准面】菜单命令，系统弹出【基准面】属性管理器。

（2）单击【两面夹角】按钮，在图形区域中选择模型的上侧面及其上边线，在【参考实体】选择框中显示出选择的项目名称，设置【角度】数值为"45.00 度"，如图 3-18 所示，在图形区域中显示出新基准面的预览，单击【确定】按钮✔，生成基准面 1。

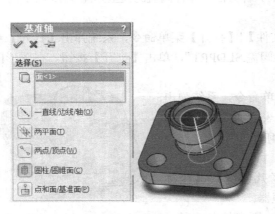

图 3-17　选择圆柱面

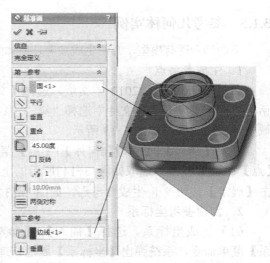

图 3-18　生成基准面

3.2　基体特征和除料特征

在 SolidWorks 中，特征建模一般分为基础特征建模和附加特征建模两类。基础特征建模是三维实体最基本的生成方式，是单一的命令操作，可以构成三维实体的基本造型。基础特征建模相当于二维草图中的基本单元，是最基本的三维实体绘制方式。基础特征建模主要包括拉伸特征、拉伸切除特征、旋转特征、旋转切除特征、扫描特征与放样特征等。

3.2.1　拉伸凸台/基体

拉伸特征是由截面轮廓草图经过拉伸而成，适合于构造等截面的实体特征。

1．拉伸属性

利用草图绘制命令生成将要拉伸的草图，并将其处于激活状态。选择【插入】|【凸台/基体】|【拉伸】菜单命令或者单击【特征】工具栏中的【拉伸凸台/基体】按钮，系统弹出如图 3-19 所示的【凸台-拉伸】属性管理器。

图 3-19　【凸台-拉伸】属性管理器

在介绍如何生成拉伸特征之前，先来介绍【凸台-拉伸】属性管理器中各选项的含义。

（1）【从】选项组。

利用【从】选项组中的下拉列表中的选项可以设定拉伸特征的开始条件，这些条件包括如下几种：

【草图基准面】：从草图所在的基准面开始拉伸。

【曲面/面/基准面】：从这些实体之一开始拉伸。拉伸时要为【曲面/面/基准面】选择有效的实体。

【顶点】：从在顶点选项中选择的顶点开始拉伸。

【等距】：从与当前草图基准面等距的基准面开始拉伸。这时需要在输入等距值中设定等距距离。

92

（2）【方向 1】选项组。

【方向 1】选项组如图 3-20 所示，其各选项的含义如下所述。

【终止条件】选项：决定特征延伸的方式，并设定终止条件类型。根据需要，单击反向按钮 ✔ 以与预览中所示方向相反的方向延伸特征。

【给定深度】：✍ 选项中输入给定深度，从草图的基准面以指定的距离延伸特征。

【成形到一顶点】：在图形区域中选择一个顶点作为顶点，从草图基准面拉伸特征到一个平面，这个平面平行于草图基准面且穿越指定的顶点。

选择【终止条件】为【给定深度】及【成形到一顶点】选项后的图形效果如图 3-21 所示。

图 3-20 【方向 1】选项组

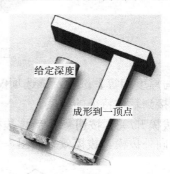

图 3-21 不同终止条件效果 1

【成形到一面】：在图形区域中选择一个要延伸到的面或基准面作为面/基准面，从草图的基准面拉伸特征到所选的曲面以生成特征。

【到离指定面指定的距离】：在图形区域中选择一个面或基准面作为面/基准面，然后在 ✍ 选项中输入等距距离。选择转化曲面以使拉伸结束在参考曲面转化处，而非实际的等距。必要时，选择反向等距以便以反方向等距移动。

选择【终止条件】为【成形到一面】及【到离指定面指定的距离】选项后的图形效果如图 3-22 所示。

【成形到实体】：在图形区域选择要拉伸的实体作为实体/曲面实体。在装配体中拉伸时可以使用成形到实体，以延伸草图到所选的实体。

【两侧对称】：✍ 选项中输入设定深度，从草图基准面向两个方向对称拉伸特征。

选择【终止条件】为【成形到实体】及【两侧对称】选项后的图形效果如图 3-23 所示。

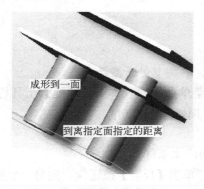

图 3-22 不同终止条件效果 2

图 3-23 不同终止条件效果 3

【拉伸方向】按钮↗：在图形区域中选择方向向量以垂直于草图轮廓的方向拉伸草图。

【反侧切除】选项：该选项仅限于拉伸的切除（图中并未出现），表示移除轮廓外的所有材质，默认情况下，材料从轮廓内部移除，如图 3-24 所示。

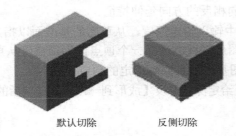

默认切除　　　　　　　反侧切除

图 3-24　默认与反侧切除效果

【与厚度相等】选项：该选项仅限于钣金零件（图中并未出现），表示自动将拉伸凸台的深度链接到基体特征的厚度。

【拔模开/关】按钮：新增拔模到拉伸特征。使用时要设定拔模角度，根据需要，选择向内或向外拔模。拔模效果如图 3-25 所示。

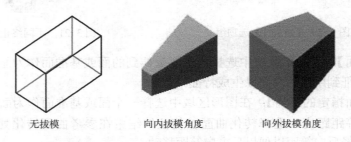

无拔模　　　　　　向内拔模角度　　　　　　向外拔模角度

图 3-25　拔模效果

（3）【方向 2】选项组。

设定这些选项以同时从草图基准面往两个方向拉伸，这些选项和【方向 1】选项组基本相同，这里不再赘述。

（4）【所选轮廓】选项组。

所选轮廓允许使用部分草图来生成拉伸特征。在图形区域中选择的草图轮廓和模型边线将显示在【所选轮廓】选项组中。

2．拉伸

要生成拉伸特征，可以采用以下步骤。

（1）利用草图绘制命令生成将要拉伸的草图，并将其处于激活状态。

（2）选择【插入】|【凸台/基体】|【拉伸】菜单命令或者单击【特征】工具栏中的【拉伸凸台/基体】按钮，系统弹出【凸台-拉伸】属性管理器。

（3）在【方向 1】选项组中执行以下步骤。

1）在【终止条件】下拉列表框中选择拉伸的终止条件。

2）在右侧的图形区域中检查预览。如果需要，单击【反向】按钮，向另一个方向拉伸。

3）在选项中输入拉伸的深度。

4）如果要给特征添加一个拔模，单击【拔模开/关】按钮，然后输入拔模角度。

（4）根据需要，选择【方向2】选项组将拉伸应用到第二个方向，方法同上。

（5）单击【确定】按钮，即可完成基体/凸台的生成。

3.2.2 拉伸切除特征

拉伸切除特征与拉伸凸台特征的操作过程基本相同，与拉伸凸台相比，拉伸切除是减材料，要生成拉伸切除特征，【切除-拉伸】属性管理器中的各个选项与【凸台-拉伸】属性管理器中的各个选项设置相同，这里不再详细介绍。拉伸切除特征可按以下步骤进行。

（1）利用草图绘制命令生成草图，并将其处于激活状态。

（2）选择【插入】|【切除】|【拉伸】菜单命令或者单击【特征】工具栏中的【拉伸切除】按钮，系统弹出【切除-拉伸】属性管理器。

（3）在【方向1】选项组中执行以下步骤。

1）在【终止条件】下拉列表框中选择拉伸切除的终止条件。

2）在右面的图形区域中检查预览。如果需要，单击【反向】按钮，向另一个方向拉伸切除。

3）在选项中输入拉伸切除的深度。

4）如果选中了【反侧切除】复选框则将生成反侧切除特征。

5）如果要给特征添加一个拔模，单击【拔模开/关】按钮，然后输入拔模角度。

（4）根据需要，选择【方向2】选项组将拉伸切除应用到第二个方向，方法同上。

（5）单击【确定】按钮，即可完成拉伸切除的生成。

利用拉伸切除特征生成的零件效果如图3-26所示。

图3-26　拉伸切除效果

3.2.3 旋转凸台/基体

旋转特征是由特征截面绕中心线旋转面生成的一类特征，适于构造回转体零件。旋转特征可以是实体、薄壁特征或曲面。

实体旋转特征的草图可以包含一个或者多个闭环的非相交轮廓。对于包含多个轮廓的基本旋转特征，其中一个轮廓必须包好所有其他轮廓。如果草图包含一条以上的中心线，则选择一条中心线作为旋转轴。

1. 旋转属性

选择【插入】|【凸台/基体】|【旋转】菜单命令或者单击【特征】工具栏中的【旋转凸

台/基体】按钮🎯，选取一个平面或者基准面作为草图平面，利用草图绘制工具绘制一条中心线和旋转轮廓，退出草图绘制环境，系统弹出如图 3-27 所示的【旋转】属性管理器。

旋转特征是在【旋转】属性管理器中设定的，【旋转】属性管理器中选项的含义如下。

（1）旋转参数。

【旋转轴】选项 ╲：选择某一特征旋转所绕的轴。根据所生成的旋转特征的类型，此旋转轴可能为中心线、直线或边线。

【方向 1】选项组：从草图基准面定义旋转方向。根据需要，单击【反向】按钮🔄来反转旋转方向。选择选项有给定深度、成形到一顶点、成形到一面、到离指定面指定的距离和两侧对称，这些选项的含义参照本章的【拉伸】特征中的相关内容。

【角度】选项📐：定义旋转所包罗的角度。默认的角度为 360°。角度以顺时针从所选草图测量。

（2）【薄壁特征】选项组。

选择薄壁特征可以设定下列选项。

【类型】选项：用来定义厚度的方向。选择以下选项之一：

单向：从草图以单一方向添加薄壁体积。根据需要，单击【反向】按钮↗来反转薄壁体积添加的方向。

两侧对称：以草图为中心，在草图两侧均等应用薄壁体积来添加薄壁体积。

双向：在草图两侧添加薄壁体积。方向 1 厚度↗从草图向外添加薄壁体积，方向 2 厚度↗从草图向内添加薄壁体积。

【方向 1 厚度】选项↗：为单向和两侧对称薄壁特征旋转设定薄壁体积厚度。

（3）【所选轮廓】选项组。

当使用多轮廓生成旋转时使用此选项，此时光标变为 ⬚形状，将光标指在图形区域中位置上时（位置改变颜色），单击图形区域中的位置来生成旋转的预览，这时草图的区域出现在所选轮廓◇选择框中。用户可以选择任何区域组合来生成单一或多实体零件。

利用旋转命令生成的特征如图 3-28 所示。

图 3-27 【旋转】属性管理器

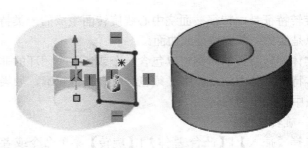

图 3-28 旋转生成实体

薄壁或曲面旋转特征的草图只能包含一个开环的或闭环的相交轮廓，轮廓不能与中心线交叉。如果草图包含一条以上的中心线，选择一条中心线作为旋转轴。

2．旋转凸台/基体

要生成旋转的基体/凸台特征，可按下面的步骤进行：

（1）利用草图绘制工具绘制一条中心线和旋转轮廓。

（2）选择【插入】|【凸台/基体】|【旋转】菜单命令或者单击【特征】工具栏中的【旋转凸台/基体】按钮，系统弹出如图 3-27 所示的【旋转】属性管理器。

（3）此时在图形区域中显示生成的旋转特征。

（4）在【旋转】属性管理器中的【方向 1】选项组中的下拉列表中选择旋转类型。

（5）在【角度】选项中指定旋转角度。

（6）如果准备生成薄壁旋转，则选中【薄壁特征】复选框，设置相关选项。

（7）单击【确定】按钮，即可生成旋转的基体/凸台特征，如图 3-28 所示。

3．旋转切除

与旋转凸台/基体特征不同的是，旋转切除特征用来产生切除特征。要生成旋转切除特征，可按下面的步骤进行：

（1）选择模型面上的一张草图轮廓和一条中心线。

（2）选择【插入】|【切除】|【旋转】菜单命令或者单击【特征】工具栏中的【旋转切除】按钮，系统弹出【切除-旋转】属性管理器。

（3）此时在右侧的图形区域中显示生成的切除旋转特征。

（4）在【切除-旋转】属性管理器中的【方向 1】选项组中的下拉列表中选择旋转类型。

（5）在【角度】选项中指定旋转角度。

（6）如果准备生成薄壁旋转，则选中【薄壁特征】复选框，设置相关选项。

（7）单击【确定】按钮，即可生成旋转切除特征。

利用旋转切除特征生成的几种零件效果如图 3-29 所示。

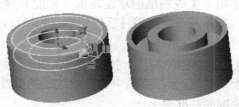

图 3-29　旋转切除效果

3.2.4　扫描

扫描特征是指由二维草绘平面沿一个平面或空间轨迹线扫描而成的一类特征。沿着一条路径移动轮廓（截面）可以生成基体、凸台、切除或曲面。

SolidWorks 的扫描特征遵循以下规则：

（1）扫描路径可以为开环或闭环。

（2）扫描路径可以是一张草图中包含的一组草图曲线、一条曲线或一组模型边线。

（3）扫描路径的起点必须位于轮廓的基准面上。

（4）对于【凸台/基体扫描】特征，轮廓必须是闭环的；对于曲面扫描特征，则轮廓可以是闭环的也可以是开环的。

（5）不论是截面、路径或所形成的实体，都不能出现自相交叉的情况。

1．扫描属性

在一个基准面上绘制一个闭环的非相交轮廓，然后使用草图、现有的模型边线或曲线生成轮廓将遵循的路径，选择【插入】|【凸台/基体】|【扫描】菜单命令或者单击【特征】工具栏中的【扫描】按钮 ，系统弹出如图 3-30 所示的【扫描】属性管理器。扫描特征都是在【扫描】属性管理器中设定的，下面介绍【扫描】属性管理器中各选项含义。

（1）【轮廓和路径】选项组。

【轮廓和路径】选项组如图 3-30 所示，其各选项的含义如下所述。

图 3-30 【扫描】属性管理器

【轮廓】选项 ：设定用来生成扫描的草图轮廓（截面）。扫面时应在图形区域中或特征管理器中选取草图轮廓。基体或凸台扫描特征的轮廓应为闭环，而曲面扫描特征的轮廓可为开环或闭环。

【路径】选项 ：设定轮廓扫描的路径。扫描时应在图形区域或特征管理器中选取路径草图。路径可以是开环或闭环，包含在草图中的一组绘制的曲线、一条曲线或一组模型边线，路径的起点必须位于轮廓的基准面上。

不论是截面、路径或所形成的实体，都不能自相交叉。

（2）【选项】选项组。

【选项】选项组如图 3-31 所示，其各选项的含义如下所述。

图 3-31 【扫描】属性管理器中的【选项】选项组

【方向/扭转控制】下拉列表框：用来控制轮廓 在沿路径 扫描时的方向。【方向/扭转控制】效果如图 3-32 所示，其包含的选项如下。

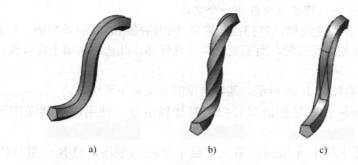

图 3-32　方向/扭转控制

a) 无扭曲　b) 沿路径扭转　c) 以法向不变沿路径扭曲

- 【随路径变化】：按截面相对于路径仍时刻处于同一角度扫描。
- 【保持法向不变】：扫描时截面时刻与开始截面平行。
- 【随路径和第一引导线变化】：扫描时如果引导线不只一条，选择该项扫描将随第一条引导线变化。
- 【随第一和第二引导线变化】：扫描时如果引导线不只一条，选择该项扫描将随第一条和第二条引导线同时变化。
- 【沿路径扭转】：扫描时沿路径扭转截面。在定义方式下按度数、弧度或旋转定义扭转。
- 【以法向不变沿路径扭曲】：通过将截面在沿路径扭曲时保持与开始截面平行而沿路径扭曲截面。

【定义方式】选项：该选项在【方向/扭转控制】中选择【沿路径扭转】或【以法向不变沿路径扭曲】时可用，其包含的选项如下。

- 扭转定义：定义扭转。选择度数、弧度或反转。
- 扭转角度：在扭转中设定度数、弧度或反转数。

【路径对齐类型】下拉列表框：该选项在【方向/扭转控制】中选择【随路径变化】时可用，表示当路径上出现少许波动和不均匀波动，使轮廓不能对齐时，可以将轮廓稳定下来，其包含的选项如下。

- 【无】：垂直于轮廓而对齐轮廓，不进行纠正。
- 【最小扭转】：该选项只针对于 3D 路径，阻止轮廓在随路径变化时自我相交。
- 【方向向量】：以方向向量所选择的方向对齐轮廓。并选择设定方向向量的实体。
- 【所有面】：当路径包括相邻面时，使扫描轮廓在几何关系可能的情况下与相邻面相切。

【方向向量】选项 ：该选项在【路径对齐类型】中选择【方向向量】时可用，表示选择一基准面、平面、直线、边线、圆柱、轴、特征上顶点组等来设定方向向量。

【合并切面】复选框：如果扫描轮廓具有相切线段，可使所产生的扫描中的相应曲面相切。保持相切的面可以是基准面、圆柱面或锥面。扫描时其他相邻面被合并，轮廓被近似处理。而且草图圆弧可以转换为样条曲线。

【显示预览】复选框：显示扫描的上色预览。取消选中只显示轮廓和路径。

【合并结果】复选框：将实体合并成一个实体。

【与结束端面对齐】复选框：将扫描轮廓继续到路径所碰到的最后面。扫描的面被延伸或缩短以与扫描端点处的面匹配，而不要求额外几何体。此选项常用于螺旋线。

（3）【引导线】选项组。

【引导线】选项组如图 3-30 所示，其各选项的含义如下所述。

【引导线】选项 ⬡：在轮廓沿路径扫描时加以引导。使用时需要在图形区域选择引导线。

【上移】 ⬆ 或【下移】 ⬇ 按钮：用来调整引导线的顺序。选择一引导线 ⬡ 并调整轮廓顺序。

【合并平滑的面】复选框：改进带引导线扫描的性能，并在引导线或路径不是曲率连续的所有点处分割扫描。

【显示截面】选项 ⬡：显示扫描的截面。使用时可以选择箭头 ⬡ 按截面数查看轮廓。

（4）【起始处/结束处相切】选项组。

【起始处/结束处相切】选项组如图 3-33 所示，其各选项的含义如下所述。

【起始处相切类型】下拉列表框，其包含的选项如下。

● 【无】：没应用相切。

● 【路径切线】：垂直于开始点沿路径而生成扫描。

【结束处相切类型】下拉列表框，其包含的选项为：

● 【无】：没应用相切。

● 【路径切线】：垂直于结束点沿路径而生成扫描。

图 3-33 【扫描】属性管理器中的【起始处/结束处相切】选项组

● 【方向向量】：生成与所选线性边线或轴线相切的扫描，或与所选基准面的法线相切的扫描。

● 【所有面】：生成在起始处和终止处与现有几何体的相邻面相切的扫描。此选项只有在扫描附加于现有几何时才可以使用。

（5）【薄壁特征】选项组。

【薄壁特征】选项组如图 3-34 所示，选择薄壁特征以生成一薄壁特征扫描。使用实体特征扫描与使用薄壁特征扫描的对比如图 3-35 所示。其各选项的含义如下所述。

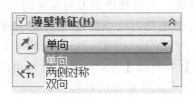

图 3-34 【扫描】属性管理器中的【薄壁特征】选项组

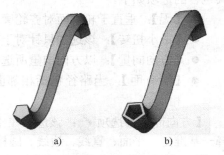

图 3-35 特征扫描

a) 使用实体特征扫描 b) 使用薄壁特征扫描

100

【薄壁特征类型】：设定薄壁特征扫描的类型。其包含的选项如下。

- 【单向】：使用【厚度】 ![]值以单一方向从轮廓生成薄壁特征。根据需要，单击【反向】按钮 ![]。
- 【两侧对称】：以两个方向应用同一【厚度】 ![]值而从轮廓以双向生成薄壁特征。
- 【双向】：从轮廓以双向生成薄壁特征。为【方向1厚度】 ![]和【方向2厚度】 ![]设定单独数值。

2．凸台/基体扫描

凸台/基体扫描特征属于叠加特征，要生成凸台/基体扫描特征，可按下面的步骤进行。

（1）在一个基准面上绘制一个闭环的非相交轮廓。

（2）使用草图、现有的模型边线或曲线生成轮廓将遵循的路径。

（3）选择【插入】|【凸台/基体】|【扫描】菜单命令或者单击【特征】工具栏中的【扫描】按钮 ![]。

（4）系统弹出【扫描】属性管理器，同时在右侧的图形区域中显示生成的扫描特征。

（5）单击【轮廓】按钮 ![]，然后在图形区域中选择路径草图。

（6）单击【路径】按钮 ![]，然后在图形区域中选择路径草图。如果预先选择了轮廓草图或路径草图，则草图将显示在对应的属性管理器显示框内。

（7）在【方向/扭转控制】下拉列表框中，选择【随路径变化】或【保持法而不变】选项。

（8）如果要生成薄壁特征扫描，则选中【薄壁特征】复选框，激活薄壁选项，选择薄壁类型并设置薄壁厚度。

（9）单击【确定】按钮 ![]，即可完成凸台/基体扫描特征的生成。

3．引导线扫描

SolidWorks 不仅可以生成等截面的扫描，还可以生成随着路径变化截面也发生变化的扫描——引导线扫描。使用引导线扫描生成的零件如图3-36所示。

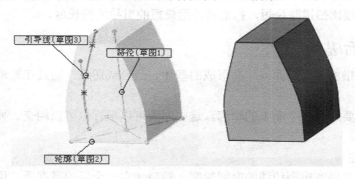

图3-36　引导线扫描

在利用引导线扫描特征之前，应该注意以下几点：

（1）应该先生成扫描路径和引导线，然后再生成截面轮廓。

（2）引导线必须要和轮廓相交于一点，作为扫描曲面的顶点。

（3）最好在截面草图上添加引导线的点和截面相交处之间的穿透关系。

如果要利用引导线生成扫描特征，可按下面的步骤进行。

（1）生成引导线。可以使用任何草图曲线、模型边线或曲线作为引导线。

（2）生成扫描路径。可以使用任何草图曲线、模型边线或曲线作为扫描路径。

（3）绘制扫描轮廓。

（4）在轮廓草图中的引导线与轮廓相交处添加穿透几何关系。穿透几何关系将使截面沿着路径改变大小、形状或者两者均改变。截面受曲线的约束，但曲线不受截面的约束。

（5）选择【插入】|【凸台/基体】|【扫描】菜单命令或者单击【特征】工具栏中的【扫描】按钮 。

（6）系统弹出【扫描】属性管理器，同时在右侧的图形区域中显示生成的基体或凸台扫描特征。

（7）在【轮廓和路径】选项组中，执行以下操作。

1）单击【轮廓】按钮 ，然后在图形区域中选择路径草图。

2）单击【路径】按钮 ，然后在图形域中选择路径草图。如果选中了"显示预览"复选框，此时在图形区域中将显示不随引导线变化截面的扫描特征。

（8）在【引导线】选项组中设置以下选项。

1）单击【引导线】按钮 ，随后在图形区域中选择引导线。此时在图形区域中将显示随着引导线变化截面的扫描特征。

2）如果存在多条引导线，可以单击【上移】按钮 或【下移】按钮 来改变使用引导线的顺序。

3）单击【显示截面】按钮 ，然后单击微调框箭头来根据截面数量查看并修正轮廓。

（9）在【选项】选项组中的【方向/扭转控制】下拉列表中选择以下选项：随路径变化、保持法向不变、随路径和每一引导线变化、随第一和第二引导线变化等。

（10）在【起始处/结束处相切】选项组中可以设置起始或结束处的相切选项。

（11）单击【确定】按钮 ，完成引导线扫描。

扫描路径和引导线的长度可能不同，如果引导线比扫描路径长，扫描将使用扫描路径的长度；如果引导线比扫描路径短，扫描将使用最短的引导线的长度。

3.2.5　放样凸台/基体

所谓放样是指由多个剖面或轮廓形成的基体、凸台或切除，通过在轮廓之间进行过渡来生成特征。

放样特征需要连接多个面上的轮廓，这些面既可以平行也可以相交。要确定这些平面就必须用到基准面。

1. 放样属性

生成一个模型面或模型边线的空间轮廓，然后建立一个新的基准面，用来放置另一个草图轮廓。选择【插入】|【凸台/基体】|【放样】菜单命令或者单击【特征】工具栏中的【放样凸台/基体】按钮 ，系统弹出如图3-37所示的【放样】属性管理器。

放样特征都是在【放样】属性管理器中设定的，下面介绍【放样】属性管理器中各选项的含义。

（1）【轮廓】选项组。

【轮廓】选项组如图3-37所示，其各选项的含义如下所述。

图 3-37 【放样】属性管理器

【轮廓】按钮 ⬡：决定用来生成放样的轮廓。选择要连接的草图轮廓、面或边线。放样根据轮廓选择的顺序而生成。对于每个轮廓，都需要选择想要放样路径经过的点。

【上移】↑或【下移】↓按钮：调整轮廓的顺序。放样时选择一轮廓并调整轮廓顺序。如果放样预览显示不理想的放样，重新选择草图以在轮廓上连接不同的点。

（2）【起始/结束约束】选项组。

【起始/结束约束】选项组如图 3-37 所示，其各选项的含义如下所述。

【开始约束】和【结束约束】下拉列表框：应用约束以控制开始和结束轮廓的相切。其包含的选项如下。

● 【无】：没应用相切约束。

● 【方向向量】：根据作为方向向量的所选实体而应用相切约束。使用时选择一方向向量↗，然后设定【拔模角度】和【起始或结束处相切长度】。

● 【垂直于轮廓】：应用垂直于开始或结束轮廓的相切约束。使用时设定【拔模角度】和【起始或结束处相切长度】。

● 【与面相切】：放样在起始处和终止处与现有几何的相邻面相切。此选项只有在放样附加在现有的几何时才可以使用。

如表 3-1 所示是放样相切选项样例。

表 3-1 放样相切选项样例

表中样例是从右图轮廓生成的。起始轮廓是已有几何的转换面，而选定的模型边线就是方向向量		
起始处相切：无 结束处相切：无		起始处相切：无 结束处相切：垂直于轮廓

103

（续）

起始处相切：垂直于轮廓 结束处相切：无		起始处相切：垂直于轮廓 结束处相切：垂直于轮廓	
起始处相切：所有的面 结束处相切：无		起始处相切：所有的面 结束处相切：垂直于轮廓	
起始处相切：方向向量 结束处相切：无		起始处相切：方向向量 结束处相切：垂直于轮廓	

（3）【引导线】选项组。

【引导线】选项组如图 3-38 所示，其各选项的含义如下所述。

【引导线】选项 ⌇：选择引导线来控制放样。

如果在选择引导线时碰到引导线无效错误信息，应在图形区域中右击，选择开始轮廓选择，然后选择引导线。

图 3-38 【放样】属性管理
器中的【引导线】选项组

【引导线感应类型】下拉列表框：该选项控制放样与引导线相遇处的相切。这些选项的含义与【开始约束】和【结束约束】下拉列表框相似，这里不再赘述。

（4）【中心线参数】选项组。

【中心线参数】选项组如图 3-37 所示，其各选项的含义如下所述。

【中心线】选项 ⌀：使用中心线引导放样形状。在图形区域中选择一草图，其中中心线可与引导线共存。

【截面数】选项：在轮廓之间并绕中心线添加截面。移动滑杆可以调整截面数。

【显示截面】选项 ⟳：显示放样截面。单击箭头来显示截面。也可输入一截面数然后单击显示截面按钮 ⟳ 以跳到此截面。

（5）【选项】选项组。

【选项】选项组如图 3-37 所示，其各选项的含义如下所述。

【合并切面】复选框：如果对应的线段相切，则使在所生成的放样中的曲面保持相切，如图 3-39 所示。

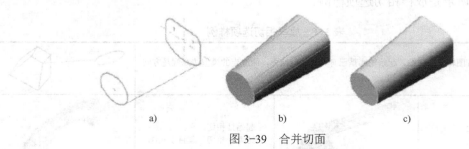

图 3-39 合并切面

a) 草图轮廓 b) 没有使用保持相切 c) 使用保持相切

如果相对应的放样线段相切，可选择合并切面以使生成的放样中相应的曲面保持相切。保持相切的面可以是基准面、圆柱面或锥面，其他相邻的面被合并，截面被近似处理。

【闭合放样】复选框：沿放样方向生成一闭合实体，如图 3-40 所示。此选项会自动连接第一个和最后一个草图。

a)   b)

图 3-40   封闭放样选择与否的上色预览

a) 消除封闭放样   b) 选择封闭放样

2．凸台放样

通过使用空间中两个或两个以上的不同面轮廓，可以生成最基本的放样特征。要生成空间轮廓的放样特征，可按下面的步骤进行：

（1）至少生成一个空间轮廓，空间轮廓可以是模型面或模型边线。

（2）建立一个新的基准面，用来放置另一个草图轮廓。基准面间不一定要平行。在新建的基准面上绘制要放样的轮廓。

（3）选择【插入】|【凸台/基体】|【放样】菜单命令或者单击【特征】工具栏中的【放样凸台/基体】按钮 ，系统弹出如图 3-37 所示的【放样】属性管理器。

（4）单击每个轮廓上相应的点，按顺序选择空间轮廓和其他轮廓的面，此时被选择轮廓显示在【轮廓】 列表框中，在后面的图形区域中显示生成的放样特征。

（5）单击【上移】按钮 或【下移】按钮 以改变轮廓的顺序，此项只针对两个以上轮廓的放样特征。

（6）如果要在放样的开始和结束处控制相切，则设置【起始/结束约束】选项组。

（7）如果要生成薄壁放样特征，选中【薄壁特征】复选框，从而激活薄壁选项，选择薄壁类型，并设置薄壁厚度。

（8）单击【确定】按钮 ，即可完成放样。

3．引导线放样

与生成引导线扫描特征一样，SolidWorks 也可以生成引导线放样特征。通过使用两个或多个轮廓并使用一条或多条引导线来连接轮廓，也可以生成引导线放样。通过引导线可以帮助控制所生成的中间轮廓。

在使用引导线生成放样特征时，必须注意以下几点：

（1）引导线必须与轮廓相交。

（2）引导线的数量不受限制。

（3）引导线之间可以相交。

（4）引导线可以是任何草图曲线、模型边线或曲线。

（5）引导线可以比生成的放样特征长，放样将终止于最短的引导线的末端。

要生成引导线放样特征，可按下面的步骤进行：

（1）绘制一条或多条引导线。绘制草图轮廓，草图轮廓必须与引导线相交。

（2）在轮廓所在草图中为引导线和轮廓顶点添加穿透几何关系或重合几何关系。

（3）选择【插入】|【凸台/基体】|【放样】菜单命令或者单击【特征】工具栏中的【放样凸台/基体】按钮 🔔，系统弹出如图 3-37 所示的【放样】属性管理器。

（4）单击每个轮廓上相应的点，以按顺序选择空间轮廓和其他轮廓的面，此时被选择轮廓显示在【轮廓】🍥列表框中，在后面的图形区域中显示生成的放样特征。

（5）单击【上移】按钮 ↑ 或【下移】按钮 ↓ 以改变轮廓的顺序，此项只针对两个以上轮廓的放样特征。

（6）在【引导线】选项组中单击【引导线】按钮 🔗，然后在图形区域中选择引导线。此时在图表区域中将显示随着引导线变化的放样特征。如果存在多条引导线，可以单击【上移】按钮 ↑ 或【下移】按钮 ↓ 来改变使用引导线的顺序。

（7）通过【起始/结束约束】选项组可以控制草图、面或曲面边线之间的相切量和放样方向。

（8）如果要生成薄壁放样特征，选中【薄壁特征】复选框，从而激活薄壁选项，设置薄壁特征。

（9）单击【确定】按钮 ✔，即可完成引导线放样。

4．中心线放样

SolidWorks 还可以生成中心线放样特征。中心线放样是指将一条变化的引导线作为中心线进行的放样，在中心线放样特征中，所有中间截面的草图基准面都与此中心线垂直。中心线放样中的中心线必须与每个闭环轮廓的内部区域相交，而不是像引导线放样那样必须与每个轮廓线相交。

要生成中心线放样特征，可按下面的步骤进行：

（1）生成放样轮廓。

（2）绘制曲线或生成曲线作为中心线，该中心线必须与每个轮廓内部区域相交。

（3）选择【插入】|【凸台/基体】|【放样】菜单命令或者单击【特征】工具栏中的【放样凸台/基体】按钮 🔔，系统弹出如图 3-37 所示的【放样】属性管理器。

（4）单击每个轮廓上相应的点，以按顺序选择空间轮廓和其他轮廓的面，此时被选择轮廓显示在【轮廓】🍥列表框中，在后面的图形区域中显示生成的放样特征。

（5）单击【上移】按钮 ↑ 或【下移】按钮 ↓ 以改变轮廓的顺序，此项只针对两个以上轮廓的放样特征。

（6）在【中心线参数】选项组中单击中心线按钮 🔗，然后在图形区域中选择中心线，此时在图形区域中将显示随着中心线变化的放样特征。

（7）调整【截面数量】滑杆来改变在图形区域显示的预览数。

（8）如果要在放样的开始和结束处控制相切，需要设置【起始/结束约束】选项组。

（9）如果要生成薄壁特征，选中【薄壁特征】复选框并设置薄壁特征。

（10）单击【确定】按钮 ✔，即可完成中心线放样。

3.2.6　茶杯建模实例

茶杯模型如图 3-41 所示。本模型主要使用了 SolidWorks 的一些基本功能：拉伸、旋转、扫描和圆角，圆角在下一节讲述。

1．创建基体旋转特征

首先创建基体旋转特征，具体步骤如下。

（1）启动 SolidWorks 2012 软件。单击工具栏中的【新建】按钮 ，系统弹出【新建 SolidWorks 文件】对话框，在【模板】选项卡中选择【零件】选项，单击【确定】按钮。

（2）选择【特征管理器设计树】中的【前视基准面】选项，使其成为草图绘制平面。单击【视图定向】下拉列表中的【正视于】按钮 ，然后单击【草图】工具栏中的【草图绘制】按钮 ，进入草图绘制模式。

（3）单击【草图】工具栏中的【直线】按钮 ，绘制一个如图 3-42 所示的草图。

（4）单击【草图】工具栏中的【中心线】按钮 ，绘制一个如图 3-43 所示的中心线。

图 3-41　茶杯模型

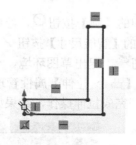
图 3-42　绘制的草图

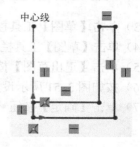
图 3-43　绘制的中心线

（5）单击【草图】工具栏中的【智能尺寸】按钮 ，标注并修改尺寸，如图 3-44 所示。

（6）单击【退出草图】按钮 ，退出草图环境。

（7）单击【特征】工具栏中的【旋转凸台/基体】按钮 ，在绘图区选取绘制的草图，系统弹出如图 3-45 所示的【旋转】属性管理器。属性管理器的设置如图 3-45 所示，单击【确定】按钮 ，完成基体旋转操作，结果如图 3-46 所示。

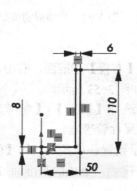
图 3-44　标注后的草图

图 3-45　【旋转】属性管理器

图 3-46　旋转所得的模型

2．创建拉伸特征

（1）单击【特征】工具栏中的【拉伸凸台/基体】按钮 ，系统弹出如图 3-47 所示的【拉伸】属性管理器，选取如图 3-48 所示的表面，系统进入草图绘制模式。

（2）单击【视图定向】下拉列表中的【正视于】按钮，如图 3-49 所示。

选取的表面

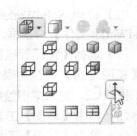

图 3-47　【拉伸】属性管理器　　　　　图 3-48　选取的表面　　　　　图 3-49　正视于

（3）单击【草图】工具栏中的【圆】按钮，绘制一个圆。

（4）单击【草图】工具栏中的【智能尺寸】按钮，标注并修改尺寸，如图 3-50 所示。

（5）单击【退出草图】按钮，退出草图环境。

（6）按如图 3-51 所示设置【凸台-拉伸】属性管理器，【深度】文本框中输入 6。

（7）单击【确定】按钮，完成拉伸操作，结果如图 3-52 所示。

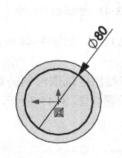

图 3-50　绘制的圆　　　　　图 3-51　【凸台-拉伸】属性管理器　　　　　图 3-52　拉伸后的模型

3．创建扫描特征

（1）在【特征管理器设计树】中依次选取【前视】、【上视】和【右视】基准面，右击，在弹出的快捷菜单中选择【显示】命令，显示 3 个默认的基准面，如图 3-53 所示。

（2）单击【参考几何体】工具栏中的【基准面】按钮或者选择【插入】|【参考几何体】|【基准面】菜单命令，系统弹出如图 3-54 所示的【基准面】属性管理器。

（3）选取如图 3-55 所示的【前视】基准面，按如图 3-54 所示设置各项参数，如【偏移距离】文本框输入 45，选中【反转】复选框，单击【确定】按钮，生成的基准面 1 如图 3-56 所示。

（4）单击基准面 1，然后单击【草图】工具栏中的【草图绘制】按钮，进入草图绘制模式。单击【草图】工具栏中的【椭圆】按钮，绘制如图 3-57 所示的椭圆，单击【退出草图】按钮，退出草图环境。

图 3-53　显示基准面

图 3-54　【基准面】属性管理器

图 3-55　选取【前视】基准面

图 3-56　创建的基准面

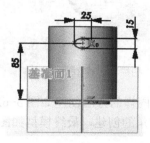

图 3-57　绘制的椭圆

（5）单击【右视】基准面，然后单击【草图】工具栏中的【草图绘制】按钮，进入草图绘制模式。单击【草图】工具栏中的【样条曲线】按钮，绘制如图 3-58 所示的样条曲线，单击【退出草图】按钮，退出草图环境。

（6）单击【特征】工具栏中的【扫描】按钮，系统弹出如图 3-59 所示的【扫描】属性管理器，依次选择椭圆为扫描轮廓和样条曲线为扫描路径，按如图 3-59 所示设置各个选项和参数，单击【确定】按钮，完成扫描，结果如图 3-60 所示。

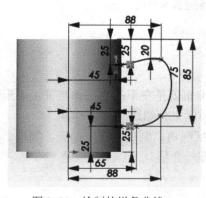

图 3-58　绘制的样条曲线

图 3-59　【扫描】属性管理器

4．创建圆角特征

下面来创建圆角特征，具体步骤如下：

（1）单击【特征】工具栏中的【圆角】按钮，系统弹出如图 3-61 所示的【圆角】属性管理器。设置【半径】为 5mm，其他参数设置如图 3-61 所示，单击【确定】按钮，完成圆角的创建。

图 3-60　扫描后的模型　　　　　　　　图 3-61　【圆角】属性管理器和选取的边缘

（2）采用同样的方法创建如图 3-62 所示的 R8、R3 和 R1 的圆角特征，单击【确定】按钮，完成圆角的创建，最终模型如图 3-41 所示。

图 3-62　创建圆角特征

3.3　辅助特征

前面一节中介绍的是实体建模，而实体编辑就是在不改变基体特征主要形状的前提下，对已有的特征进行局部修饰的建模方法，本节就来介绍这一部分内容。

在 SolidWorks 2012 中实体编辑主要包括圆角、倒角、孔、抽壳、圆顶、拔模以及特型特征等，本节将对这些特征的造型方法进行逐一介绍。

3.3.1　圆角特征

使用圆角特征可以在零件上生成内圆角或外圆角。圆角特征在零件设计中起着重要作用。大多数情况下，如果能在零件特征上加入圆角，则有助于造型上的变化，或是产生平滑的效果。SolidWorks 2012 可以为一个面上的所有边线、多个面、多个边线或边线环创建圆角特征，在 SolidWorks 2012 中有以下几种圆角特征。

（1）等半径圆角：对所选边线以相同的圆角半径进行倒圆角操作。

（2）多半径圆角：可以为每条边线选择不同的圆角半径进行倒圆角操作。

（3）圆形角圆角：通过控制角部边线之间的过渡，消除两条边线汇合处的尖锐接合点。

（4）逆转圆角：可以在混合曲面之间沿着零件边线进入圆角，进行平滑过渡。

（5）变半径圆角：可以为边线的每个顶点指定不同的圆角半径。

（6）混合面圆角：通过它可以将不相邻的面混合起来。

选择【插入】|【特征】|【圆角】菜单命令或者单击【特征】工具栏中的【圆角】按钮 🍥，系统弹出如图 3-61 所示的【圆角】属性管理器。

在【圆角类型】选项组中选择一圆角类型，然后设定其他参数选项，选择的圆角类型不同，其后的选项亦将作相应的变化，这些圆角类型包括：

（1）等半径：选择该选项可以生成整个圆角的长度都等半径的圆角。

（2）变半径：选择该选项可以生成带变半径值的圆角。

（3）面圆角：选择该选项可以混合非相邻、非连续的面。

（4）完整圆角：选择该选项可以生成相切于 3 个相邻面组（一个或多个面相切）的圆角。

1．等半径圆角

等半径圆角特征是指对所选边线以相同的圆角半径进行倒圆角的操作，要生成等半径圆角特征，可按下面的操作步骤进行。

（1）选择【插入】|【特征】|【圆角】菜单命令或者单击【特征】工具栏中的【圆角】按钮 🍥，系统弹出如图 3-61 所示的【圆角】属性管理器。

（2）在【圆角】属性管理器中选择【圆角类型】为【等半径】。

【半径】选项 ⟋：利用该选项可以设定圆角半径。

【边线、面、特征和环】选项 🔲：在图形区域中选择要圆角处理的实体。

【多半径圆角】复选框：以边线不同的半径值生成圆角。使用不同半径的 3 条边线可以生成边角。但不能为具有共同边线的面或环指定多个半径。

【切线延伸】复选框：将圆角延伸到所有与所选面相切的面。

（3）在【圆角项目】选项组中的【半径】⟋ 选项中设置圆角的半径。

（4）单击【圆角项目】选项组中【边线、面、特征和环】选项 🔲 右侧的显示框，并在右侧的图形区域中选择要进行圆角处理的模型边线、面或环。

（5）如果在【圆角项目】选项组中选中了【切线延伸】复选框，则圆角将延伸到与所选面或边线相切的所有面。

（6）在【圆角项目】选项组中选择预览方式，主要包括以下几种：

【完整预览】复选框：用来显示所有边线的圆角预览。

【部分预览】复选框：只显示一条边线的圆角预览。按〈A〉键来依次观看每个圆角预览。

【无预览】复选框：可提高复杂模型的重建时间。

（7）在如图 3-63 所示的【圆角选项】选项组中选中【保持特征】复选框。

【保持特征】复选框：如果应用一个大到可覆盖特征的圆角半径，则保持切除或凸台特征可见。取消选中【保持特征】复选框以圆角包罗切除或凸台特征。

保持特征应用到圆角生成正面凸台和右切除特征的模型如图 3-64b 所示，保持特征应用到所有圆角的模型如图 3-64c 所示。

（8）在【圆角选项】选项组中【扩展方式】中选择一种扩展方式。

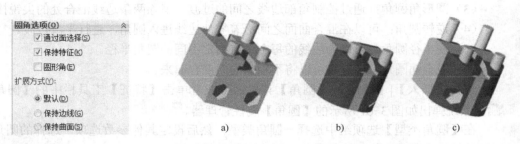

图 3-63　【圆角】属性管理器中的【圆角选项】　　　　图 3-64　【保持特征】选项的应用

【扩展方式】用来控制在单一闭合边线（如圆、样条曲线、椭圆）上圆角在与边线汇合时的行为。主要包括以下选项：

【默认】：系统根据集合条件选择保持边线或保持曲面选项。

【保持边线】：模型边线保持不变，而圆角调整，在许多情况下，圆角顶的边线中会有沉陷。

【保持曲面】：圆角边线调整为连续和平滑，而模型边线更改以与圆角边线匹配。

（9）单击【确定】按钮 ✅，生成等半径圆角特征，如图 3-65 所示。

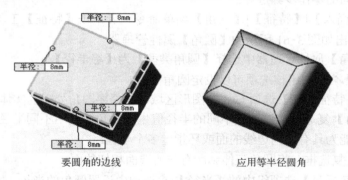

要圆角的边线　　　　　　　　应用等半径圆角

图 3-65　等半径圆角

在生成圆角特征时，所给定的圆角半径值应适当，如果圆角半径值太大，所生成的圆角将剪裁模型其他曲面及边线。

2．多半径圆角

使用多半径圆角特征可以为每条所选边线指定不同的半径值，还可以为具有公共边线的面指定多个半径。

要生成多半径圆角特征，可按下面的操作步骤进行。

（1）选择【插入】|【特征】|【圆角】菜单命令或者单击【特征】工具栏中的【圆角】按钮 🔵，系统弹出【圆角】属性管理器。

（2）在【圆角项目】选项组中选择【多半径圆角】复选框。

（3）单击【边线、面、特征和环】选项□右侧的显示框，然后在右侧的图形区域中选择要进行圆角处理的第一条模型边线、面或环。

（4）在图形区域中选择要进行圆角处理的模型其他具有相同圆角半径的边线、面或环。

（5）在【圆角项目】选项组中的【半径】选项⋀中设置圆角的半径。

（6）重复步骤（4）～（5），对多条模型边线、面或环，指定不同的圆角半径，直到设置完所有要进行圆角处理的边线为止。

（7）单击【确定】按钮✓，生成多半径圆角特征，如图3-66所示。

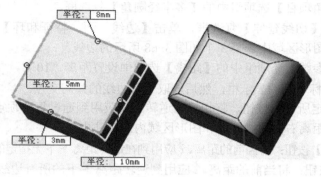

图3-66　多半径圆角特征

3．圆形角圆角

使用圆形角圆角特征可以控制角部边线之间的过渡，圆形角圆将混合邻接的边线，从而消除两条线汇合处的尖锐接合点。

要生成圆形角圆角特征，可按下面的步骤进行操作。

（1）选择【插入】|【特征】|【圆角】菜单命令或者单击【特征】工具栏中的【圆角】按钮🔵，系统弹出【圆角】属性管理器。

（2）在【圆角】属性管理器中选择【圆角类型】为【等半径】。

（3）在【圆角项目】选项组中取消选中【切线延伸】复选框，在【半径】选项⋀中设置圆角的半径。

（4）单击【边线、面、特征和环】选项□右侧的显示框，然后在右侧的图形区域中选择两个或更多相邻的模型边线、面或环。

（5）选中【圆角选项】选项组中的【圆形角】复选框。【圆形角】用来生成带圆形角的等半径圆角，使用时必须选择至少两个相邻边线来圆角化。

（6）单击【确定】按钮✓，生成圆形角圆角特征，如图3-67所示。

图3-67　圆形角圆角特征

a) 无圆形角应用了等半径圆角　b) 带圆形角应用了等半径圆角

4．逆转圆角

使用逆转圆角特征可以在混合曲面之间沿着零件边线生成圆角，从而形成平滑过渡。如果要生成逆转圆角特征，可按下面的操作步骤进行。

（1）生成一个零件，该零件应该包括边线、相交和希望混合的顶点。

（2）选择【插入】|【特征】|【圆角】菜单命令或者单击【特征】工具栏中的【圆角】按钮 🔘，系统弹出【圆角】属性管理器。

（3）在【圆角类型】选项组中保持默认选择【等半径】。

（4）选中【圆角项目】选项组中的【多半径圆角】复选框。

（5）取消选中【切线延伸】复选框，单击【边线、面、特征和环】选项 🔲 右侧的显示框，然后在右侧的图形区域中选择 3 个如图 3-68 所示的边线。

（6）在【逆转参数】选项组中的【距离】选项中设置距离"10"。

（7）单击 🔲 图标右侧的显示框，然后选取 3 条边线的共同交点。

（8）单击【设定所有】按钮，将相等的逆转距离应用到通过每个顶点的所有边线。逆转距离将显示在逆转距离右侧的微调框和图形区域内的标注中。

【设定未指定的】按钮：将当前的距离 🔧 应用到在逆转距离 ⅄ 下无指定的距离的所有边线。

【选择所有】按钮：将当前的距离 🔧 应用到逆转距离 ⅄ 下的所有边线。

（9）如果要对每一条边线分别设定不同的逆转距离，则进行如下操作：

1）在 🔧 选项中为每一条边线设置逆转距离。

2）单击 ⅄ 图标右侧的显示框，在右侧的图形区域中选择多边线的外顶点作为逆转顶点。

3）在 ⅄ 选项中显示每条边线的逆转距离。

（10）单击【确定】按钮 ✔，生成逆转圆角特征，如图 3-69 所示。

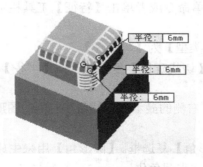
图 3-68　选取的边线

图 3-69　转圆角特征

5．变半径圆角

变半径圆角特征通过对进行圆角处理的边线上的多个点（变半径控制点）指定不同的圆角半径来生成圆角，因而可以制造出另类的效果。如果要生成变半径圆角特征，可按下面的步骤进行操作。

（1）选择【插入】|【特征】|【圆角】菜单命令或者单击【特征】工具栏中的【圆角】按钮 🔘，系统弹出【圆角】属性管理器。

（2）在【圆角类型】选项组中选择【变半径】。

（3）单击【边线、面、特征和环】选项 🔲 右侧的显示框，然后在右侧的图形区域中选择要进行变半径圆角处理的边线。此时在右侧的图形区域中系统会默认使用 3 个变半径控制点，分别位于边线的 25%、50%和 75%的等距离处。

（4）在【变半径参数】选项组 图标右侧的显示框中选择变半径控制点，然后在下面的【半径】选项 右侧的文本框中输入圆角半径值。

（5）如果要更改变半径控制点的位置，可以通过鼠标拖动控制点到新的位置。

（6）如果要改变控制点的数量，可以在 图标右侧的微调框中设置控制点的数量。

（7）在下面的过渡类型中选择过渡类型：

【平滑过渡】选项：生成一个圆角，当一个圆角边线与一个邻面结合时，圆角半径从一个半径平滑地变化为另一个半径。

【直线过渡】选项：生成一个圆角，圆角半径从一个半径线性地变化成另一个半径，但是不与邻近圆角的边线相结合。

（8）单击【确定】按钮 ，生成变半径圆角特征，如图 3-70 所示。

a) b) c)

图 3-70　变半径圆角特征

a) 无控制点　b) 变半径控制点　c) 带控制点

6．混合面圆角

混合面圆角特征用来将不相邻的面混合起来。如果要生成混合面圆角特征，可按下面的步骤进行操作。

（1）在 SolidWorks 中生成具有两个或多个相邻、不连续面的零件。

（2）选择【插入】|【特征】|【圆角】菜单命令或者单击【特征】工具栏中的【圆角】按钮 ，系统弹出【圆角】属性管理器。

（3）在【圆角】属性管理器中选择【圆角类型】为【面圆角】，此时的【圆角项目】选项组如图 3-71 所示。

【面组 1】 ：在图形区域中选择要混合的第一个面或第一组面。

【面组 2】 ：在图形区域中选择要与面组 1 混合的面。

如果为面组 1 或面组 2 选择一个以上面，则每组面必须平滑连接以使面圆角妥当增殖到所有面。

（4）在【半径】选项 中设定圆面角半径。

（5）选择图形区域中要混合的第一个面或第一组面，所选的面将在第一个 图标右侧的显示框中显示。

（6）选择图形区域中要混合的第二个面或第二组面，所选的

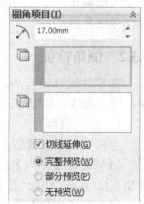

图 3-71　【圆角项目】选项组

面将在第二个 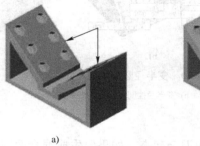 图标右侧的显示框中显示。

（7）选中【切线延伸】复选框，使圆角应用到相切面。

（8）如果在【圆角选项】选项组中选中了【曲率连续】复选框，则系统会生成一个平滑曲率来解决相邻曲面之间不连续的问题。

【包络控制线】：选择零件上一边线或面上一投影分割线作为决定面圆角形状的边界。圆角的半径由控制线和要圆角化的边线之间的距离驱动。

【曲率连续】：解决不连续问题并在相邻曲面之间生成更平滑的曲率。欲核实曲率连续性的效果，可显示斑马条纹，另外也可使用曲率工具分析曲率。

【等宽】：生成带常量宽度的圆角。

（9）如果选择【辅助点】选项，则可以在图形区域中插入圆角的附近插入辅助点来定位插入混合面的位置。

提示：当不清楚在何处发生面混合时辅助点可以解决模糊选择。在辅助点顶点中单击，然后单击要插入面圆角的边侧上的一个顶点，圆角在靠近辅助点的位置处生成。

（10）单击【确定】按钮，生成混合面圆角特征。如图 3-72 所示就是应用了混合面圆角特征之后的效果。

a)   b)

图 3-72　混合面圆角特征

a) 选择了面组 1 和面组 2　 b) 应用了面圆角

此外，通过为圆角设置边界或包络控制线也可以决定混合面的半径和形状。控制线可以是要生成圆角的零件边线或投影到一个面上的分割线。由于它们的应用非常有限，在这里不再作详细介绍。

3.3.2　倒角特征

在零件设计过程中，通常对锐利的零件边角进行倒角处理，以防止伤人和避免应力集中，便于搬运、装配等。倒角特征是机械加工过程中不可缺少的工艺，是对边或角进行倒角。

1．距离倒角

当需要在零件模型上生成距离倒角特征时，可按如下的操作步骤进行。

（1）选择【插入】|【特征】|【倒角】菜单命令或者单击【特征】工具栏中的【倒角】按钮，系统弹出如图 3-73 所示的【倒角】属性管理器。

（2）在【倒角】属性管理器中选择倒角类型，确定生成距离倒角的方式：【角度-距离】或【距离-距离】。

图 3-73 【倒角】属性管理器

【角度-距离】选项：选择该选项后会出现【距离】及【角度】参数项，利用【角度-距离】选项生成的倒角效果如图 3-74 所示。

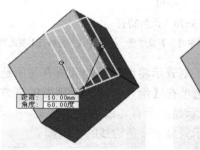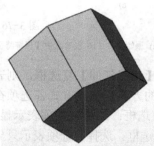

图 3-74 选择【角度-距离】类型生成倒角

- 【距离】 ⟨⌐D：应用到第一个所选的草图实体。
- 【角度】 ⌐⌐：应用到从第一个草图实体开始的第二个草图实体。

【距离-距离】选项：选择该选项后会出现【距离】或【距离 1】及【距离 2】参数项，利用【距离-距离】选项生成的倒角效果如图 3-75 所示。

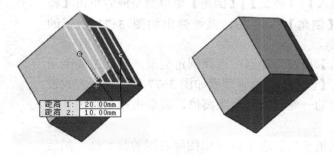

图 3-75 选择【距离-距离】类型生成倒角

- 【距离】 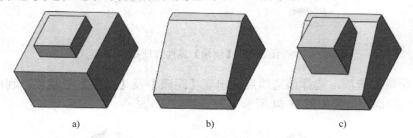：相等距离复选框被选中后，该选项表示应用到两个草图实体。
- 【距离1】 及【距离2】：相等距离复选框被取消选中后，【距离1】选项表示应用到第一个所选的草图实体。【距离 2】选项表示应用到第二个所选的草图实体。

（3）单击【倒角参数】选项组中图标右侧的显示框，然后在图形区域中选择实体（边线和面或顶点）。

（4）在下面对应的选项中指定距离或角度值。

（5）如果选中【保持特征】复选框，则当应用倒角特征时，会保持零件的其他特征。如果应用一个大到可覆盖特征的倒角半径，选中该复选框则表示保持切除或凸台特征可见；取消选中【保持特征】复选框则以倒角形式包罗切除或凸台特征。

【保持特征】复选框选中与否的效果预览如图3-76所示。

图3-76 保持特征

a) 原始零件 b) 没有选中【保持特征】复选框 c) 选中【保持特征】复选框

（6）如果选中【切线延伸】复选框，则表示将倒角延伸到所有与所选面相切的面。

（7）确定预览的方式，预览方式各选项在【倒角】属性管理器的下方。

【完整预览】复选框：选择该选项表示显示所有边线的倒角预览。

【部分预览】复选框：选择该选项表示只显示一条边线的倒角预览。按〈A〉键可以依次查看每个倒角预览。

【无预览】复选框：选择该选项可以提高复杂模型的重建时间。

（8）单击【确定】按钮，即可生成倒角特征。

2．顶点倒角

当需要在零件模型上生成顶点倒角特征时，可按如下的操作步骤进行。

（1）选择【插入】|【特征】|【倒角】菜单命令或者单击【特征】工具栏中的【倒角】按钮，系统弹出如图 3-73 所示的【倒角】属性管理器。

（2）在【倒角】属性管理器中选择倒角类型，确定生成倒角的方式为【顶点】，【倒角】属性管理器如图 3-77 所示。该方式表示在所选倒角边线的一侧输入两个距离值，或单击相等距离并指定一个单一数值。

（3）单击【倒角参数】选项组中图标右侧的显示框，然后在图形区域中选择实体的顶点。

图3-77 【倒角】属性管理器

（4）在下面对应的选项中指定【距离1】、【距离2】和【距离3】。

（5）如果选中【保持特征】复选框，则当应用倒角特征时，会保持零件的其他特征。取消选中【保持特征】复选框则以倒角形式包罗切除或凸台特征。

（6）如果选中【切线延伸】复选框，则表示将倒角延伸到所有与所选面相切的面。

（7）确定预览的方式：【完整预览】、【部分预览】或【无预览】。

（8）单击【确定】按钮 ✅，即可生成倒角特征。采用顶点类型生成倒角的效果如图 3-78 所示。

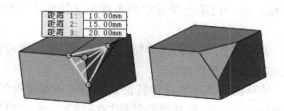

图 3-78　选择顶点类型生成倒角

3.3.3　孔特征

孔特征是指在已有的零件上生成各种类型的孔特征。在 SolidWorks 2012 中孔特征分为两种：简单直孔和异型孔。应用简单直孔可以生成一个简单的、不需要其他参数修饰的直孔；使用异型孔向导可以生成多参数、多功能的孔，如机械加工中的螺纹孔、锥形孔等。

如果准备生成不需要其他参数的简单直孔，则选择简单直孔特征，否则选择异型孔向导。对于生成简单的直孔而言，简单直孔特征可以提供比异型孔向导更好的性能。

1．简单直孔

如果要在模型上插入简单直孔特征，其操作步骤如下所述。

（1）选择【插入】|【特征】|【孔】|【简单直孔】菜单命令或者单击【特征】工具栏中的【简单直孔】按钮 ⦾，系统弹出如图 3-79 所示的【孔】属性管理器。

（2）在图形零件中选择要生成简单直孔特征的平面。

（3）此时【孔】属性管理器如图 3-80 所示，并在右侧的图形区域中显示生成的孔特征。

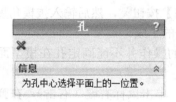

图 3-79　【孔】属性管理器

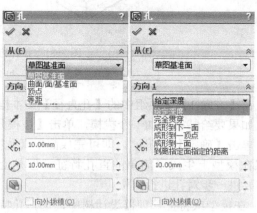

图 3-80　【孔】属性管理器

119

（4）利用【从】选项组中的选项为简单直孔特征设定开始条件，其下拉列表中主要包括：

【草图基准面】选项：从草图所处的同一基准面开始简单直孔。

【曲面/面/基准面】选项：从这些实体之一开始简单直孔。使用该选项创建孔特征时，需要为【曲面/面/基准面】 选择一有效实体。

【顶点】选项：从所选择的顶点开始简单直孔。

【等距】选项：在从当前草图基准面等距的基准面上开始简单直孔。使用该选项创建孔特征时，需要为输入等距值。

（5）在【方向 1】选项组中的第一个下拉列表框中选择终止类型。终止条件主要包括如下几种：

【给定深度】选项：从草图的基准面拉伸特征到特定距离以生成特征。选择该项后，需要在下面的【深度】文本框 中指定深度。

【完全贯穿】选项：从草图的基准面拉伸特征直到贯穿所有现有的几何体。

【成形到下一面】选项：从草图的基准面拉伸特征到下一面，以生成特征（下一面必须在同一零件上）。

【成形到顶点】选项：从草图基准面拉伸特征到一个平面，这个平面平行于草图基准面且穿越指定的顶点。

【生成到一面】选项：从草图的基准面拉伸特征到所选的曲面，以生成特征。

【到离指定面指定的距离】选项：从草图的基准面拉伸特征到距某面（可以是曲面）特定距离的位置以生成特征。选择该项后，需要指定特定的面和距离。

（6）利用【拉伸方向】选项 设置除垂直于草图轮廓以外的其他方向拉伸孔，如图 3-81 所示。

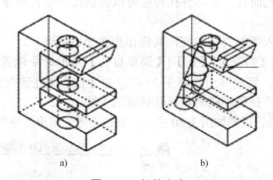

图 3-81　拉伸方向

a) 垂直于草图方向拉伸　b) 方向向量拉伸

（7）在【方向 1】选项组中的【孔直径】文本框 中输入孔的直径，确定孔的大小。

（8）如果要给特征添加一个拔模，单击【拔模开/关】按钮 ，然后输入拔模角度。

（9）单击【确定】按钮 ，即可完成简单直孔特征的生成。

虽然在模型上生成了简单的直孔特征，但是上面的操作并不能确定孔在模型面上的位置，还需要进一步对孔进行定位。

（10）在模型或特征管理器设计树中，选择孔特征，单击鼠标右键（右击），在弹出的快捷菜单中选择【编辑草图】命令 。

（11）单击【草图】工具栏中的【智能尺寸】按钮，像标注草图尺寸那样对孔进行尺寸定位，此外，还可以在草图中修改孔的直径尺寸，如图3-82所示。

（12）单击【草图】工具栏中的【退出草图】按钮或单击按钮，退出草图编辑状态。此时会看到被定位后的孔。

（13）如果要更改已经生成的孔的深度、终止类型等，在模型或特征管理器设计树中选择需要编辑的孔特征，然后右击，在弹出的快捷菜单中选择【编辑定义】命令。

（14）在弹出的【孔】属性管理器中进行必要的修改后，单击【确定】按钮。

2. 异型孔

异型孔的类型包括：柱形沉头孔、锥形沉头孔、直螺纹孔、锥形螺纹孔、旧制孔等，如图3-83所示，根据需要可以选定异型孔的类型。

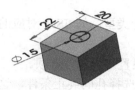

图3-82 孔的定位

图3-83 异型孔类型

当使用异形孔向导生成孔时，孔的类型和大小出现在【孔规格】属性管理器。通过使用异形孔向导可以生成基准面上的孔，或者在平面和非平面上生成孔。生成步骤遵循：设定孔类型参数、孔的定位以及确定孔的位置3个过程。

（1）柱形沉头孔特征。

如果要在模型上生成柱形沉头孔特征，操作步骤如下。

1）打开一个零件文件，在零件上选择要生成柱孔特征的平面。

2）选择【插入】|【特征】|【孔】|【向导孔】菜单命令或者单击【特征】工具栏中的【异型向导孔】按钮，系统弹出如图3-84所示的【孔规格】属性管理器。

图3-84 【孔规格】属性管理器

3）单击【孔类型】选项组中的【柱形沉头孔】按钮 ，设置各参数，如选用的标准、类型、大小、配合等。

【标准】下拉列表框：利用下拉列表中的参数，可以选择与柱形沉头孔连接的紧固件的标准，如 ISO、AnsiMwtric、JIS 等。

【类型】下拉列表框：利用下拉列表中的参数，可以选择与柱形沉头孔对应紧固件的螺栓类型，如六角凹头、六角螺栓、凹肩螺钉、六角螺钉、平盘头十字切槽等。一旦选择了紧固件的螺栓类型，异型孔向导会立即更新对应参数栏中的项目。

【大小】下拉列表框：利用下拉列表中的参数，可以选择柱形沉头孔对应紧固件的尺寸，如 M5 到 M64 等。

【配合】下拉列表框：用来为扣件选择套合，分关闭、正常或松弛 3 种。分别对应柱孔与对应的紧固件配合较紧、正常范围或配合较松散。

4）根据标准选择柱形沉头孔对应于紧固件的螺栓类型，如 ISO 对应的六角凹头、六角螺钉、凹肩螺钉、六角螺钉、平盘头十字切槽等。

5）根据需要和孔类型在【终止条件】选项组中设置终止条件选项。

利用【终止条件】选项组可以选择对应的参数中选择孔的终止条件，这些终止条件主要包括：【给定深度】、【完全贯穿】、【成形到下一面】、【成形到一顶点】、【成形到一面】、【到离指定面指定的距离】。

6）根据需要在如图 3-84 所示的【选项】选项组中设置各参数，其中：

【螺钉间隙】复选框：设定头间隙值，将使用文档单位把该值添加到扣件头之上。

【近端锥孔】复选框：用于设置近端口的直径和角度。

【螺钉下锥孔】复选框：用于设置端口底端的直径和角度。

【远端锥孔】复选框：用于设置远端处的直径和角度。

7）如果想自己确定孔的特征，可以选中【显示自定义大小】复选框，展开要设置的相关参数，如图 3-85 所示。

8）设置好柱形沉头孔的参数后，单击【位置】选项卡，系统显示如图 3-86 所示的【孔位置】属性管理器，通过鼠标拖动孔的中心到适当的位置，此时鼠标光盘变为 形状。在模型上选择孔的大致位置。

图 3-85 【自定义大小】参数　　　　图 3-86 【孔位置】属性管理器

9）如果需要定义孔在模型上的具体位置，则需要在模型上插入草绘平面，在草图上定位，单击【草图】工具栏中的【智能尺寸】按钮 ，像标注草图尺寸那样对孔进行尺寸定位。

10）单击【绘制】工具栏上的【点】按钮 ✳ ，将光标移动到将要绘制的孔的位置，此时光标变为 ✎ 形状，按住鼠标移动其到想要移动的点，如图 3-87 所示，重复上述步骤，便可生成指定位置的柱孔特征。

11）单击【确定】按钮 ✅ ，即可完成孔的生成与定位，如图 3-88 所示。

（2）锥孔特征。

锥孔特征基本与柱孔类似，如果要在模型上生成锥形沉头孔特征，锥形沉头孔的操作步骤与柱形沉头孔的操作步骤基本相同。

（3）孔特征。

孔特征操作过程与上述柱孔、锥孔一样。

（4）直螺纹孔特征。

如果要在模型上插入螺纹孔特征，可按下面的操作步骤进行。

1）打开一个零件文件，在零件上选择要生成螺纹孔特征的平面。绘制如图 3-89 所示的草绘，确定螺纹孔的位置。

图 3-87　柱形沉头孔位置　　　　图 3-88　生成柱形沉头孔　　　　图 3-89　绘制的草图

2）选择【插入】|【特征】|【孔】|【向导孔】菜单命令或者单击【特征】工具栏中的【异型向导孔】按钮 📷 ，系统弹出【孔规格】属性管理器。

3）选择【孔类型】选项组中的【直螺纹孔】按钮 ⬆ ，在参数栏中对螺纹孔的参数进行设置。

4）根据标准在【孔类型】选项组中的参数栏中选择与螺纹孔联接的紧固件标准，如ISO、DIN 等。

5）选择螺纹类型，如螺纹孔和底部螺纹孔，并在【大小】下拉列表框中选择螺纹的型号。

6）在【终止条件】选项组对应的参数中设置螺纹孔的深度，在【螺纹线】属性对应的参数中设置螺纹线的深度，注意按 ISO 标准，螺纹线的深度要比螺纹孔的深度至少小 4.5mm以上。

7）在【选项】选项组中选择【装饰螺纹线】 ⬆ 属性对应的参数下选择【带螺纹线标注】或【无螺纹线标注】。

8）设置好螺纹孔参数后，单击【位置】选项卡，选择螺纹孔安装位置，其操作步骤与柱形沉头孔一样，选择步骤 1）绘制的草图矩形的 4 个对焦点，对螺纹孔进行定位和生成螺纹孔特征，如图 3-90 所示。

9）设置好各选项后，单击【确定】按钮 ✅ ，最终生成的直螺纹孔特征效果如图 3-91所示。

图 3-90　定位螺纹孔　　　　　　　图 3-91　生成螺纹孔

（5）管螺纹孔特征。

管螺纹孔特征的参数设置与生成螺纹孔相似。

（6）旧制孔特征。

利用旧制孔选项可以编辑任何在 SolidWorks 2000 之前版本中生成的孔。在该选项卡下，所有信息（包括图形预览）均以原来生成孔时（SolidWorks 2000 之前版本中）的同一格式显示。

3．在曲面上生成孔

在 SolidWorks 2012 中可以将异型孔向导应用到非平面，即生成一个与特征成一定角度的孔——在基准面上的孔。

如果要在基准面上生成孔，可按下面的操作步骤进行。

（1）选择【插入】|【特征】|【孔】|【向导孔】菜单命令或者单击【特征】工具栏中的【异型向导孔】按钮，系统弹出【孔规格】属性管理器。

（2）在【孔规格】属性管理器中设置异型孔的参数。

（3）单击【位置】选项卡，选择要生成孔特征的面，通过鼠标拖动孔的中心到适当的位置，此时光标变为形状，在模型上选择孔的大致位置。

（4）单击【草图】工具栏中的【智能尺寸】按钮，如同标注草图尺寸那样对孔进行尺寸定位。

（5）单击【确定】按钮，完成孔的生成与定位。最终在基准面上生成的孔特征如图 3-92 所示。

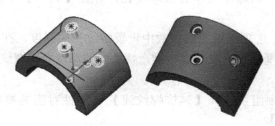

图 3-92　在曲面上生成孔

3.3.4　筋特征

筋是零件上增加强度的部分，是一种从开环或闭环草图轮廓生成的特殊拉伸实体，它在草图轮廓与现有零件之间添加指定方向和厚度的材料。在 SolidWorks 2012 中，筋实际上是由开环或闭环的草图轮廓生成的特殊类型的拉伸特征。

使用一个与零件相交的基准面来绘制作为筋特征的草图轮廓，草图轮廓可以是开环也可以是闭环，也可以是多个实体。

选择【插入】|【特征】|【筋】菜单命令或者单击【特征】工具栏中的【筋】按钮，系统弹出如图 3-93 所示的【筋】属性管理器。选择一个草图平面，系统进入草图环境，绘制草图，约束并标注尺寸，退出草图，这时【筋】属性管理器如图 3-94 所示，同时在右侧的图形区域中显示生成的筋特征。

图 3-93　【筋】属性管理器 1　　　　　　　图 3-94　【筋】属性管理器 2

筋特征都是在【筋】属性管理器中设置的，下面来介绍该属性管理器中各选项的含义。

1．【参数】选项组

（1）【厚度】选项：添加厚度到所选草图边上。选择以下选项之一。

【第一边】：只添加材料到草图的一边。

【两边】：均等添加材料到草图的两边。

【第二边】：只添加材料到草图的另一边。

（2）【筋厚度】选项：设置筋厚度。

【拉伸方向】选项：设置筋的拉伸方向，选择以下选项之一。

【平行于草图】：平行于草图生成筋拉伸。

【垂直于草图】：垂直于草图生成筋拉伸。

（3）【反转材料方向】复选框：该选项用于更改拉伸的方向。如图 3-95 所示是采用反转材料方向后的筋效果。

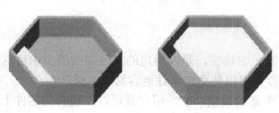

图 3-95　采用反转材料方向

（4）【拔模打开/关】选项：添加拔模到筋，指定拔模度数。

（5）【向外拔模】选项：该选项在【拔模打开/关】被选中时可使用，表示生成一向外拔模角度，如取消选中，这将生成一向内拔模角度。

（6）【类型】选项：用于选择以下类型之一。

【线性】：生成一与草图方向垂直而延伸草图轮廓（直到它们与边界汇合）的筋。

【自然】：生成一延伸草图轮廓的筋，以相同轮廓方程式延续，直到筋与边界汇合。例如，如果草图为圆的圆弧，则自然使用圆方程式延伸筋，直到与边界汇合。

2．【所选轮廓】选项组

【所选轮廓】选项：列出用来生成筋特征的草图轮廓。

3．生成筋

如果要生成筋特征，可以采用下面的操作步骤。

（1）使用一个与零件相交的基准面来绘制作为筋特征的草图轮廓，如图 3-96 所示。草图轮廓可以是开环也可以是闭环，也可以是多个实体。

（2）选择【插入】|【特征】|【筋】菜单命令或者单击【特征】工具栏中的【筋】按钮，选取步骤（1）绘制的草图，系统弹出如图 3-94 所示的【筋】属性管理器。同时在右侧的图形区域中显示生成的筋特征。

（3）选择一种厚度生成方式，并在【筋厚度】选项中指定筋的厚度。

（4）对于在平行基准面上生成的开环草图，可以选择拉伸方向。

（5）如果选择了【平行于草图】方向生成筋，还需要选择拉伸类型，如果选择了平行于草图方向生成筋，则只有线性拉伸类型。

（6）如果选中【反转材料方向】复选框可以改变拉伸方向。

（7）如果要对筋作拔模处理，单击【拔模开/关】按钮，并输入拔模角度。

（8）单击【确定】按钮，即可完成筋特征的操作，如图 3-97 所示。

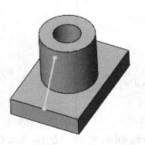

图 3-96　草图轮廓

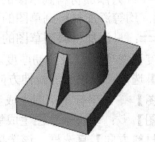

图 3-97　生成筋特征

3.3.5　拔模

拔模是零件模型上常见的特征，是以指定的角度斜削模型中所选的面。经常应用于铸造零件，由于拔模角度的存在可以使型腔零件更容易脱出模具。

SolidWorks 提供了丰富的拔模功能，用户既可以在现有的零件上插入拔模特征，也可以在拉伸特征的同时进行拔模。

选择【插入】|【特征】|【拔模】菜单命令或者单击【特征】工具栏中的【拔模】按钮

，系统弹出如图 3-98 所示的【拔模】属性管理器。

图 3-98 【拔模】属性管理器

拔模特征是在【拔模】属性管理器中设定的，【拔模】属性管理器因选项的不同而有所变化，如图 3-98 所示，下面介绍【拔模】属性管理器中各选项的含义。

（1）【拔模类型】选项组。

SolidWorks 提供了 3 种方法来生成拔模特征。

【中性面】拔模：使用中性面为拔模类型，可以拔模一些外部面、所有外部面、一些内部面、所有内部面、相切的面或内部和外部面组合。

【分型线】拔模：分型线选项可以对分型线周围的曲面进行拔模，分型线可以是空间的。

【阶梯拔模】：阶梯拔模为分型线拔模的变体，阶梯拔模是用为拔模方向的基准面旋转而生成一个面。

（2）【拔模角度】选项组。

【拔模角度】选项：在该栏中可以设定拔模的角度。

（3）【中性面】选项组。

中性面是指在拔模的过程中，大小不变的固定面。用于指定拔模角旋转轴，如果中性面与拔模面相交，则相交处即为旋转轴。

（4）【拔模面】选项组。

【拔模面】选项：选取的零件表面，在此面上将生成拔模斜度。

【拔模方向】选项：用于确定拔模角度的方向。

【拔模沿面延伸】下拉列表框：该下拉列表中包含以下选项。

● 【无】：只在所选的面上进行拔模。

- 【沿切面】：将拔模延伸到所有与所选面相切的面。
- 【所有面】：将所有从中性面拉伸的面进行拔模。
- 【内部的面】：将所有从中性面拉伸的内部面进行拔模。
- 【外部的面】：将所有在中性面旁边的外部面进行拔模。

1．生成中性面拔模特征

要在现有的零件上插入拔模特征，从而以特定角度斜削所选原面，可以使用中性面拔模、分型线拔模和阶梯拔模。

中性面拔模：要使用中性面在模型面上生成一个拔模特征，可按下面的操作步骤进行。

（1）选择【插入】|【特征】|【拔模】菜单命令或者单击【特征】工具栏中的【拔模】按钮，系统弹出如图 3-98 所示的【拔模】属性管理器。

（2）在【拔模】属性管理器中的【拔模类型】选项组中选择【中性面】。

（3）在【拔模角度】选项中设定拔模角度。

（4）单击【中性面】选项组中的显示框，然后在右侧图形区域中选择面或基准面作为中性面。

（5）图形区域中的控标会显示拔模的方向，如果要向相反的方向生成拔模，单击【反向】按钮。

（6）单击【拔模面】中图标右侧的显示框，然后在图形区域中选择拔模面。

（7）如果要将拔模面延伸到额外的面，从【拔模沿面延伸】下拉列表框中选择拔模沿面延伸类型。

（8）单击【确定】按钮，完成中性面拔模特征，如图 3-99 所示。

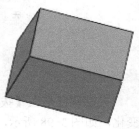

图 3-99　中性面拔模

2．生成分型线拔模特征

分型线拔模：利用分型线拔模可以对分型线周围的曲面进行拔模。要插入分型线拔模特征，可按下面的操作步骤进行。

（1）插入一条分割线分离要拔模的面，或者使用现有的模型边线分离要拔模的面。

（2）选择【插入】|【特征】|【拔模】命令或者单击【特征】工具栏中的【拔模】按钮，系统弹出如图 3-98 所示的【拔模】属性管理器。

（3）在【拔模】属性管理器中的【拔模类型】选项组中选择【分型线】。

（4）在【拔模角度】选项中设定拔模角度。

（5）单击【拔模方向】选项组中的显示框，然后在右侧图形区域中选择一条边线或一个面来指示拔模方向。

（6）如果要向相反的方向生成拔模，单击【反向】按钮。

（7）单击【分型线】选项组中图标右侧的显示框，在图形区域中选择分型线。

（8）如果要为分型线的每一线段指定不同的拔模方向，单击【分型线】选项组中图标右侧的显示框中的边线名称，然后单击【其他面】按钮。

（9）在【拔模沿面延伸】下拉列表框中选择拔模沿面延伸类型。

（10）单击【确定】按钮，完成分型线拔模特征，如图 3-100 所示。

图 3-100　分型线拔模

3．生成阶梯拔模特征

阶梯拔模：除了中性面拔模和分型线拔模外，SolidWorks 还提供了阶梯拔模。要插入阶梯拔模特征，可采用下面的操作步骤。

（1）绘制要拔模的零件。

（2）根据需要建立必要的基准面。

（3）生成所需的分型线。分型线必须满足以下条件：

1）在每个拔模面上，至少有一条分型线与基准面重合。

2）其他所有分型线处于基准面的拔模方向上。

3）任何一条分型线都不能与基准面垂直。

（4）选择【插入】|【特征】|【拔模】菜单命令或者单击【特征】工具栏中的【拔模】按钮，系统弹出如图 3-98 所示的【拔模】属性管理器。

（5）在【拔模】属性管理器中的【拔模类型】选项组中选择【阶梯拔模】。

（6）如果想使曲面与锥形曲面一样生成，选中【锥形阶梯】复选框；如果想使曲面垂直于原主要面，选中【垂直阶梯】复选框。

（7）在【拔模角度】选项中设定拔模角度。

（8）单击【拔模方向】选项组中的显示框，然后在右侧图形区域中选择一基准面指示拔模方向。

（9）如果要向相反的方向生成拔模，单击反向按钮。

（10）单击【分型线】选项组中图标右侧的显示框，然后在图形区域中选择分型线。

（11）如果要为分型线的每一线段指定不同的拔模方向，在【分型线】选项组中图标右侧的显示框中选择边线名称，然后单击【其他面】按钮。

（12）在【拔模沿面延伸】下拉列表框中选择拔模沿面延伸类型。

（13）单击【确定】按钮，完成阶梯拔模特征，如图 3-101 所示。

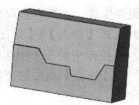

图 3-101　阶梯拔模

3.3.6　抽壳

抽壳特征是零件建模中的重要特征，它能使一些复杂零件简单化。当在零件的一个面上抽壳时，系统会掏空零件的内部，使所选的表面撤开，在剩余的面上生成薄壁特征。如果没有选择模型上的任何表面，而直接对实体零件进行抽壳操作，则会生成一个闭合、掏空的模型。

1．等厚度抽壳

如果要生成一个等厚度的抽壳特征，可按下面的步骤进行操作。

（1）选择【插入】|【特征】|【抽壳】菜单命令或者单击【特征】工具栏中的【抽壳】按钮，系统弹出如图 3-102 所示的【抽壳】属性管理器。

（2）在【抽壳】属性管理器中的【参数】选项组中的【厚度】选项中指定抽壳的厚度。

（3）单击图标右侧的显示框，然后从右侧的图形区域中选择一个或多个开口面作为要移除的面。此时在显示框中显示所选的开口面。

注意：如果没有选择一个开口面，则系统会生成一个闭合、掏空的模型。

（4）如果选中了【壳厚朝外】复选框，则会增加零件外部尺寸，从而生成抽壳。

（5）单击【确定】按钮，生成等厚度抽壳特征，如图 3-103 所示。

　　　　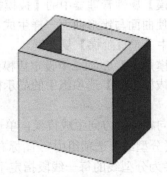

图 3-102　【抽壳】属性管理器　　　　图 3-103　零件等厚度的抽壳

注意：如果想在零件上添加圆角，应当在生成抽壳之前对零件进行圆角处理。

2．多厚度抽壳

如果要生成一个具有多厚度面的抽壳特征，可按下面的步骤进行操作。

（1）选择【插入】|【特征】|【抽壳】菜单命令或者单击【特征】工具栏中的【抽壳】按钮，系统弹出如图 3-102 所示的【抽壳】属性管理器。

（2）在【抽壳】属性管理器中单击【多厚度设定】选项组中图标右侧的显示框，激活多厚度设定。

（3）在图形区域中选择开口面，该面会在该显示框中显示出来。

（4）在显示框中选择开口面，然后在多【厚度】选项 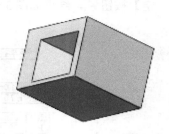 中输入对应的壁厚。

（5）重复步骤（4），直到为所有选择的开口面指定了厚度为止。

（6）如果要将壁厚添加到零件外部，需要选中【壳厚朝外】复选框。

（7）单击【确定】按钮 ✅，即可生成多厚度抽壳特征，如图 3-104 所示。

图 3-104 零件多厚度的抽壳

3.3.7 物料盒建模实例

物料盒的模型如图 3-105 所示，从物料盒模型可以看出，要创建该模型，先拉伸一个实体模型，然后倒圆、抽壳和添加筋特征。创建物料盒可按下面的步骤进行操作。

（1）单击工具栏中【新建】按钮 ，新建一个零件文件。

（2）选取前视基准面，单击【草图绘制】按钮 ，进入草图绘制，绘制如图 3-106 所示的草图。

（3）单击【特征】工具栏中的【拉伸凸台/基体】按钮 ，在【终止条件】下拉列表框内选择【给定深度】选项，在【深度】文本框 中输入"100mm"，单击【确定】按钮 ✅，得如图 3-107 所示的模型。

图 3-105 物料盒模型壳

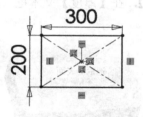
图 3-106 草图

图 3-107 拉伸后的模型

（4）单击【特征】工具栏中的【圆角】按钮 ，系统弹出【圆角】属性管理器，【圆角类型】选择【等半径】，设置【半径】为"20mm"，选取实体的侧边，单击【确定】按钮 ✅，完成圆角的创建，模型如图 3-108 所示。

（5）单击【特征】工具栏中的【圆角】按钮 ，系统弹出【圆角】属性管理器，【圆角类型】选择【变半径】，【圆角项目】中选取如图 3-109 所示的实体的 4 条底边。

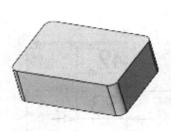
图 3-108 创建等半径圆角

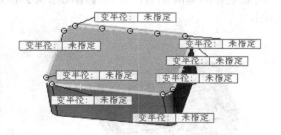
图 3-109 选取的实体低调底边

（6）双击各半径提示框的"未指定"，输入半径值，如图 3-110 设置完毕，单击【确定】按钮 ✔，结果如图 3-111 所示。

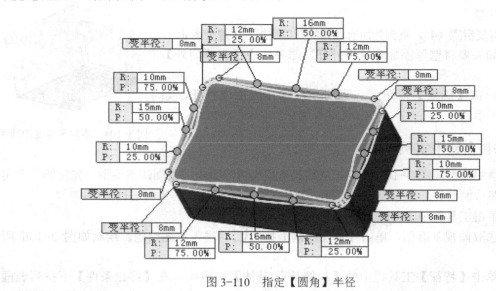

图 3-110　指定【圆角】半径

（7）单击【特征】工具栏中的【抽壳】按钮 ▦，系统弹出【抽壳】属性管理器。选取如图 3-112 所示的表面为【移出的面】，在【厚度】文本框 中输入 "3.5mm"，单击【确定】按钮 ✔，结果如图 3-113 所示。

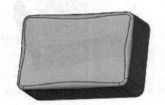

图 3-111　创建变半径圆角

图 3-112　选取的表面

图 3-113　抽壳后的模型

（8）单击【参考几何体】工具栏中的【基准面】按钮 ▧，系统弹出【基准面】属性管理器，选择上表面，然后在【距离】文本框中输入 "20mm"，选中【反向】复选框，单击【确定】按钮 ✔，创建如图 3-114 所示的基准面 1。

（9）选取创建的基准面 1，单击【草图绘制】按钮 ，进入草图绘制，绘制如图 3-115 所示的草图。

图 3-114　创建的基准面

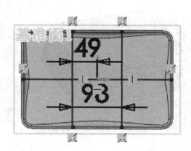

图 3-115　绘制的草图

（10）单击【特征】工具栏中的【筋】按钮 ，选取步骤（1）绘制的草图，系统弹出【筋】属性管理器。在【筋厚度】文本框中输入"3mm"，设置【厚度】为【两侧】 ，设置【拉伸方向】为【垂直于草图】 ，单击【确定】按钮 ，结果如图 3-105 所示。

3.4 阵列/镜像

阵列特征用于将任意特征作为原始样本特征，通过指定阵列尺寸产生多个类似的子样本特征。特征阵列完成后，原始样本特征和子样本特征成为一个整体，用户可将它们作为一个特征进行相关操作，如删除、修改等。如果修改了原始样本特征，则阵列中的所有子样本特征也随之更改。SolidWorks 2012 提供了线性阵列、圆周阵列、曲线驱动的阵列、草图驱动的阵列、表格驱动的阵列和填充阵列 6 种阵列方式。

3.4.1 特征镜像

特征镜像将零件对称面一侧的实体特征镜像到另一侧。不同于草图镜像选择镜像轴，特征镜像需要选择一个镜像平面，镜像平面可以是基准面，也可以是实体平面。

1．特征镜像的属性设置

选择【插入】|【阵列/镜像】|【镜像】菜单命令或者单击【特征】工具栏中的【镜像】按钮 ，系统弹出如图 3-116 所示的【镜像】属性管理器。

在【镜像】属性管理器中，各选项的含义如下。

（1）【镜像面/基准面】选项组。

【镜像面/基准面】选项 ：选取一个面为镜像对称面，在模型空间拾取零件表面，也可在设计树中选择基准面。

（2）【要镜像的特征】选项组。

图 3-116 【镜像】属性管理器

【要镜像的特征】选项 ：选取要镜像的特征，在模型空间拾取某一个或多个特征，也可在设计树中选择特征。

（3）【要镜像的面】选项组。

【要镜像的面】选项 ：拾取要镜像的面，镜像的结果也是生成面或面的组合，不生成实体。

（4）【要镜像的实体】选项组。

【要镜像的实体】 ：在图形区域中单击选择要镜像的实体。镜像实体和镜像特征的不同之处在于，镜像实体一次选择的是所有合并的特征组合，不能单独选取某一部分特征。

（5）【选项】选项组。

【几何体阵列】复选框：只阵列生成几何外观，不形成特征。复杂的特征复制时，系统会做大量计算，速度缓慢。只阵列几何体使镜像生成速度加快。

【延伸视象属性】复选框：将源实体的外观属性应用到复制体上。

【合并实体】复选框：只有选择【镜像实体】时可用，选中该复选框，复制体与镜像源将合并为一个实体，但如果复制体与镜像源不相连，则无法完成合并。

【缝合曲面】复选框：只有选择【镜像实体】时可用，选中该复选框，复制的面将与已有面之间生成缝合连接。

【完整预览】单选按钮：显示所有特征的镜像预览。

【部分预览】单选按钮：只显示一个特征的镜像预览。

2．特征镜像的操作流程

特征镜像的操作步骤如下。

（1）选择【插入】|【阵列/镜像】|【镜像】菜单命令或者单击【特征】工具栏中的【镜像】按钮，系统弹出如图 3-116 所示的【镜像】属性管理器。

（2）单击【镜像面/基准面】选项组中的图标右侧的显示框，选取一个平面作为镜像平面。

（3）单击【要镜像的特征】选项组中的图标右侧的显示框，在模型区或设计树中选取要镜像的特征（可以先激活要镜像的面或者实体，然后选取面或者实体）。

（4）单击【确定】按钮，完成镜像，镜像结果如果 3-117 所示。

图 3-117　特征镜像

3.4.2　线性阵列

【线性阵列】是在一个方向进行直线阵列操作，或者在两个方向进行（或平行四边形）阵列，【线性阵列】的效果如图 3-118 所示。

选择【插入】|【阵列/镜像】|【线性阵列】菜单命令或者单击【特征】工具栏中的【线性阵列】按钮，系统弹出如图 3-119 所示的【线性阵列】属性管理器。

图 3-118　【线性阵列】效果

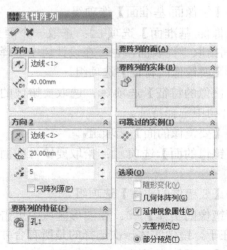

图 3-119　【线性阵列】属性管理器

在【线性阵列】属性管理器中，各选项的含义如下。

（1）【方向 1】和【方向 2】选项组。这两个选项组如图 3-119 所示。

【阵列方向】：设置阵列方向，可以选择线性边线、直线、轴或者尺寸。

【反向】按钮：改变阵列方向。

【间距】$\sqrt{D_1}$和$\sqrt{D_2}$：设置阵列实例之间的间距。

【实例数】$\bullet^{\bullet}\#$：设置阵列实例数量。

【只阵列源】复选框：只使用阵列源特征，阵列生成的复制体不再阵列，只阵列源的效果。

（2）【要阵列的特征】选项组。

可以使用所选择的特征作为源特征以生成线性阵列。

（3）【要阵列的面】选项组。

可以使用构成源特征的面生成阵列。在图形区域中选择源特征的所有面，这对于只输入构成特征的面而不是特征本身的模型很有用。当设置【要阵列的面】选项组参数时，阵列必须保持在同一面或者边界内，不能跨越边界。

（4）【要阵列的实体】选项组。

可以使用在多实体零件中选择的实体生成线性阵列。

（5）【可跳过的实体】选项组。

可以在生成线性阵列时跳过在图形区域中选择的阵列实例。

（6）【选项】选项组。该选项组如图 3-118 所示。

【随形变化】复选框：允许重复阵列时更改。

【几何体阵列】复选框：只阵列生成几何外观，不形成特征。

【延伸视象属性】复选框：将 SolidWorks 设置的实体外观效果，如颜色、纹理等，应用到阵列生成的实体上。

3.4.3 圆周阵列

【圆周阵列】是围绕指定的轴线圆周复制源实体特征。【圆周阵列】的效果如图 3-120 所示。

选择【插入】|【阵列/镜像】|【圆周阵列】菜单命令或者单击【特征】工具栏中的【圆周阵列】按钮 ，系统弹出如图 3-121 所示的【圆周阵列】属性管理器。在【圆周阵列】属性管理器的【参数】选项组中，各选项含义如下。

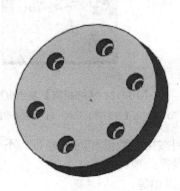

图 3-120 【圆周阵列】效果

图 3-121 【圆周阵列】属性管理器

【阵列轴】选项：阵列绕此轴生成。如有必要，单击【反向】按钮来改变圆周阵列的方向。

【角度】选项⌫：指定每个实例之间的角度。

【阵列个数】选项✿：设定源特征的实例数。

【等间距】：系统自动设定总角度为360°。

其他选项组参数设置与【线性阵列】设置相同，这里不再作介绍。

3.4.4 曲线驱动的阵列

【曲线驱动的阵列】是指特征沿着平面曲线或 3D 曲线进行阵列。所选择的曲线可以是草图线段或模型边界。

选择【插入】|【阵列/镜像】|【曲线驱动的阵列】菜单命令或者单击【特征】工具栏中的【曲线驱动的阵列】按钮🐛，系统弹出如图 3-122 所示的【曲线驱动的阵列】属性管理器。

在【曲线驱动的阵列】属性管理器的【方向 1】选项组中，各选项含义如下。

【阵列方向】选项：选择一曲线，也可以在设计树中选择整个草图作为阵列的路径。单击【反向】按钮🕯可以使阵列反向。

【实例数】选项.╬：设置要复制的实例个数，此数值包含源阵列。

【等间距】复选框：控制每个复制体间距相等，复制体布满整个曲线。如图 3-123a 所示为取消选中【等间距】复选框的阵列效果，如图 3-123b 所示则是选中【等间距】复选框的阵列效果。

图 3-122 【曲线驱动的阵列】属性管理器

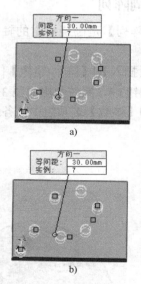

图 3-123 【等距离】复选框应用

a) 未勾选【等距离】效果 b) 勾选【等距离】效果

【间距】选项╲ᴅ₁：设定每个实体的间距，阵列按指定数量和间距分布，不一定布满整个曲线。只有取消选中【等间距】复选框时，才能设置此项。

【转换曲线】单选按钮：控制每个实体间的距离相等。

【等距曲线】单选按钮：控制每个实体到曲线的距离相等。

【与曲线相切】单选按钮：对齐所选择的与曲线相切每个实例。

【对齐到源】单选按钮：对齐每个实例以与源特征的原有对齐匹配。

【面法线】选项：（只针对 3D 曲线）选取 3D 曲线所在的面来生成曲线驱动的阵列。

其他选项组参数设置不再作介绍。

3.4.5　草图驱动的阵列

SolidWorks 2012 可以根据草图上的草图点来安排特征的阵列，用户只要控制草图上的草图点，就可以将整个阵列扩散到草图中的每个点。

【草图驱动的阵列】生成方式与【表格驱动的阵列】类似，后者由表格输入点的 X、Y 坐标来定义复制体位置，前者直接绘制草图上的点来定义复制体位置。【草图驱动的阵列】效果如图 3-124 所示。

选择【插入】|【阵列/镜像】|【草图驱动的阵列】菜单命令或者单击【特征】工具栏中的【草图驱动的阵列】按钮，系统弹出如图 3-125 所示的【草图驱动的阵列】属性管理器。

图 3-124　【草图驱动的阵列】效果　　　　图 3-125　【草图驱动的阵列】属性管理器

在【草图驱动的阵列】属性管理器中，各选项的含义如下。

【参考草图】选项：在设计树中选择草图。

【重心】单选按钮：选择阵列源的重心为参考点，复制体的参考点将与草图点重合。

【所选点】单选按钮：在阵列源上选择一个点作为参考点。

3.5　阀体建模实例

本实例是制作一个如图 3-126 所示的机械零件模型，该机械零件为某个球阀的阀体，具体操作步骤如下所述。

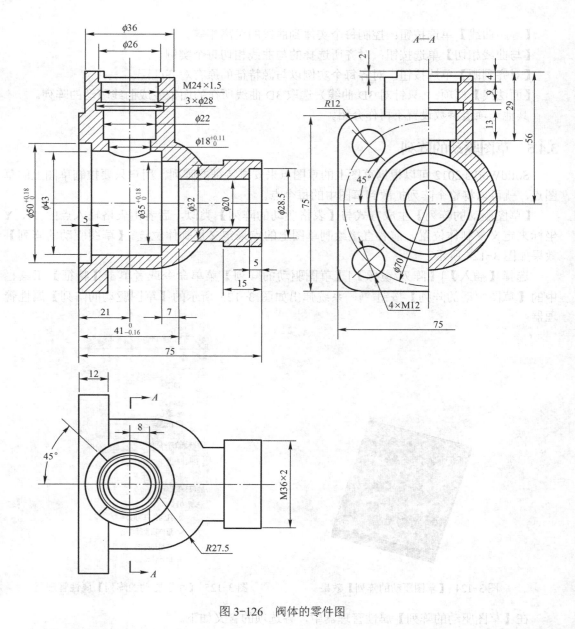

图 3-126　阀体的零件图

（1）首先启动 SolidWorks 2012 中文版，选择【文件】|【新建】|【零件】菜单命令，确定进入零件设计状态。在特征管理器中选择前视基准面，此时前视基准面变为绿色。

（2）选择【插入】|【草图绘制】菜单命令，或者单击【草图】工具栏中的【草图绘制】按钮 ，选取"前视基准面"，进入草图绘制界面。

（3）单击【草图】工具栏中的【中心线】按钮 ，绘制如图 3-127 所示的两条过原点并相互垂直的中心线。

图 3-127　绘制中心线　　　　　　　　　　图 3-128　绘制多段直线

（4）单击【草图】工具栏中的【直线按钮】按钮 \，绘制如图 3-129 所示的多段直线。

（5）单击【草图】工具栏中的【3 点圆弧】按钮 ⌒，绘制如图 3-129 所示的圆弧。

（6）单击【草图】工具栏中的【添加几何关系】按钮 ⊥，系统弹出【添加几何关系】属性管理器。选取圆弧和与圆弧下端点相交的直线，单击【添加几何关系】属性管理器中的【添加几何关系】选项组下的【相切】按钮 ○，单击【确定】按钮 ✔；选取圆弧圆心和竖直的中心线，单击【添加几何关系】属性管理器中的【添加几何关系】选项组下的【重合】按钮 ✔，单击【确定】按钮 ✔。

（7）单击【草图】工具栏中的【智能尺寸】按钮 ◇，标注如图 3-130 所示的各尺寸，确定草图的最终形状。单击【退出草图】按钮 ↪，退出草图环境。

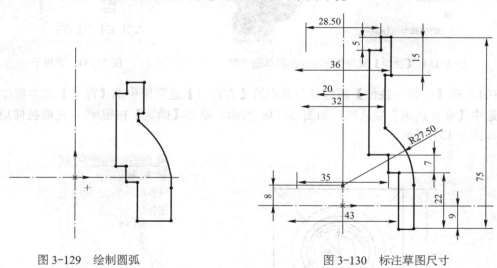

图 3-129　绘制圆弧　　　　　　　　　　图 3-130　标注草图尺寸

注：该实例后期的设计过程中，有关草图的绘制不再详述。

（8）单击【特征】工具栏中的【旋转凸台/基体】按钮 ⊕，系统弹出如图 3-131 所示的【旋转】属性管理器。选取草图中的竖直中心线，【旋转】属性管理器变为如图 3-132 所示，同时绘图区显示旋转的效果，如果 3-132 所示。单击【确定】按钮 ✔，完成旋转功能。

图 3-131 【旋转】属性管理器

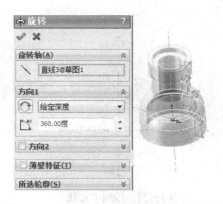

图 3-132 【旋转】属性管理器和旋转的效果

（9）单击【特征】工具栏中的【拉伸凸台/基体】按钮，系统弹出如图 3-133 所示的【拉伸】属性管理器。

（10）选取如图 3-133 所示的实体表面，系统进入草图环境，单击【视图定向】下拉列表中的【正视于】按钮，如图 3-134 所示。绘制如图 3-135 所示的草图，一个圆和一个正方形，单击【退出草图】按钮，退出草图环境。

图 3-133 【拉伸】属性管理器和选取草图平面

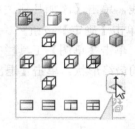

图 3-134 正视于

（11）在【凸台—拉伸】属性管理器中的【方向 1】选项组中的【深度】文本框中输入12，选中【合并结果】复选框，如图 3-136 所示，单击【确定】按钮，完成拉伸功能，结果如图 3-137 所示。

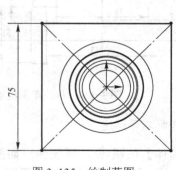

图 3-135 绘制草图

图 3-136 【凸台—拉伸】属性管理器

（12）单击【参考几何体】工具栏中的【基准面】按钮，系统弹出如图 3-138 所示的

【基准面】属性管理器。在【特征管理器设计树】中选取"右视基准面"，按如图 3-137 所示设置各项参数，如【偏移距离】⊢⊣文本框中输入 56，选中【反转】复选框，单击【确定】按钮✓，生成的基准面 1 如图 3-138 所示。

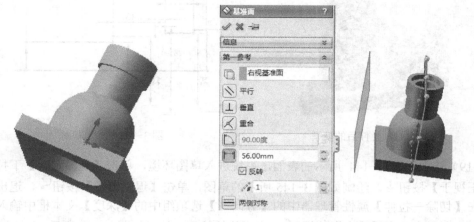

图 3-137　拉伸后的模型　　　　　　　　图 3-138　【基准面】属性管理器

（13）单击【特征】工具栏中的【拉伸凸台/基体】按钮，系统弹出如图 3-133 所示的【拉伸】属性管理器。

（14）选取如图 3-138 所示的基准面 1，系统进入草图环境，单击【视图定向】下拉列表中的【正视于】按钮。绘制如图 3-139 所示的草图，单击【退出草图】按钮，退出草图环境。

（15）在【凸台—拉伸】属性管理器中的【方向 1】选项组中的【终止条件】下拉列表中选择【成形到一面】，然后选取如图 3-140 所示的内孔表面，选中【合并结果】复选框，单击【确定】按钮✓，完成拉伸功能，结果如图 3-141 所示。

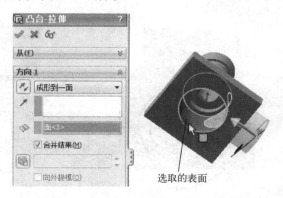

选取的表面

图 3-139　绘制草图　　　　图 3-140　【凸台—拉伸】属性管理器和选取的表面

（16）单击【特征】工具栏中的【旋转切除】按钮，系统弹出【旋转】属性管理器。

（17）选取"前视基准面"，系统进入草图环境，单击【视图定向】下拉列表中的【正视于】按钮。绘制如图 3-142 所示的草图，单击【退出草图】按钮，退出草图环境。单击【确定】按钮✓，完成旋转切除功能，结果如图 3-143 所示。

（18）单击【特征】工具栏中的【拉伸切除】按钮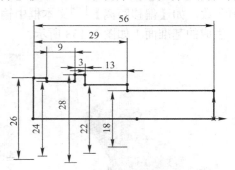，系统弹出【拉伸】属性管理器。

图 3-141　拉伸后的模型

图 3-142　绘制草图

（19）选取如图 3-144 所示的表面，系统进入草图环境，单击【视图定向】下拉列表中的【正视于】按钮。绘制如图 3-145 所示的草图，单击【退出草图】按钮，退出草图环境。在【切除—拉伸】属性管理器中的【方向 1】选项组中的【深度】文本框中输入 2，如图 3-146 所示，单击【确定】按钮，完成拉伸功能，结果如图 3-147 所示。

图 3-143　旋转切除后的模型

选取的表面

图 3-144　选取的表面

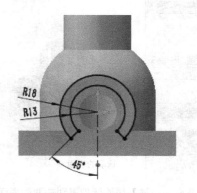

图 3-145　绘制草图

图 3-146　【切除—拉伸】属性管理器

（20）单击【特征】工具栏中的【异型向导孔】按钮，系统弹出如图 3-148 所示的【孔规格】属性管理器。参照如 3-148 设置各个选项和参数。单击【孔类型】选项组中的【直螺纹孔】按钮，【标准】下拉列表选择【GB】，【类型】下拉列表选择【底部螺纹孔】，【大小】下拉列表选择【M12】，【终止条件】下拉列表选择【完全贯穿】，【螺纹线】下拉列

142

表选择【完全贯穿】。然后单击【位置】选项卡，再选取如图 3-149 所示的模型表面，系统进入草图环境，模型上显示孔的位置，如图 3-150 所示。绘制一条通过原点并竖直的中心线，再绘制一条通过孔中心和原点的中心线，按照图 3-151 所示尺寸标注，单击【确定】按钮，结果如图 3-152 所示。

图 3-147　拉伸切除后的模型

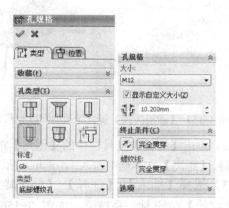

图 3-148　【孔规格】属性管理器

图 3-149　选取的表面

图 3-150　孔预览

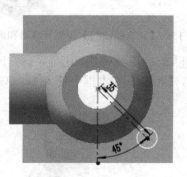

图 3-151　绘制草图

图 3-152　添加 M12 后的模型

（21）单击【特征】工具栏中的【圆周阵列】按钮，系统弹出如图 3-153 所示的【圆周阵列】属性管理器。【阵列轴】选项选取如图 3-153 所示的内表面，【角度】文本框中输入 90，【阵列个数】文本框中输入 4，【要阵列的特征】选项选择 M12 的孔，单击【确定】按钮，结果如图 3-154 所示。

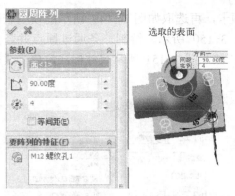

图 3-153 【圆周阵列】属性管理器和阵列预览　　　　图 3-154　阵列后的模型

（22）单击【特征】工具栏中的【倒角】按钮，系统弹出如图 3-155 所示的【倒角】属性管理器。【距离】文本框中输入 1，选取如图 3-155 所示的实体边缘，单击【确定】按钮。

（23）选择【插入】|【注释】|【装饰螺纹线】菜单命令或者单击【注释】工具栏中的【装饰螺纹线】按钮，系统弹出如图 3-156 所示的【装饰螺纹线】属性管理器。选取如图 3-156 所示的实体边缘，【终止条件】下拉列表选择【通孔】，【螺纹标注】文本框中输入 M36，单击【确定】按钮。采用相同的方法创建装饰螺纹 M24。

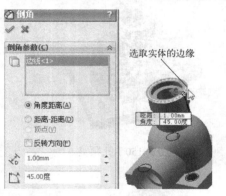
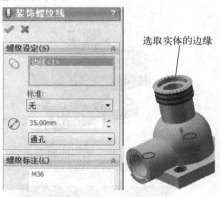

图 3-155 【倒角】属性管理器和选取实体边缘　　图 3-156 【装饰螺纹线】属性管理器和选取实体边缘

（24）单击【特征】工具栏中的【圆角】按钮，系统弹出如图 3-157 所示的【圆角】属性管理器，选取如图 3-157 所示的实体边缘，【半径】文本框中输入 1，单击【确定】按钮，结果如图 3-158 所示。

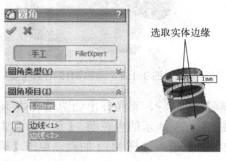

图 3-157 【圆角】属性管理器和选取实体边缘　　　　图 3-158　倒圆后的模型

3.6 思考与练习题

一、填空题

（1）参考几何体用来定义曲面或实体的形状或组成。常用的参考几何体主要包括 4 种，分别为：_____、_____、_____、和_____。

（2）SolidWorks 中的中心线放样是指将一条变化的_____作为中心线进行的放样，在中心线放样特征中，所有中间截面的_____都与此中心线垂直。

（3）旋转特征默认旋转角度为_____。

（4）拉伸特征分为或_____、_____、_____、_____。

（5）在 SolidWorks 中，筋实际上是由_____草图轮廓生成的特殊类型的拉伸特征，在轮廓与现有零件之间添加指定_____和_____的材料。

二、问答题

（1）在 SolidWorks 中是如何建立基准面的？建立基准面的方法有哪几种？

（2）在利用引导线扫描特征之前，应该注意哪几点？

（3）简单介绍扫描特征、旋转特征以及放样特征的属性。

（4）零件实体建模的基本过程可以由哪几个操作组成？

（5）在基本的抽壳过程中，选择的面会发生什么变化？

（6）当使用【简单直孔】特征添加孔时，如果在启动命令之前忘记选择面，会发生什么情况？

（7）当使用【异形孔向导】创建特征后，创建了几个草图，它们的作用各是什么？

（8）当使用【筋】特征时，有多少可能的拉伸方向？

三、操作题

（1）在 SolidWorks 中创建如图 3-159～图 3-162 所示的零件三维模型。

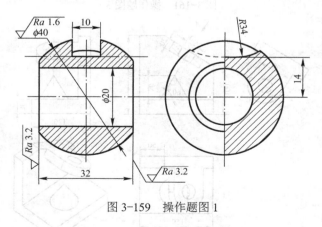

图 3-159　操作题图 1

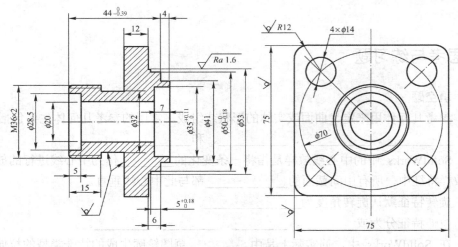

图 3-160　操作题图 2

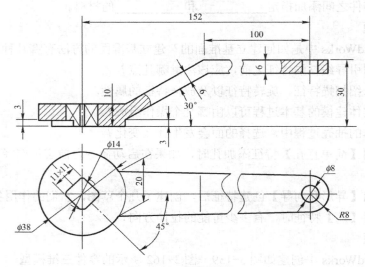

图 3-161　操作题图 3

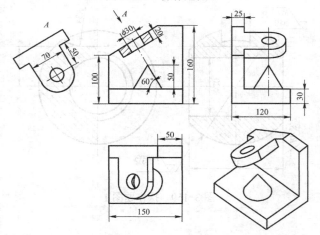

图 3-162　操作题图 4

第4章 零件设计技术

本章主要介绍零件设计过程中常用的一些设计技术，如零件的特征管理、体现设计意图的工具-方程式和数值连接。重点介绍配置，合理地使用配置，对零件系列、产品系列开发与管理有非常重要的意义。配置为产品设计提供了快速有效的设计方法，最大限度地减少了重复设计。同时，由于对配置的操作是在同一文档下进行的，各配置间具有相关性，大大减少了设计的错误。

4.1 零件的特征管理

零件的建模过程，可以认为是特征的建立和特征的管理过程。特征的建立不是特征简单相加，特征间存在父子关系。特征重建时进行的计算以现有的特征为基础，因此特征的先后顺序对模型建立有影响。对特征进行压缩，可以在图形区域不显示该特征，并且重建模型时可以忽略被压缩的特征。

在零件的设计过程中如果需要查看某特征生成前后的状态，或者在需要的特征状态之间插入新的特征，则可以利用特征退回以及插入特征的操作来实现。

4.1.1 特征退回

在特征管理器设计树的最底端有一条黄色的粗线，这是用于零件退回操作的【退回控制棒】。

打开素材文件中第 4 章的练习文件"阀盖.SLDPRT"，该零件特征管理器设计树和图形区域的模型如图 4-1 所示。

图 4-1　零件的特征管理器设计树和图形区域的模型

当光标移动到【退回控制棒】上以后，光标变成【手】形状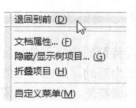，右击，系统弹出如图 4-2 所示的快捷菜单，选择【退回到前】，或者按住鼠标左键，上下拖动【退回控制棒】，可以将零件退回到不同特征之前。移动【退回控制棒】到【圆角 2】特征前的特征管理器设计树和模型状态，如图 4-3 所示。

图 4-2　快捷菜单　　　　　　　　　　　　图 4-3　零件特征退回

当零件处于特征退回状态时，将无法访问该零件的工程图以及基于该零件的装配体，系统将被退回的特征按照压缩状态处理。

4.1.2　插入特征

将特征管理器设计树中的【退回控制棒】退回到需插入特征的位置，再依据生成特征的方法即可生成新的特征。

现在需要对"阀盖.SLDPRT"中"Φ14.0（14）直径孔 1"特征添加一个【倒角】特征，并且需要和"Φ14.0（14）直径孔 1"同时进行阵列。如果不使用零件退回，新建的倒角特征将位于"阵列（圆周）1"特征之后，编辑"阵列（圆周）1"定义时，不能选择倒角特征。使用零件退回，在"阵列（圆周）1"特征前插入【倒角】特征。具体操作如下。

（1）将零件特征退回到"阵列（圆周）1"之前。

（2）添加【倒角】特征，则【倒角】特征被插入到"直径孔 1"之后，"阵列（圆周）1"之前。单击【特征】工具栏中的【倒角】按钮，系统弹出【倒角】属性管理器。【距离】文本框中输入 2，选取孔的边缘，单击【确定】按钮。结果如图 4-4 所示。

（3）拖动【退回控制棒】到最后，释放零件退回状态。

（4）在特征管理器设计树中选择"阵列（圆周）1"，右击，在弹出的快捷菜单中选择【编辑特征】命令，系统弹出如图 4-5 所示的【阵列（圆周）1】属性管理器，激活【要阵列的特征】列表框，选择"倒角 1"特征，【倒角】特征被添加到【要阵列的特征】列表框中，保持其他的阵列特征参数，确定阵列特征定义，如图 4-5 所示。

（5）修改阵列特征定义后，阵列的内容包括倒角特征。

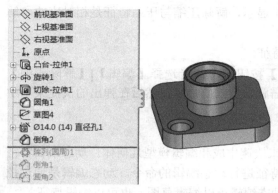

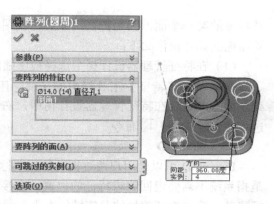

图 4-4 插入【倒角】特征   图 4-5 【阵列（圆周）1】属性管理器

4.1.3 查看父子关系

某些特征通常生成于其他现有特征之上。先生成基体拉伸特征，然后生成附加特征（如凸台或切除拉伸）。原始基体拉伸称为父特征；凸台或切除拉伸称为子特征。子特征依赖于父特征而存在。

父特征是其他特征所依赖的现有特征。父/子关系具有以下特点：

（1）只能查看父子关系而不能进行编辑。

（2）不能将子特征重新排序在其父特征之前。

查看父/关系具体操作如下：在特征管理器设计树或图形区域中，选择某个特征，右击，在弹出的快捷菜单中选择【父子关系】命令，系统弹出如图 4-6 所示的【父子关系】对话框，对话框中可查看该特征的父特征和子特征。

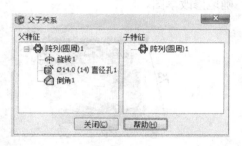

图 4-6 【父子关系】对话框

4.1.4 特征状态的压缩与解除压缩

压缩特征不仅可以使特征不显示在图形区域，同时可避免所有可能参与的计算。在模型建立的过程中，可以压缩一些对下一步建模无影响的特征，这可以加快复杂模型的重建速度。

压缩特征可以将其从模型中移除，而不是删除。特征被压缩后，该特征的子特征同时被压缩。被压缩的特征在特征管理器设计树中以灰度显示。

1. 压缩特征

压缩特征的具体操作如下。

（1）在特征管理器设计树中选择要压缩的特征，或在绘图区选择要压缩的特征的一个面。

（2）单击【特征】工具栏中的【压缩】按钮，或者选择【编辑】|【压缩】菜单命令，或者在特征管理器设计树中右击，然后在弹出的快捷菜单中选择【压缩】命令。

2. 解除压缩

解除压缩的特征必须从特征管理器设计树中选择已经压缩的特征，而不能从视图中选择该特征的某一个面，因为特征压缩后在视图中不显示，解除压缩与压缩特征是相对应的。解除压缩的具体操作如下：

（1）在特征管理器设计树中选择被压缩的特征。

（2）单击【特征】工具栏中的【解除压缩】按钮↑🔓，或者选择【编辑】|【解除压缩】菜单命令，或者在特征管理器设计树中，右击需解除压缩的特征，然后在弹出的快捷菜单中选择【解除压缩】↑🔓命令。

3．Instant3D

Instant3D 可以是用户通过拖动控标或标尺来快速生成和编辑模型几何体。动态编辑特征是指系统不需要退回编辑特征的位置，直接对特征进行动态编辑的命令。动态编辑是通过控标移动、旋转来调整拉伸及旋转的大小。通过动态编辑可以编辑草图，也可以编辑特征。

动态编辑特征的具体操作步骤如下。

（1）单击【特征】工具栏中的【Instant3D】按钮🖊，开始动态编辑特征操作。

（2）单击特征管理器设计树中的【拉伸 1】作为要编辑的特征，视图中该特征显示如图 4-7 所示，同时，出现该特征的修改控标。

（3）拖动尺寸 75 的控标，屏幕上出现标尺，如图 4-8 所示，使用屏幕上的标尺可以精确地修改草图。

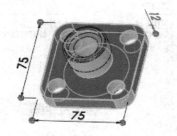

图 4-7　编辑特征

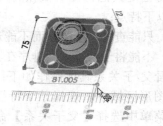

图 4-8　标尺

（4）尺寸修改完后，单击【特征】工具栏中的【Instant3D】按钮🖊，退出 Instant3D 特征操作。

4.1.5　零件的显示

SolidWorks 为零件模型提供了默认的颜色、材质和光源等，用户可以根据需要设置零件的颜色和透明度等。在装配图中各个零件采用不同的颜色有助于展示零件间的装配关系。

1．按特征类型指定

通过设置零件文件的属性，可以为零件中不同类型的特征指定不同的颜色。具体操作步骤如下。

（1）在特征管理器设计树的空白区域右击，在弹出的快捷菜单中选择【文件属性】命令，系统弹出如图 4-9 所示的【文件属性】对话框。单击【文档属性】选项卡，再单击【模型显示】选项，在【模型/特征颜色】列表框中，选择某一类特征。单击【编辑】按钮，系统弹出【颜色】对话框，指定该类特征的颜色。

（2）单击【颜色】对话框中的【确定】按钮，关闭【颜色】对话框，再单击【文件属性】对话框中的【确定】按钮，退出【文件属性】对话框，即可将该类特征全部用指定的颜色显示。

2．设置零件的透明度

有些零件在装配的外部，这样将遮挡内部的零件结构，因此，设置零件的透明度对于装配关系的表达非常必要。设置零件的透明度具体操作步骤如下。

（1）在特征管理器设计树中选择需设置的特征，多选时，按住〈Ctrl〉键后再选择特征。

（2）右击，在弹出的快捷菜单中选择【改变透明度】命令即可改变特征模型的透明度。

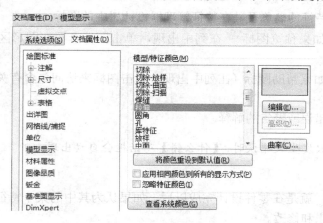

图 4-9 【文件属性】对话框

4.1.6 特征的检查与编辑

在初步完成零件设计后，一般来说需要对设计进行必要的调整和修改，因为设计过程是一个反复的过程，不可能一次成功。因此编辑零件就显得非常重要。SolidWorks 软件不仅具有比较强的实体造型功能，同时也提供了一些方便的编辑功能。

零件中存在的问题发生在零件中的草图或特征中。错误的种类有很多，使用 SolidWorks 提供的一些工具，可以找到并修正零件中出现的问题。

1．查找模型重建错误

SolidWorks 对于有错误的零件和特征均有明显的提示。常见的重建模型错误如表 4-1 所示。

表 4-1　常见的重建模型错误

图　标	说　明
🔴	表示模型有错。此图标出现在特征管理设计树顶层的文件名称上，以及包含错误的特征上
❌	表示特征有错。此图标出现在特征管理设计树中的特征名称上
⚠	表示所指明的节下的警告。此图标出现在特征管理设计树顶层的文件名称上，以及特征管理设计树中其子特征产生此错误的父特征上
⚠	表示特征警告。此图标出现在特征管理设计树中产生此警告的特定特征上

选择草图、特征、零件或装配体名称，右击，然后在弹出的快捷菜单中选择【什么错？】命令，系统弹出如图 4-10 所示的【什么错】对话框。

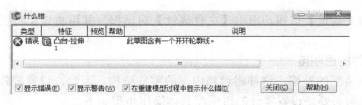

图 4-10 【什么错】对话框

该对话框包括显示下述的列。

（1）类型——错误 或警告 。

（2）特征——特征的名称及其在特征管理器设计树中的图标。

（3）预览——如果预览图标 在列中出现，单击图标查看在图形区域中高亮显示的相应特征。

（4）帮助——如果帮助图标 在列中出现，单击图标来访问包含有关错误或特征更多信息的帮助。

（5）说明——错误或警告的解释。

注意：当第一次发生某错误时，【什么错】对话框会自动出现。

2．编辑草图

所谓编辑草图，就是在零件设计完成以后，如果认为其中的某个特征不合适，还可以对零件的草图进行编辑和修改。

编辑草图具体操作过程如下。

（1）在特征管理器设计树中选中需要进行修改的特征。

（2）右击，在弹出的快捷菜单中选择【编辑草图】 命令。

（3）系统自动回到该特征的草图状态，这时就可以根据需要对草图进行编辑和修改。

（4）修改完成以后，单击【标准】工具栏中的【重建模型】按钮 即可。

3．编辑特征

同样可以通过编辑特征的方法来修改特征的定义数据。方法和编辑草图有些类似。

编辑特征具体操作过程如下。

（1）在特征管理器设计树中选中需要进行修改的特征。

（2）右击，在弹出的快捷菜单中选择【编辑特征】 命令。或者直接在零件上选取特征并右击，系统弹出类似的快捷菜单，并选择【编辑特征】 命令。

（3）在屏幕的左边会出现与该特征对应的参数定义对话框，根据需要对其中的参数进行修改。

（4）单击在属性管理器的上部的【确定】按钮 或屏幕右上方的【对号】按钮 即可。

4.2 多实体技术

4.2.1 概述

当一个单独的零件模型中包含有多个连续的实体时就形成了多实体，该零件就是一个多实体零件。大多数情况下，多实体建模技术用于设计包含有一定距离特征的零件，此时可以单独对零件的每一分离实体特征进行建模，最后通过合并或连接实体形成单一的零件。在多实体零件中每一个实体都能单独进行编辑，每个实体的建立和编辑方法与单实体零件相同。

当零件为多实体零件时，在特征管理器设计树中会包含一个【实体】文件夹。在该文件夹后括号内的数字表示实体的数量，文件夹下包含了零件的所有实体，实体的名称为系统默认，即添加到实体上最后一个特征的名称，用户可以最后修改实体的名称。如果零件是一个单独的实体时，特征管理器设计树中就没有【实体】文件夹。

建立多实体零件最直接的方法是，在特征操作中取消选中【合并结果】复选框，这样一个零件就可以形成多个实体，但【合并结果】选项对零件的第一个特征无效。

4.2.2　桥接

桥接是生成连接多个实体的实体，在多实体环境中经常使用的技术。利用桥接技术来连接两个或多个实体，从而使多个实体合并成单一实体。下面以图 4-11 所示的"连杆"模型为例，说明桥接技术在零件建模过程中的应用。

（1）建立新零件，选择前视基准面作为草图绘制平面，使用【圆】命令绘制草图。通过【拉伸凸台/基体】命令生成零件的第一个实体，如图 4-12 所示。

（2）建立零件的第二个特征，同样选择前视基准面作为草图绘制平面，使用【圆】命令绘制草图。通过【拉伸凸台/基体】命令生成零件的第二个实体，此时属性管理器中有【合并结果】复选框，但取消选中该复选框，如图 4-13 所示。

图 4-11　连杆模型

图 4-12　第一个实体

图 4-13　第二个实体

（3）建立桥接，利用前面建好的两个实体的边线在前视基准绘制一个如图 4-14 所示的草图，通过【拉伸凸台/基体】命令拉伸实体，在属性管理器中选中【合并结果】复选框，单击【确定】按钮 ✓ ，完成拉伸实体的操作。此时 3 个实体合并成一个实体，即该操作桥接了 3 个实体，所以"连杆"模型就变成了单一实体。特征管理器设计树中的【实体】文件夹也自动隐藏，如图 4-15 所示。再通过【拉伸凸台/基体】、【拉伸切除】、【圆角】和【倒角】特征完成"连杆"零件的建模。

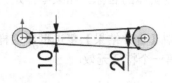

图 4-14　绘制草图

图 4-15　桥接实体及【实体】文件夹隐藏

4.2.3　局部操作

利用局部操作技术可以单独处理多实体零件的某一个实体，而不影响其他实体。局部操作常用于需要抽壳的零件建模过程中。若在抽壳特征前的其他特征操作中选中了【合并结果】复选框，那么抽壳特征将影响到零件的所有特征，而有些特征不需要抽壳，这就与设计意图相矛盾。利用多实体局部操作技术可以解决这一矛盾，其方法是在其他特征操作过程中取消选中【合并结果】复选框，抽壳后通过【组合】命令把多个实体合并成一个实体。

下面以如图 4-16 所示的模型为例，在建模过程中选中了【合并结果】复选框，在对模型两边的两个支板进行抽壳操作时，会发现所有的特征都会被抽壳，如图 4-17 所示为剖视图。这就与设计意图不符，应进行修改。具体操作步骤如下。

图 4-16　【抽壳】模型

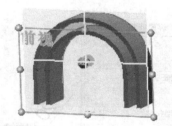

图 4-17　所有实体被抽壳

（1）修改模型的每个特征。先抽壳特征，依次选择需要修改的特征，右击，在弹出的快捷菜单中选择【编辑特征】按钮 ，系统弹出特征属性管理器。此时取消选中【合并结果】复选框，模型变为 3 个独立的实体，如图 4-18 所示。

添加两个支板的抽壳特征，因为两个支板是分别独立的实体，所以要进行两次抽壳操作，结果如图 4-19 所示。

（2）选择【插入】|【特征】|【组合】菜单命令，系统弹出如图 4-20 所示的【组合 1】属性管理器。【操作类型】选项组选择【添加】，在图形区中选择 3 个实体为【要组合的实体】，单击【确定】按钮 ，完成 3 个实体的组合操作，模型如图 4-21 所示。

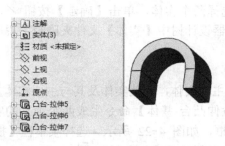

图 4-18　三个独立的实体

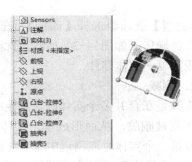

图 4-19　对两个实体进行抽壳

图 4-20　【组合 1】属性管理器

图 4-21　只对两"支板"抽壳后的模型

4.2.4　组合实体

组合实体是利用布尔运算，组合多个实体并保留实体间重合的部分而形成单一的实体。利用【组合】命令把多个实体组合成单一实体时，不同的操作方式可以在多个实体间进行不同形式的组合。【组合】实体命令包括【添加】、【删减】和【共同】3 种操作类型。

1．添加

添加是合并多个实体的体积以形成单一实体，组合后模型形状不变。如图 4-22 所示的模型是通过两次拉伸实体生成，拉伸时取消选中【合并结果】复选框，特征管理器设计树中的【实体】文件夹包含两个独立实体。选择【插入】|【特征】|【组合】菜单命令或单击【特征】工具栏中的【组合】按钮 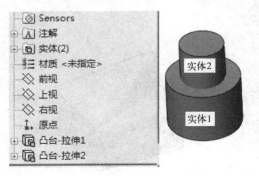，系统弹出如图 4-23 所示的【组合 1】属性管理器，

图 4-22　多实体组成的模型

图 4-23　【组合 1】属性管理器

【操作类型】选项组选择【添加】，在图形区中选择两个实体，单击【确定】按钮 ✔，完成组合实体操作，如图 4-24 所示。此时特征管理器设计树中【实体】文件夹隐藏，说明轴已组合成为单一实体零件。

2. 删减

删减是在合并多个实体时，指定一个实体为主要实体，其他实体及其与主要实体重叠的部分都将被删除，从而形成单一实体。使用【拉伸凸台/基体】命令生成两个独立的实体，在生成第二个实体时取消选中【合并结果】复选框，如图 4-22 所示。选择菜单栏【插入】|【特征】|【组合】菜单命令或单击【特征】工具栏中的【组合】按钮 🗐，系统弹出【组合1】属性管理器，【操作类型】选项组选择【删减】，【主要实体】选择较大的方体，【减除的实体】选择另外一个实体，单击【确定】按钮 ✔，完成组合实体操作，如图 4-25 所示。

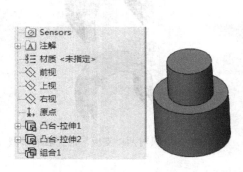

图 4-24 【添加】组合两个实体形成单一实体

图 4-25 【删减】组合两个实体形成单一实体

3. 共同

共同是在合并多个实体时，保留所选实体中的重叠部分，以形成单一实体，这种组合方式也称为【重合】。此操作类型与【删减】操作类型得到相反的结果。图 4-26 的属性管理器中若选择操作类型为【共同】时，结果如图 4-26 所示。

在有些零件建模过程中，由于在特征操作过程中选中了【合并结果】复选框，所以不能完成添加圆角特征，此时可通过多实体的局部操作技术和组合实体技术来解决此问题。如图 4-27 所示在建模时合并了实体，所以模型为单一实体模型。当为"边线 1"添加圆角时，系统提示出错无法生成有效的圆角。

图 4-26 【共同】组合两个实体形成单一实体

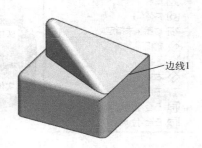

图 4-27 无法添加圆角的边线图

解决以上错误的办法为：编辑特征并取消选中【合并结果】复选框，模型成为两个实体，如图 4-28 所示。分别为两个实体添加圆角，如图 4-29 所示。然后再通过【组合】命令合并两个实体，最后添加两实体交界处的圆角，结果如图 4-30 所示。

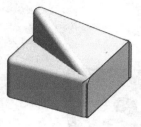

图 4-28　编辑特征不合并实体　　图 4-29　分别为两实体添加圆角　　图 4-30　添加实体交接处的圆角

4.2.5　工具实体

工具实体技术是利用插入零件的方法，在当前处于激活状态的零件中插入一个新零件，该新零件将作为【工具】使用，用于添加或删除当前零件的某一部分。工具实体技术常用于生成复杂的零件模型，利用该技术可以将复杂的形状添加到当前的零件模型中。插入的新零件在当前零件中只作为一个实体使用，但它与当前零件之间已存在一个外部关联，只要插入的新零件的源文件模型发生变化，当前的零件模型也会随之改变。

下面以如图 4-31 所示的模型为例来介绍工具实体技术的具体操作方法。

（1）首先建立如图 4-31 所示的两个模型，图 4-31a 为底板模型，图 4-31b 为凸块模型。

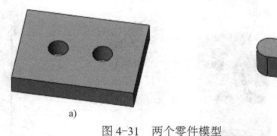

a)　　　　　　　　　　　　　　　b)

图 4-31　两个零件模型

a) 底板模型　b) 凸块模型

（2）打开底板模型零件，选择【插入】|【零件】菜单命令或单击【特征】工具栏中的【插入零件】按钮🗃，系统弹出【打开】对话框。选择已建好的凸块模型零件，单击【确定】按钮，系统弹出如图 4-32 所示的【插入零件】属性管理器。【转移】选项组中选中必要的选项，单击【确定】按钮✅，完成插入新零件。可在【插入零件】属性管理器中的【找出零件】选项组中，选中【以移动/复制特征找出零件】复选框，来定位新零件的位置，如图 4-33 所示。

（3）插入的新零件在当前零件中只作为一个实体，可以在当前零件中移动。选择【插入】|【特征】|【移动/复制】菜单命令或单击【特征】工具栏中的【移动/复制实体】按钮🐾，系统弹出如图 4-34 所示的【移动/复制实体】属性管理器，参数设置如图 4-34 所示，单击【确定】按钮✅，完成实体的移动。

图 4-32 【插入零件】属性管理器

图 4-33 插入新零件并定位

（4）通过【线性阵列】命令阵列【凸块】实体，如图 4-35 所示。并用前面介绍的组合实体技术合并 3 个实体，结果如图 4-36 所示。在特征管理器设计树中【凸块】后有图标 -> ，说明当前零件中的【凸块】实体与【凸块】源零件存在外部参考关系，只要【凸块】源零件模型发生变化，则当前零件模型将随之改变。

图 4-34 【移动/复制实体】属性管理器和移动实体

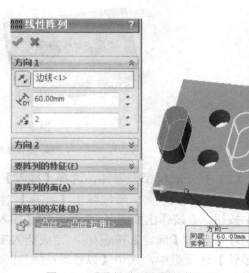

图 4-35 【线性阵列】属性管理器

对称造型可以简化有对称关系的零件的建模过程。首先建立对称零件中的部分实体，通过阵列或镜像生成另一部分实体，然后利用组合实体技术将所有的实体组合到一起生成零件。必要时可以多次使用阵列、镜像和合并实体来生成整个零件模型。

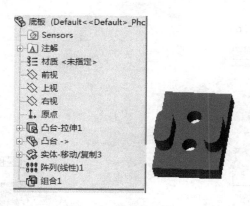

图 4-36　组合后的模型

4.2.6　多实体保存为零件和装配体

在 SolidWorks 中可以将多实体零件中的一个或多个实体保存为独立的零件。当把多实体零件中的实体保存为单独的零件后，可以通过【生成装配体】命令从多实体零件自动生成装配体。SolidWorks 提供了多种工具把多实体零件生成新零件和装配体，这些工具各有特点。这里主要介绍分割零件为多实体，然后保存实体为单独的零件，再生成装配体。这种方法常用于具有上、下盖的零件的设计，下面以"肥皂盒"为例进行说明。

（1）打开"肥皂盒"模型零件，如图 4-37 所示。

（2）选择上视基准面作为草图绘制平面，使用【直线】命令绘制草图即分割线，并标注尺寸，如图 4-38 所示。

图 4-37　肥皂盒模型

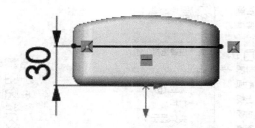

图 4-38　绘制分割肥皂盒所用的草图

（3）选择【插入】|【特征】|【分割】菜单命令或单击【特征】工具栏中的【分割】按钮，系统弹出如图 4-39 所示的【分割】属性管理器。在【剪裁工具】选项中选择步骤（2）绘制的"草图 5"，单击【切除零件】按钮，此时手机壳被分开。勾选【所产生实体】选项组下 1、2 后的黑框，双击文件下对应的区域，系统弹出【另存为】对话框，设置新零件的名称和保存的路径。单击【确定】按钮，完成"肥皂盒"模型的分割，如图 4-40 所示。

还有一种方法生成新零件，在【分割】属性管理器中只勾选【所产生实体】选项下 1、2 后的黑框，不指定实体的保存名称和路径，单击【确定】按钮，只分割零件，但不保存实体为新零件。然后右击特征管理器设计树下【实体】文件夹中的【分割 1[1]】，在弹出的快捷菜单中选择【插入到新零件】命令，如图 4-41 所示。在弹出的【另存为】对话框中设置新零件的名称和保存路径。

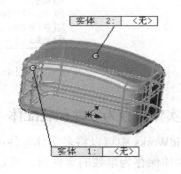

图 4-39 【分割】属性管理器　　　　　　　　　　图 4-40　分割

　　生成的两个新零件如图 4-42 和 4-43 所示。在特征管理器设计树中的新零件名称后都有图标 ->，说明新零件与源零件存在外部参考关系。生成的新零件是源零件在【分割】特征前的状态，因此对源零件【分割】特征以前的特征进行修改时，新零件将发生改变。如果在【分割】以后添加其他特征，这些特征不会传递到新零件上。如果删除【分割】特征后，生成的新零件依然存在，只是它们与源零件的外部参考关系将存在悬空错误。

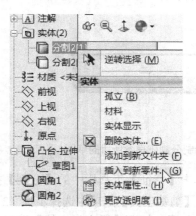

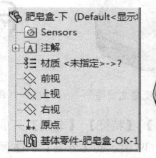

图 4-41　选择【插入到新零件】　　　　　图 4-42　"肥皂盒"下盖及特征管理器设计树

　　通过以上操作完成分割"肥皂盒"模型为多实体，并保存多实体为新零件，此时可以从多实体零件直接生成装配体。选择【插入】|【特征】|【生成装配体】菜单命令，或者在特征管理器设计树中选择"分割1"，右击，在弹出的快捷菜单中选择【生成装配体】命令，系统弹出如图 4-44 所示的【生成装配体】属性管理器。在图形区特征管理器设计树指定分割特征"分割1"，单击【浏览】按钮，在弹出【另存为】对话框设置保存路径和装配体名称，

单击【确定】按钮 ，完成生成装配体操作，如图 4-45 所示。

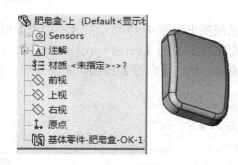

图 4-43　"肥皂盒"上盖及特征管理器设计树

图 4-44　【生成装配体】属性管理器

图 4-45　生成手机壳装配体

从设计树中可以看出两零件都处于【固定】状态且没有添加任何配合关系。

到这里完成了零件的分割、保存实体成为新零件及从多实体零件直接生成装配体。如果有必要可以单独对零件进行其他细节处理。这种设计方法保证了零件的一致性，同时也能方便高效地对零件进行编辑。

4.2.7　装配体保存为多实体

在 SolidWorks 中要遵循一个零件（多实体与否）只能代表材料明细栏中的一个零件号。多实体零件由多个非动态实体所组成，不能代替装配体的使用，如果需要展示实体间的动态运动只能使用装配体。移动零部件、动态间隙及碰撞检查等工具只能在装配体中使用。

但是在 SolidWorks 中可将装配体保存为较小的零件文件，以方便文件的共享，为产品厂家与用户之间的沟通提供了很大的方便。例如某用户需求电动机的三维模型用于自己的产品设计，用户关心的只是电动机的外形及其连接表面和方式。若厂家把电动机的装配体模型文件发给用户，则会泄露电动机的内部结构细节。此时厂家可把电动机的装配体文件保存为多实体零件文件，然后再将其发送给用户，即可避免上述情况的出现。且由于文件变小，更容易传输，此多实体零件文件完全可以满足用户的需求，所以把装配体保存为多实体零件在实际设计中非常实用。下面以机床夹具"肘夹"为例，来说明装配体保存为多实体的过程。

（1）打开已经装配好的"肘夹"装配体文件，如图 4-46 所示。该夹具一共由 15 个零件组成。

（2）选择【文件】|【另存为】菜单命令，系统弹出如图 4-47 所示的【另存为】对话框，【文件名】改为【肘夹(多实体)】，文件的【保存类型】改为【Parts(*.prt;*.sldprt) 】。在【要保存的几何】选项中单击【所有零部件】单选按钮。单击【保存】按钮，完成装配体保存为多实体。

图 4-46　"肘夹"装配体　　　　　　　　　　图 4-47　【另存为】对话框

"肘夹"保存为多实体零件后，变为由 15 个实体组成的零件，如图 4-48 所示。特征管理器设计树中多了"实体"文件夹，且实体名称前的图标都变成了 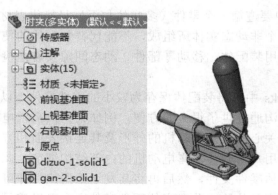。此零件文件和一般的零件文件没有本质的区别，只是原来装配体中的零件变为了现在零件中的实体，实体上没有标注尺寸，但是可以像一般的零件文件一样编辑每一个实体，同时也可以把所有的实体合并成一个实体。

图 4-48　多实体零件状态下的"肘夹"

若在【要保存的几何】选项中单击【外部面】单选按钮，则将该装配体外部可见表面保存为曲面实体，即装配体的外表皮；若在【要保存的几何】选项中单击【外部零部件】单选按钮，则将该装配体外部可见的零件保存为实体。

4.3　参数化技术

在应用 SolidWorks 进行产品设计的过程中，熟练地掌握 SolidWorks 提供的某些特殊工具和设计方法，有助于提高建模速度和建模的准确性。建模过程中使用链接数值和方程式命令，在修改模型参数时，就可以减少很多不必要的重复操作，而且保证修改参数的准确性。多实体技术在建模中很实用，可以解决在一般建模过程中模型不连续的问题，同时加强了装配体与零件之间的联系。"Top-Down"设计即"自顶向下"的设计方法，"Top-Down"的装配体设计方法是一个比较广泛的课题。应用"Top-Down"的设计方法进行产品设计，可以从整体上把握产品的结构尺寸，更好地体现零件之间的关联性。

4.3.1　链接数值

【链接数值】是在模型中为多个尺寸指定相同的名称，从而使它们的尺寸值保持一致，当改变其中的任何一个尺寸值时，其他与之有相同名称的尺寸也发生改变。如在建模过程中，为多个具有相同直径的圆角添加链接数值，只要任意改变一个圆角的直径，它就成为驱动尺寸，驱动其他圆角的直径发生相应的变化，而不需要一一去修改圆角的尺寸，这样提高了设计效率。【链接数值】命令对复杂的零件造型更有帮助，应用此命令可以防止修改尺寸时遗漏尺寸。

注意：添加链接数值的尺寸必须属于同一类型，如圆角尺寸不能和角度尺寸链接。

下面以"底座"模型为例来说明如何建立尺寸之间的链接数值。

（1）打开"底座"模型，如图 4-49 所示。

（2）选择【视图】|【尺寸名称】菜单命令，单击特征管理器设计树上的【切除-拉伸1】，此时在图形区中显示与"切除-拉伸1"有关的尺寸及尺寸名称，如图 4-50 所示。

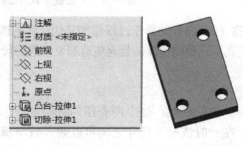

图 4-49　"底座"模型

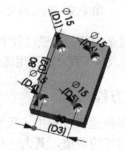

图 4-50　显示尺寸名称

（3）右击尺寸【Φ15（D1）】，在弹出的快捷菜单中选择【链接数值】命令，如图 4-51 所示，系统弹出如图 4-52 所示的【共享数值】对话框。在【名称】文本框中输入"孔直径1"，单击【确定】按钮完成添加链接数值。在图形区中此尺寸前出现【链接】符号 ∞，其名称变为"孔直径1"。特征管理器设计树中添加了"Equations"文件夹，如图 4-53 所示。

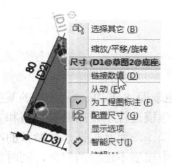

图 4-51 【链接数值】命令　　　　　　　　　　　图 4-52 【共享数值】对话框

（4）添加其他孔直径建立链接数值的尺寸。右击尺寸【Φ15（D4）】，在弹出的快捷菜单中选择【链接数值】命令，系统弹出【共享数值】对话框。在【名称】下拉列表中选择"孔直径1"，单击【确定】按钮完成添加链接数值。

（5）用同样的方法添加尺寸【Φ15（D5）】和尺寸【Φ15（D6）】的链接数值，完成链接数值后所链接的尺寸前都出现【链接】符号 ∞，且添加有链接数值的尺寸的名称也一样，如图 4-54 所示。只要改变其中的任何一个孔径，然后单击【标准】工具栏中的【重建模型】按钮，该孔径尺寸就成为驱动尺寸，驱动另外的孔径发生改变。

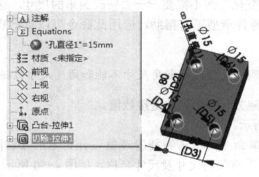
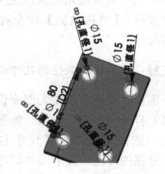

图 4-53　链接的尺寸及方程式文件夹　　　　　　　图 4-54　添加链接数值后的尺寸

在复杂零件的建模过程中，可以参照步骤（3）（4）的操作过程添加其他尺寸的链接数值，这样在修改模型尺寸时不用逐个进行修改，提高了建模的速度，且避免遗漏要修改的尺寸。

4.3.2　方程式

在零件建模过程中，尺寸之间经常会有一定的联系，如上所介绍的链接数值，链接的尺寸具有相等的数值，其为一种特殊的情况。在一般情况下尺寸之间可以通过数学操作符和函数来建立逻辑关系，称之为方程式。在模型尺寸之间建立方程式时，可将尺寸或属性名称用作变量。当在装配体中使用方程式时，可以在零件之间或零件与子装配体之间以配合尺寸的方式建立方程式。注意：在模型中被方程式驱动的尺寸无法用编辑尺寸值的方式来修改，只能通过编辑方程式中的驱动尺寸来修改。

在 SolidWorks 建模中，系统自动为每个尺寸建立一个默认的尺寸名称。这种默认的尺寸名称含义比较模糊，不能清楚地描述模型几何特征的含义，有时系统会使用同样的尺寸名称来描述不同的特征。在复杂的零件建模中，不利于设计人员对尺寸的记忆和理解，所以在建模过程中，应该将相关尺寸的名称改为更有逻辑性且能清楚表达特征几何意义的名称。

下面以上一节中的"底座"模型为例，说明在建模过程中方程式的建立步骤及编辑方法。孔的定位尺寸和孔的间距由"底座"的长度决定，当修改"方板"的长度时，孔的定位尺寸和孔的间距将发生改变，这种关系可以通过方程式来实现。

（1）打开已建有链接数值的"底座"模型，在特征管理器设计树中选择【注解】，右击，在弹出的快捷菜单中勾选【显示注解】和【显示特征尺寸】，如图 4-55 所示，图形区模型上出现了所有特征的尺寸。

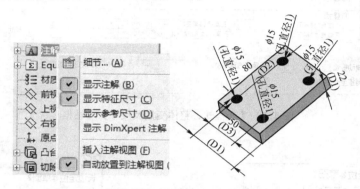

图 4-55　勾选【显示注解】和【显示特征尺寸】

（2）修改尺寸的名称，在图形区中单击尺寸【80（D2）】，系统弹出如图 4-56 所示的【尺寸】属性管理器。在【尺寸】属性管理器【主要值】中把尺寸名称【D2@草图 2】改为【长边定位@草图 2】，然后单击【确定】按钮✔。应用同样的方法修改另一定位尺寸的名称，结果如图 4-57 所示。

图 4-56　【尺寸】属性管理器

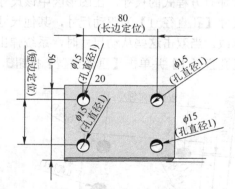

图 4-57　修改尺寸名称

（3）添加方程式有两个种方法，方法一：通过选择【工具】|【方程式】菜单命令，系统弹出如图 4-58 所示的【方程式、整体变量、及尺寸】对话框。在【名称】栏下的【方程式】中输入"长边定位@草图 2"，在【数值/方程式】栏下的【方程式】中输入"="孔直径1@草图 2"*4"，然后单击✔按钮，即完成了长边定位的方程式，短边定位的方程式的添加方法相同，结果如图 4-58 所示，最后单击【确定】按钮即可完成所有的方程式的添加。

方法二：双击需要添加方程式的尺寸，双击长边的定位尺寸，系统弹出如图 4-59 所示

的【修改】对话框。在【数值】文本框中输入 "="孔直径 1@草图 2"*4"，然后单击后面的
✔按钮，【修改】对话框如图 4-60 所示，再单击【确定】按钮✔。用同样的方法添加另一
尺寸的方程式。

图 4-58 【方程式、整体变量及尺寸】对话框

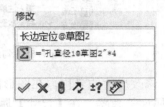

图 4-59 【修改】对话框 1   图 4-60 【修改】对话框 2

　　添加有方程式的尺寸，在图形区中该尺寸前标有方程式符号 Σ。如图 4-61 所示。在本
例中尺寸【孔直径 1】为驱动尺寸，其他尺寸是由方程式控制的从动尺寸，因此它们不能被
直接修改。当双击这些从动尺寸时，系统弹出的【修改】对话框中的数值不能被修改。修改
尺寸【孔直径 1】并单击【重建模型】按钮，其他尺寸值将发生改变，如图 4-62 所示。

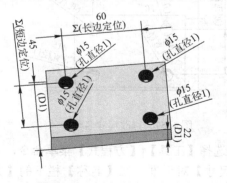

图 4-61 尺寸间的方程式联系

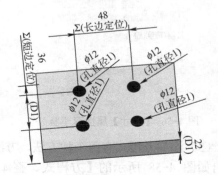

图 4-62 修改尺寸后的模型

4.3.3 全局变量

　　全局变量通过指定一个相同的全局变量来设定一系列的尺寸相等，这样建立起大量的方

程式，其中的尺寸数值都设定为相同的全局变量。更改全局变量的数值，也会更新所有关联的尺寸。用户可以在【方程式、整体变量及尺寸】对话框中创建全局变量，或者在尺寸的【修改】对话框中完成，上面已经详细介绍了。

在方程式中可以添加全局变量或称为整体变量。如果方程式中含有角度尺寸，可以从【方程式】对话框中的【角度方程单位】下拉列表中选择【角度】或【弧度】作为计量单位。在模型中建立的方程式是按照它们在【方程式、整体变量及尺寸】对话框中的先后顺序依次求解，如果用户修改驱动尺寸后需要两次或多次【重建模型】来更新模型时，说明方程式的顺序不对。在为模型尺寸添加方程式时要特别注意，避免方程式循环求解。

在模型中建立方程式时可以为方程式添加备注，用于描述方程式的意图。其方法为在方程式的末尾插入单引号‘'，然后输入备注，单引号之后的内容在计算方程式时被忽略。用户还可以使用备注语法来避免计算方程式，在方程式的开始处插入单引号‘'，这样该方程式将被认为是备注而被忽略。

4.4 零件设计系列化

配置允许用户在一个文件中对零件或装配体生成多个设计变化。配置提供了一种简便有效的方法来管理和开发一组有着不同尺寸或参数的零部件模型。例如对国标 GB/T 5781—2000 中的六角头螺栓，标准中罗列了 M5、M6、M8... M64 共 14 种规格。如果不使用配置功能，就要分别建立 14 个文件来管理这一组标准件。如果利用了配置功能，就可以把 14 种规格的六角头螺栓综合到一个文件中，即在一个文件名下生成从 M5 到 M64 共 14 个配置。这样不但节省磁盘空间，更便于文件管理。

生成配置前，要先指定配置名称和属性，然后再根据需要来修改模型以生成不同的设计变化。在 SolidWorks 中可以手动建立配置，也可以使用系列零件设计表建立配置。手动建立配置是根据需要手动修改模型以生成不同的设计变化，而系列零件设计表是在简单易用的Excel 表中建立和管理配置，而且可以在工程图中显示系列零件设计表。

利用配置功能，可以在同一个文件名下实现以下几个方面的应用。

（1）利用现有设计参数建立新的设计方案，如结构相似的新零件或装配体模型。

（2）用于建立系列化零件或产品。利用配置可以生成一系列结构形状相似但具体参数不同的零件或装配体模型，尤其适合于企业或国家的零部件标准的建立和管理。

（3）可以分别指定同一零件不同配置的自定义属性，以便应用于不同的装配，如零件名称、材料、成本等。

（4）用于零件的工艺过程。如利用配置可以表达零件在机加工的工艺过程中尺寸和形状所发生的变化，即可用配置功能生成机械加工工序简图。

（5）用于装配体中零件的不同形态及装配体的不同状态。如压簧弹簧在装配中有压缩和伸长两种状态，通过设定不同的螺距从而生成压缩和伸长的两种配置。又如对于装配体，可生成两种配置来表达其爆炸状态和非爆炸状态。

（6）利用不同的配置为同一零件或装配体指定不同的视像属性，如外观颜色、透明度等。

（7）用于生成工程图中的交替位置视图。

4.4.1 配置管理器

配置管理器是用来生成、选择和查看一个零件或装配体文件配置的工具。它和特征管理器设计树、属性管理器、尺寸管理器并列分布在 SolidWorks 窗口左边的控制区，如图 4-63所示。单击配置管理器标签 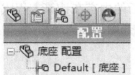，可激活配置管理器，每个配置均被单独列出。单击特征管理器设计树标签 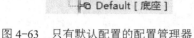，可切换到特征管理器设计树中。

如图 4-63 所示是只有默认配置时的配置管理器，图 4-64 是添加了新配置后的配置管理器，其含义如下：

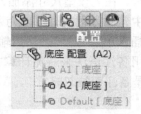

图 4-63　只有默认配置的配置管理器　　　　图 4-64　添加了新配置后的配置管理器

（1）顶端显示的【底座 配置 (A2)】是底座配置表头，其中括号中的 A2 表示了当前激活的配置名称。如果零件只有默认配置，则没有括号内的内容，如图 4-63 中的配置管理器。

（2）【底座 配置 (A2)】下的分支显示了该零件的所有配置，如图 4-64 中默认配置和名称为 A1 和 A2 的配置。

（3）配置名称的图标如果是亮色显示，表示该配置被激活，如图 4-64 中的"A2"。

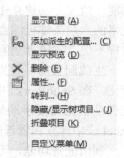

（4）双击某一配置名称可以激活该配置。

（5）选择非激活状态的配置，右击，系统弹出如图 4-65 所示的快捷菜单，可以显示配置、添加派生的配置、显示预览、删除配置或定义配置的属性。

（6）根据配置生成方式的不同，在配置管理器中显示不同的图标：手动生成的配置显示为 ，如图 4-64 中是手动生成的配置。若通过系列零件设计表生成的配置则显示为 。

图 4-65　快捷菜单

4.4.2　手动生成零件配置

当同一种零件有不同的规格时，用户可以把这些不同的规格保存为不同的配置，从而生成不同规格的零件，或生成系列零件。手动生成零件的新配置时，要先指定新配置的名称和属性，然后修改模型以在新配置中生成不同的设计变化。

1．指定零件配置名称和属性

指定零件配置名称和属性的操作步骤如下。

（1）在配置管理器中，鼠标移到管理器空白位置，右击，在系统弹出的快捷菜单中选择【添加配置】命令，如图 4-66 所示，系统弹出如图 4-67 所示的【添加配置】属性管理器。其各选项内容介绍如下。

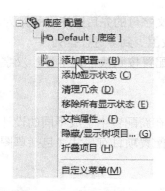

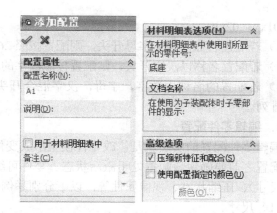

图 4-66 【添加配置】命令　　　　图 4-67 【添加配置】属性管理器

1)【配置属性】选项组。

【配置名称】：提示用户输入一个新的配置名称。

【说明】：必要时输入识别配置的说明。

【用于材料明细表中】复选框：在【说明】中输入文字并选择用于材料明细表中后，输入的文字将用作材料明细表中的说明。这些文字优先于任何特定于配置或自定义的属性，但并不会改变这些属性的值。

【备注】：必要时输入关于配置的附加说明信息。

2)【材料明细表选项】选项组。

【文件名称】：材料明细表中的零件号与文档名称相同。

【配置名称】：材料明细表中的零件号与配置名称相同。

【用户指定的名称】：材料明细表中的零件序号是用户自定义的名称。

3)【高级选项】选项组。

【压缩新特征和配合】复选框：选中此复选框时，添加到其他配置的新特征会在此配置中被压缩。否则，其他配置的新特征会带到此配置中。

【使用配置特定的颜色】复选框：选中此复选框，可为该配置指定颜色。方法是单击【颜色】按钮，从系统弹出的【颜色】对话框中选择需要的颜色。

（2）输入一个配置名称，如"A1"。必要时指定该配置的说明和备注；在【材料明细表选项】选项组中设定显示零件序号的方式，一般显示为文档名称；在【高级选项】选项组中，一般可选中【压缩新特征和配合】复选框，取消选中【使用配置特定的颜色】复选框。

（3）单击【添加配置】属性管理器中的【确定】按钮✔，生成新的配置。返回特征管理器设计树中，根据需要编辑零件配置。

配置名称的排序有一定的规则。当添加多个配置时，配置的名称首先以第一位字符或数字进行排序，若第一位字符或数字相同，则按照第二位的字符或数字进行排序，以此类推，具体排序规律如下：

1）若配置名称以数字开头，则配置按照首位数字的大小顺次排列；例如 1xx、2xx、3xx …，但当所添加配置的个数超过 10 时，如 10xx、11xx，此时 10xx、11xx 将会排在 1xx 之后，接着才是 2xx、3xx…。若想按照生成配置的先后顺序进行排列，可把 1xx、2xx、…

改为 01xx、02xx、…。

2）若配置名称以英文字母开头，则配置按照 26 个英文字母的先后顺序进行排列。

3）若配置名称以汉字开头，则配置按照汉字的笔画数由少到多进行排列。

4）若配置的名称由数字，字母，汉字混合开头，则配置按照数字、字母、汉字的顺序进行排列。

2．编辑零件配置

编辑零件配置的实质就是修改零件模型形成变体，以在新配置中生成不同的设计变化。编辑配置之前要确保该配置处于激活状态。零件可编辑的配置项目有尺寸（包括草图尺寸和特征尺寸）、压缩状态、视像属性等，以下分别举例说明。

（1）尺寸。

通过改变尺寸数值形成变体，从而可以生成新的配置。既可以是草图中的尺寸数值，也可以是特征中的尺寸数值。以在圆头平键中生成两个新配置为例，说明其操作步骤。

1）建立如图 4-68 所示的平键模型。

2）在配置管理器下，添加两个新的配置，分别命名为【平键 5×30】和【平键 8×50】，如图 4-69 所示。

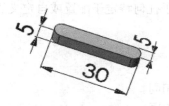

图 4-68　平键模型

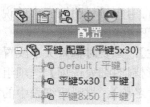

图 4-69　在配置管理器中添加新配置

3）双击鼠标激活配置【平键 8×50】，切换到特征管理器设计树中，编辑模型草图。

4）双击平键草图中的长度尺寸，系统弹出如图 4-70 所示的【修改】对话框，把尺寸修改为 50，单击【配置】选项按钮中的小箭头，其中有 3 个子选项，分别为【此配置】、【所有配置】和【指定配置】，如图 4-70 所示，其含义如下。

【此配置】：修改后的尺寸只应用到当前配置。

【所有配置】：修改后的尺寸应用到所有配置。

【指定配置】：用户自己指定修改后的尺寸应用到指定的配置上。

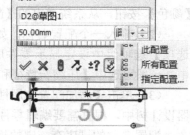

这里选择【此配置】，单击【修改】对话框中的【确定】按钮✔完成修改。

5）重复上步操作，把圆头平键宽度方向上的尺寸修改为 8，并选择【此配置】。单击🖉按钮完成草图编辑。

图 4-70　修改尺寸并指定配置选项

6）在模型中显示特征尺寸，重复第 4 步操作，把圆头平键高度方向上的尺寸修改为 7。

7）对【平键 5×30】配置不做修改，和默认配置具有相同的模型和尺寸。最终结果如图 4-71 所示。

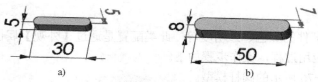

图 4-71　圆头平键的两个配置

a) 配置 1：平键 5×30　b) 配置 2：平键 8×50

（2）压缩状态。

在零件文件中，可以压缩任何特征来生成新的配置。例如，在零件的机械加工过程中，随着机械加工工序的不断进行，零件的形状和尺寸必然要发生变化。利用配置功能，可对各个工序分别生成相应的配置，最终可在工艺规程中生成零件的工序图，用于指导生产。下面以加工阀盖零件为例，说明其操作步骤。

1）建立如图 4-72 所示的弯板零件模型。

2）在配置管理器下，添加与加工工序对应的配置名称，如图 4-73 所示。激活名称为【毛坯】的配置。

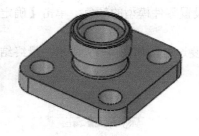

图 4-72　阀盖零件模型

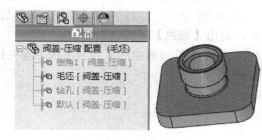

图 4-73　在配置管理器中添加新配置

3）切换到特征管理器设计树中，压缩【Φ14.0（14）直径孔 1】、【阵列（圆周）1】和【倒角 1】特征，阀盖零件回到原始的毛坯状态，如图 4-73 所示。

4）在配置管理器下激活名为【钻孔】的配置，切换到特征管理器设计树中，压缩"拉伸 3"、【Φ14.0（14）直径孔 1】和【阵列（圆周）1】特征，SolidWorks 显示如图 4-74 所示的配置模型。

5）在配置管理器下激活名为【倒角】的配置，在特征管理器设计树中，压缩【倒角 1】特征，结果如图 4-75 所示。

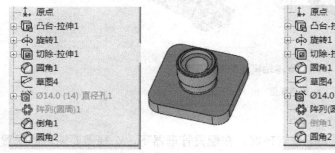

图 4-74　零件【钻孔】配置

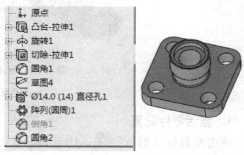

图 4-75　零件【倒角】配置

（3）视像属性。

视像属性是零部件的颜色、透明度等，此类配置是通过【外观】属性管理器建立的。以颜色为例，说明其应用过程，操作步骤如下。

1）建立如图 4-76 所示的阀杆模型。

2）在配置管理器中添加名称为【有色】的新配置，如图 4-77 所示。

图 4-76　阀杆模型　　　　　　　　　图 4-77　添加名称为【有色】的新配置

3）切换到特征管理器设计树中，单击【视图（前导）】工具栏中的【编辑外观】按钮，如图 4-78 所示，系统弹出【颜色】属性管理器，设置零件模型的颜色，单击【确定】按钮，退出【颜色】属性管理器。

4）选中配置管理器中的【将显示状态连接到配置】复选框，如图 4-79 所示，最终结果如图 4-80 所示。

图 4-78　【视图前导】工具栏　　　　　　　图 4-79　配置管理器

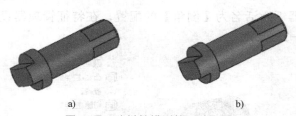

a)　　　　　　　　　　　b)

图 4-80　阶梯轴模型的两种配置

a) 有色配置　b) 默认配置

3. 激活零件配置

单击配置管理器标签，切换到配置管理器。在配置管理器下，选择需要编辑的配置，右击，在弹出的快捷菜单中选择【显示配置】命令即可激活配置。双击配置名称也可以激活配置。

4. 编辑零件配置属性

生成零件配置后，根据需要还可以重新定义配置属性。在配置管理器下，选择需要编辑的配置，右击，在弹出的快捷菜单中选择【属性】命令，系统弹出【配置属性】属性管理器，可根据需要修改配置属性。

5. 删除零件配置

配置只有处于非激活状态才可以删除，单击配置管理器标签，切换到配置管理器，选择非激活状态的要删除的配置名称，右击，在弹出的快捷菜单中选择【删除】命令即可。

4.5 系列零件设计表

当需要生成很多配置，而且这些配置的参数按一定规律变化时，可以通过在嵌入的 Microsoft Excel 工作表中指定参数对配置进行驱动，来构建多个不同配置的零件或装配体，这个工作表称之为【系列零件设计表】。工作表中指定的参数有尺寸、公差、特征状态等，在学习系列零件设计表之前，需要对这些参数的格式加以了解。以下是尺寸参数和特征状态参数的格式：D1@草图 1、D2@倒角 1 和$状态@拉伸 1。

前两个例子中，D1 或 D2 是尺寸的实际名称，名称的第二部分是尺寸所属的草图名称或特征名称。在表格中输入不同的参数值，可以驱动草图或特征生成多个配置。第三个例子是控制特征（拉伸 1）压缩状态的语法格式，在表格中输入 U，解压缩特征；输入 S，压缩特征。例子中的"@"字符是 SolidWorks 使用的分割符号。

在实际应用中，以上几个例子中的参数名称是不太利于操作的，比如【D1@草图 1】，用户在设计过程中很容易忘记【草图 1】是干什么的、【D1】控制的是【草图 1】哪个方向的尺寸等诸如此类的问题。所以在生成系列零件设计表之前，最好能把需要表格驱动的尺寸、草图或特征重新命名为用户容易识别的名称，使各个参数的作用一目了然。

对尺寸重命名的方法是：双击尺寸数值，系统弹出如图 4-81 所示【尺寸】属性管理器，在属性管理器的【主要值】选项组中修改名称。

图 4-81　修改尺寸名称

4.5.1 生成系列零件设计表

如果要生成系列零件设计表，必须定义要生成配置的名称，指定要控制的参数，并为每个参数分配数值。生成系列零件设计表有两种方法：一是在模型中插入一个系列零件设计表；二是在 Excel 中生成系列零件设计表。

1. 在模型中插入系列零件设计表

在模型中插入系列零件设计表的操作步骤如下。

（1）在零件或装配体文件中选择【插入】|【表格】|【设计表】命令或单击【工具】工具栏中的【系列零件设计表】按钮，系统弹出如图 4-82 所示的【系列零件设计表】属性管理器，各选项的含义如下。

1）【源】选项组。

【空白】：单击该单选按钮，则插入可填入参数的空白系列零件设计表。

【自动生成】：单击该单选按钮，则自动生成新的系列零件设计表，并从零件或装配体装入所有配置的参数及其相关数值。

【来自文件】：单击该单选按钮，单击【浏览】找出已绘制好的表格。若选中【链接到文件】复选框，则可将表格链接到模型上，在 SolidWorks 以外对表格所做的任何更改都将反映在 SolidWorks 模型内部的表格中。

2）【编辑控制】选项组。

【允许模型编辑以更新系列零件设计表】：单击该单选按钮，如果更改模型，则所做的更改将在系列零件设计表中更新。

【阻止更新系列零件设计表的模型编辑】：单击该单选按钮，如果更新系列零件设计表，则不允许更改模型。

3）【选项】选项组。

【新参数】：选中该复选框，如果为模型添加新参数，则将为系列零件设计表添加新的列。

【新配置】：选中该复选框，如果为模型添加新配置，则将为系列零件设计表添加新的行。

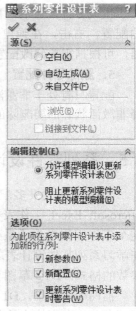

图 4-82 【系列零件设计表】属性管理器

【更新系列零件设计表时警告】：选中该复选框，警告用户若更改模型中的参数，则系列零件设计表中也将会发生相应的改变。

（2）按图 4-82 所示进行设置，单击【确定】按钮✔，系统弹出如图 4-83 所示的【尺寸】对话框。从该对话框中选择要配置的尺寸参数，此时会发现从一长串列表中选择重新命名后的尺寸非常容易。

（3）单击【尺寸】对话框中的【确定】按钮，一个嵌入的工作表出现在 SolidWorks 窗口中，如图 4-84 所示，并且 Excel 工具栏会替换 SolidWorks 工具栏。对于此嵌入的工作表，说明如下：

图 4-83 【尺寸】对话框

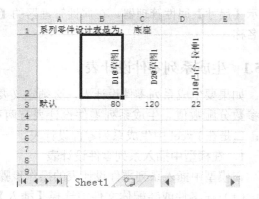

图 4-84 嵌入的系列零件设计表

1）单元格 A1 标示生成系列零件设计表的模型名称。

174

2）A2 保留为 Family 单元格，此单元格决定参数和配置数据从何处开始，且必须保留为空白。

3）单元格下侧的单元格为配置名称，如图 4-85 中的 A3、A4 单元格。

4）Family 单元格右侧的单元格为参数名称，如 4-85 图中的 B2、C2 单元格。

（4）在系列零件设计表中添加所需的参数或配置，说明如下：

1）激活对应的单元格，在模型中单击尺寸，该尺寸参数会自动写入表格，如图 4-85 中的 D2 单元格。

2）激活对应的单元格，在模型中双击特征的一个面，该特征压缩状态参数会自动写入表格。

3）在装配体文件中，在零部件的一个面上双击，该零部件的压缩状态参数会自动写入表格。

（5）指定完参数后，在系列零件设计表外部区域单击即可关闭表格。此时系统会显示一条信息，其中列出所有生成的配置名称，如图 4-86 所示。

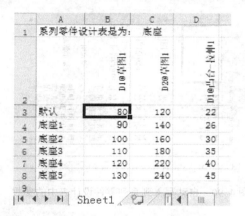

图 4-85　添加参数后的系列零件设计表

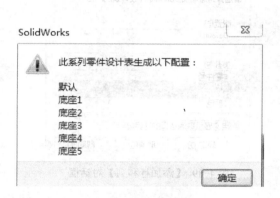

图 4-86　显示生成的配置名称

完成创建后，系列零件设计表图标会出现在配置管理器中，并且显示创建的所有配置，如图 4-87 所示。在配置名称上双击，即可激活由系列零件设计表创建的配置。

2. 在 Microsoft Excel 中生成系列零件设计表

此种方法自动化程度不高，需要手动写入的地方明显多于自动生成的系列零件设计表，本书不再做介绍。但需要注意的是，在 Excel 中生成的系列零件设计表必须保留 A1 单元格为空白。

图 4-87　系列零件设计表图标

4.5.2　编辑系列零件设计表

插入系列零件设计表时，有些参数比如零件编号、备注等无法自动写入，用户可通过再次编辑系列零件设计表来实现手动写入。编辑系列零件设计表的操作步骤如下。

（1）在配置管理器中，单击【表格】前的⊞，将【表格】展开，选择【系列零件设计表】，右击，在系统弹出的快捷菜单中选择【编辑表格】命令，如图 4-88 所示，系统弹出如

图 4-89 所示的【添加行和列】对话框（必须在【系列零件设计表】属性管理器中选中【新参数】和【新配置】复选框才会弹出该对话框），在【参数】选项中列出了所有可配置的参数，如图 4-89 所示。

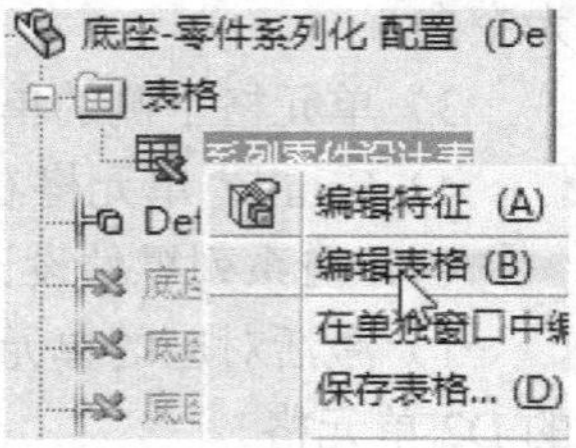

（2）选择需要的参数，同时选中【再次显示取消选择的项目】复选框便于以后的编辑。单击对话框中的【确定】按钮，选取的参数自动写入到系列零件设计表中，如图 4-90 所示。

（3）根据需要添加或修改系列零件设计表中的内容，也可以编辑单元格的格式，使用 Excel 功能来修改字体、对正、修改边框等。

图 4-88 【编辑表格】命令

（4）在表格外单击，即可关闭编辑系列零件设计表窗口。如果在原来的基础上添加了新的配置，系统会再次弹出图 4-86 所示的对话框，显示新添加的配置名称。

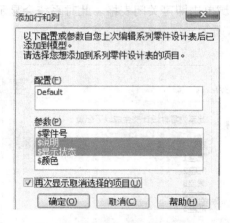

图 4-89 【添加行和列】对话框

图 4-90 自动写入到系列零件设计表中的参数

4.5.3 系列零件设计表中的参数语法

应用系列零件设计表生成配置的实质是在 Excel 工作表中指定参数，并对指定的参数进行驱动，以生成零件或装配体的多个不同配置，所以掌握这些参数的句法结构是学习系列零件设计表的关键。下面对常用参数的句法结构和使用方法进行介绍。

1. 尺寸

句法格式：尺寸@草图<n>或尺寸@特征。如图 4-90 所示的 B、C、D 列。

说明：在零件文件中，可以使用系列零件设计表来控制草图和特征定义中的尺寸。在装配体文件中，可以控制属于装配体特征的尺寸，如配合尺寸、装配特征切除和孔以及零部件阵列等，但不能控制装配体所包含的零部件模型的尺寸。

2. 公差

句法格式：$公差@尺寸@特征。

说明：在零件文件中，可以控制草图和特征定义中尺寸的公差。在装配体文件中，可以控制属于装配体特征的尺寸的公差，如配合、装配体特征切除和孔以及零部件阵列间距，但不能控制装配体所包含的零部件尺寸的公差。在系列零件设计表中输入的公差参数值是与

【尺寸】属性管理器中的【公差/精度】选项组对应的。

3. 压缩状态

句法格式:

$状态@特征名称。既可以是零件文件中的特征,也可以是装配体特征。

$状态@零部件<实例>。用于装配体文件中控制零部件的压缩状态。

$状态@方程式数@方程式。用于控制方程式的压缩状态。

$特征@<光源名称>。用于控制光源的压缩状态。

说明:在零件文件中,可以压缩任何特征;在装配体文件中,可以压缩属于装配体的特征,如零部件、配合、装配特征孔和切除以及零部件阵列等。压缩状态的参数值只有 U 和 S 两种,U 代表解除压缩,S 代表压缩特征。如果单元格为空,默认为解除压缩(U)。

4. 说明

句法格式:$说明,如图 4-90 的 E 列。

说明:在表格的单元格中,输入配置的说明。如果单元格为空,则【配置属性】属性管理器中的【说明】选项为配置名称。

5. 备注

句法格式:$备注。

说明:在表格的单元格中,输入配置的备注。备注是可选的,如果单元格为空白,则【配置属性】属性管理器中的【备注】选项为空。

6. 零件编号

句法格式:$零件编号。

说明:在系列零件设计表中,零件编号参数为材料明细表列中的【零件号】指定一个不同的数值。以下是可与此参数使用的参数值:

$D 或$DOCUMENT:零件编号使用文档名称。

$C 或$CONFIGURATION:零件编号使用配置名称。

任何文字:零件编号使用自定义名称。

空白:零件编号使用配置名称。

如果在一个装配体中使用同一文件的多个配置,则材料明细表会将每个配置的名称作为单独的项目编号列出。如果不想将每个配置单独列在材料明细表中,则为所有配置的零件编号参数分配相同的数值。

7. 自定义属性

句法格式:$属性@属性。

说明:前一个属性是固定格式,后一个属性是自定义属性的名称。在【配置属性】属性管理器中,单击【自定义属性】按钮,系统弹出【摘要信息】对话框。单击【配置特定】选项卡,【属性名称】中列出自定义属性的名称,也可以是用户新添加的属性名称。如果用户想要把自定义属性和模型中某一尺寸关联起来,注意引号不能少,并且扩展名为大写。

8. 零部件配置

句法格式:$配置@零部件<实例>。

说明:此语法仅用于装配体文件中,用于控制装配体文件中的零部件配置。在系列零件设计表单元格中输入零部件配置的名称。

4.5.4 应用配置设计系列零件实例

本节以平垫为例，介绍应用系列零件设计表建立标准件库的过程。

1. 平垫的主要控制尺寸介绍

查相关手册可知道，固定衬套的主要控制尺寸有外圆直径 d_2、内孔直径 d_1 和厚度 h，如图 4-91 所示。

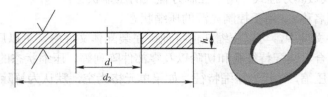

图 4-91　平垫的主要尺寸及模型

2. 创建模型并修改尺寸名称

（1）在前视基准面上绘制草图 1，并拉伸 0.3，生成拉伸 1，如图 4-92 所示。

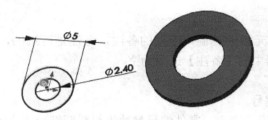

图 4-92　生成拉伸 1 特征

（2）修改模型尺寸，使之和机床夹具设计手册上的尺寸名称对应。

3. 插入系列零件设计表

（1）单击【工具】工具栏中或者【表格】工具栏中的【系列零件设计表】按钮，系统弹出【系列零件设计表】属性管理器。

（2）选择默认选项，单击【确定】按钮，系统弹出如图 4-93 所示的【尺寸】对话框，从中选择所需的尺寸。

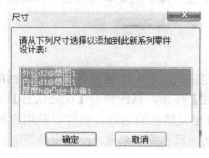

图 4-93　【尺寸】对话框

（3）单击【尺寸】对话框中的【确定】按钮，嵌入的工作表出现在窗口中，同时 Excel 工具栏替换 SolidWorks 工具栏。

（4）根据需要在工作表中输入相应的配置名称、参数值及其他项目，如图 4-94 所示。在表格外单击完成表格的创建。此时系统弹出如图 4-95 所示的对话框，显示所生成的配置。

图 4-94　平垫的系列零件设计表　　　　　图 4-95　显示生成的配置名称

4. 将固定衬套添加到设计库中

（1）单击窗口右边的【设计库】按钮，选择【Design Library】，右击，在弹出的快捷菜单中选择【新文件夹】命令，如图 4-96 所示，并重新命名新文件夹为"平垫"。

（2）在配置管理器下，选择【平垫 配置（平垫）】，右击，在弹出的快捷菜单中选择【添加到库】命令，如图 4-97 所示。

（3）系统弹出如图 4-98 所示的【添加到库】属性管理器。选择建好的【平垫】文件夹，单击【确定】按钮。

图 4-96　【新文件夹】

图 4-97　【添加到库】命令　　　　　图 4-98　【添加到库】属性管理器

5. 从设计库中调用固定衬套

在装配体环境下，单击【设计库】图标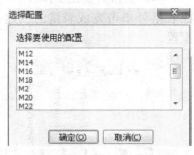，打开【平垫】文件夹，拖动平垫到绘图区，系统弹出如图 4-99 所示的【选择配置】对话框。选择所需的配置，单击【确定】按钮。把平垫放置到合适的位置，右击，完成操作。

图 4-99 【选择配置】对话框

4.5.5 在工程图中显示系列零件设计表

如果模型文件使用系列零件设计表生成了多个配置，则可以在此模型的工程图中显示该表格，这样一个工程图就可以表示所有的配置。在工程图中编辑系列零件设计表的操作步骤如下。

（1）在模型文件的工程图中，选取其中一个工程视图，单击【工具】工具栏中的【系列零件设计表】按钮，或选择【表格】|【系列零件设计表】菜单命令，系列零件设计表会出现在图纸中，如图 4-100 所示，拖动表格到合适的位置上。

（2）双击工程图中的系列零件设计表，设计表在模型文件中被打开，在表格以外的任意地方单击关闭该表格。

（3）选择工程图中的系列零件设计表，右击，在系统弹出的快捷菜单中选择【属性】命令，系统弹出如图 4-101 所示【OLE 对象属性】对话框。在该对话框中指定一个宽度或高度值，或指定一个比例值。如果要使表格恢复到原来的大小，可在快捷菜单中选择【恢复原大小】命令。

系列零件设计表是为：平垫

	外径d2@草图1	内径d1@草图1	厚度h@凸台-拉伸1	$属性@Materia	$备注
M2	2.4	5	0.3	65Mn钢	淬火回火
M3	3.4	7	0.5	65Mn钢	淬火回火
M4	4.5	9	0.8	65Mn钢	淬火回火
M5	5.5	10	1	65Mn钢	淬火回火
M6	6.6	12	1.6	65Mn钢	淬火回火
M8	9	16	1.6	65Mn钢	淬火回火
M10	11	20	2	65Mn钢	淬火回火
M12	13.5	24	2.5	65Mn钢	淬火回火
M14	15.5	28	2.5	65Mn钢	淬火回火
M16	17.5	30	3	65Mn钢	淬火回火
M18	20	34	3	65Mn钢	淬火回火
M20	22	37	3	65Mn钢	淬火回火

图 4-100 在工程图中插入系列零件设计表

图 4-101 【OLE 对象属性】对话框

（4）如果想使用标示（字母或名称）代表尺寸，则在编辑系列零件设计表时在标题行和首个配置所在行之间插入一个新行，并在新行中为每个尺寸输入一个标示。

（5）在工程视图中覆盖对应尺寸，修改为所需的标示。

4.6 思考与练习题

一、填空题

（1）使用方程式可以对任何特征的_____或_____进行控制。

（2）方程式为特征间的数值关系提供了计算方法，如果两个数值间存在"相等"关系，可以使用_____方法实现。

（3）在零件文件中，配置可以生成具有不同_____、_____和_____的零件系列。

二、问答题

（1）结合具体产品，简要说明配置的作用。

（2）在什么情况下应该使用系列零件设计表？

（3）对于方程式左侧的尺寸，可以改变它的数值吗？

三、操作题

完成固定衬套的设计，如图 4-102 所示。

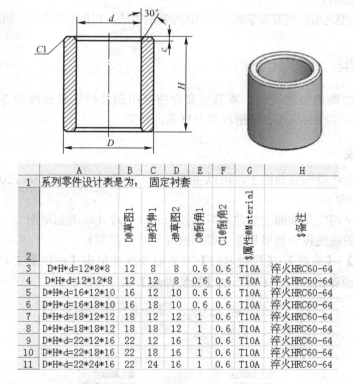

	A	B	C	D	E	F	G	H
1	系列零件设计表是为： 固定衬套							
2		D@草图1	H@拉伸1	d@草图2	C@倒角1	C10倒角2	$属性@Material	$备注
3	D*H*d=12*8*8	12	8	8	0.6	0.6	T10A	淬火HRC60-64
4	D*H*d=12*12*8	12	12	8	0.6	0.6	T10A	淬火HRC60-64
5	D*H*d=16*12*10	16	12	10	0.6	0.6	T10A	淬火HRC60-64
6	D*H*d=16*18*10	16	18	10	0.6	0.6	T10A	淬火HRC60-64
7	D*H*d=18*12*12	18	12	12	1	0.6	T10A	淬火HRC60-64
8	D*H*d=18*18*12	18	18	12	1	0.6	T10A	淬火HRC60-64
9	D*H*d=22*12*16	22	12	16	1	0.6	T10A	淬火HRC60-64
10	D*H*d=22*18*16	22	18	16	1	0.6	T10A	淬火HRC60-64
11	D*H*d=22*24*16	22	24	16	1	0.6	T10A	淬火HRC60-64

图 4-102 固定衬套的主要尺寸及模型

第5章 曲线曲面特征的创建与编辑

随着现代制造业对外观、功能、实用设计等角度要求的提高，曲线曲面造型越来越被广大工业领域的产品设计所引用，这些行业主要包括电子产品外形设计行业、航空航天领域以及汽车零部件设计行业等。

在本章中以介绍曲线、曲面的基本功能为主，其中曲线部分主要介绍常用的几种曲线的生成方法。在 SolidWorks 2012 中，可以使用以下方法来生成 3D 曲线：投影曲线、组合曲线、螺旋线/涡状线、分割线、通过参考点的曲线、通过 XYZ 点的曲线等。

曲面是一种可用来生成实体特征的几何体。本章主要介绍在曲面工具栏上常用到的曲面工具，以及对曲面的修改方法，如延伸曲面、剪裁/解除剪裁曲面、圆角曲面、填充曲面、移动/复制缝合曲面等。

在学习曲线造型之前，需要先掌握三维草图绘制的方法，它是生成曲线、曲面造型的基础。

5.1 曲线造型

曲线造型是曲面造型的基础，本节主要介绍常用的几种生成曲线的方法，包括投影曲线、组合曲线、螺旋和涡状线、分割线以及样条曲线等。

5.1.1 投影曲线

将所绘制的曲线投影到曲面上，可以生成一个三维曲线。SolidWorks 2012 有两种方式可以生成投影曲线。

（1）利用两个相交基准面上的曲线草图投影而成曲线（草图到草图）。

（2）是将草图曲线投影到模型面上得到曲线（草图到面）。

选择【插入】|【曲线】|【投影曲线】菜单命令或者单击【曲线】工具栏中的【投影曲线】按钮，系统弹出如图 5-1 所示的【投影曲线】属性管理器。

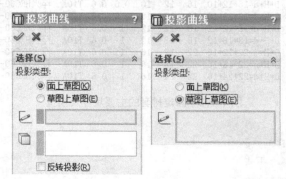

图 5-1 【投影曲线】属性管理器

1．草图到面

下面首先来介绍利用两个相交基准面上的曲线投影得到曲线。

（1）在基准面或模型面上，生成一个包含一条闭环或开环曲线的草图。

（2）选择【插入】|【曲线】|【投影曲线】菜单命令或者单击【曲线】工具栏中的【投影曲线】按钮 ，系统弹出【投影曲线】属性管理器。

（3）单击【选择】选项组中 图标右侧的显示框，然后在图形区域中选择草图。

（4）单击【选择】选项组中 图标右侧的显示框，然后在图形区域中选择投影的表面。

（5）在【投影曲线】属性管理器中会显示要投影曲线和投影面名称，同时在图形区域中显示所得到的投影曲线，如图 5-2 所示。

（6）如果投影的方向错误，选中【反转投影】复选框改变投影方向。

（7）单击【确定】按钮 ，生成投影曲线。如图 5-2 所示。

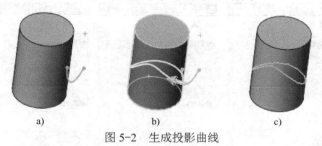

a)   b)   c)

图 5-2　生成投影曲线

a) 投影到面的原始草图　b) 投影曲线　c) 生成的投影曲线

2．草图到草图

此外，SolidWorks 2012 还可以将草图曲线投影到模型面上得到曲线。

（1）在两个相交的基准面上各绘制一个草图，这两个草图轮廓所隐含的拉伸曲面必须相交，才能生成投影曲线，完成后关闭每个草图。

（2）选择的【插入】|【曲线】|【投影曲线】菜单命令或者单击【曲线】工具栏中的【投影曲线】按钮 ，系统弹出【投影曲线】属性管理器。

（3）选取绘制的两个草图。

（4）在【投影曲线】属性管理器的显示框中显示要投影的两个草图名称，同时在图形区域中显示所得到的投影曲线。

（5）单击【确定】按钮 ，生成投影曲线。如图 5-3 所示。

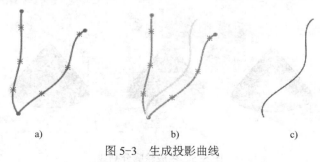

a)   b)   c)

图 5-3　生成投影曲线

a) 投影的两个草图　b) 投影曲线　c) 生成的投影曲线

5.1.2 分割线

通过分割线可将草图投影到曲面或平面。它可以将所选的面分割为多个分离的面，也可将草图投影到曲面实体。

如果要生成分割线，其具体操作步骤如下。

（1）首先利用草图绘制工具绘制一条要投影为分割线的线。

（2）选择【插入】|【曲线】|【分割线】菜单命令或者单击【曲线】工具栏中的【分割线】按钮，系统弹出如图 5-4 所示的【分割线】属性管理器。各选项分别介绍如下。

【投影】：将一条草图直线投影到一表面上。

【轮廓】：在一个圆柱形零件上生成一条分割线。

【交叉点】：以交叉实体、曲面、面、基准面或曲面样条曲线分割面。

图 5-4 【分割线】属性管理器

a) 选择【轮廓】 b) 选择【投影】 c) 选择【交叉点】

（3）如果选择【轮廓】会出现如图 5-4a 所示的【选择】选项组，单击【拔模方向】右侧的显示框，通过在【分割线】属性管理器或图形区域内选择一个通过模型轮廓（外边线）投影的基准面。

（4）单击【分割实体/面/基准面】右侧的显示框，选择一个或多个要分割的面。面不能是平面，得到效果如图 5-5 所示。

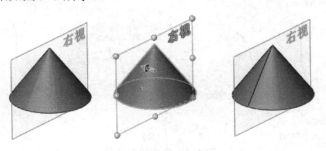

图 5-5 生成轮廓分割线

（5）选中【反向】复选框可以将拔模方向反向。设定【角度】 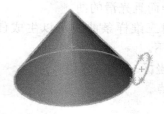 可以从制造角度考虑生成拔模角度（通常用于热压成形包装）。

（6）如果选择【投影】，会出现如图 5-4b 所示的【选择】选项组，单击【要投影的草图】 右侧的显示框，然后在图形区域内选择绘制的草图。

（7）单击【要分割的面/实体】 右侧的显示框，选择一个或多个要分割的面，面不能是平面。

（8）选中【单向】复选框只以一个方向投影分割线。如果需要，可选中【反向】复选框以反向投影分割线，此时即可生成如图 5-6 所示的分割线。

图 5-6　生成投影直线

（9）如果选择【交叉点】，会出现如图 5-4c 所示的【选择】选项组和【曲面分割选项】选项组，在【分割实体/面/基准面】 右侧的显示框中选择分割工具（交叉实体、曲面、面、基准面或曲面样条曲线）。

（10）在【要分割的面/实体】 右侧的显示框中单击选择要分割的目标面或实体。另外，对【曲面分割选项】选项组说明如下。

【分割所有】复选框：即分割穿越曲面上的所有可能区域。

【自然】单选按钮：即分割遵循曲面的形状。

【线性】单选按钮：即分割遵循线性方向。

（11）单击【确定】按钮 ，即可生成如图 5-7 所示的分割线。

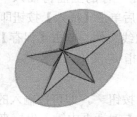

图 5-7　生成交叉分割线

5.1.3　组合曲线

组合曲线就是指将所绘制的曲线、模型边线或者草图几何进行组合，使之成为单一的曲线。组合曲线可以作为生成放样或扫描的引导曲线。

SolidWorks 2012 可将多段相互连接的曲线或模型边线组合成为一条曲线。要生成组合曲线可以采用下面的步骤进行。

（1）选择【插入】|【曲线】|【组合曲线】菜单命令或者单击【曲线】工具栏中的【组

合曲线】按钮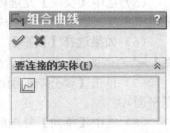，系统弹出如图 5-8 所示的【组合曲线】属性管理器。

（2）在图形区域中选择要组合的曲线、直线或模型边线（这些线段必须连续），所选项目在【组合曲线】属性管理器中的【要连接的实体】选项组中显示出来。

（3）单击【确定】按钮 ✔，即可生成组合曲线。

图 5-8 【组合曲线】属性管理器

5.1.4 通过 XYZ 点的曲线

样条曲线在数学上指的是一条连续、可导而且光滑的曲线，既可以是二维的也可以是三维的。利用三维样条曲线可以生成任何形状的曲线，SolidWorks 2012 中三维样条曲线的生成方式如下。

（1）通过自定义样条曲线通过的点（确定坐标 X、Y、Z 值）。

（2）指定模型中的点作为样条曲线通过的点。

（3）利用点坐标文件生成样条曲线。

穿越自定义点的样条曲线经常应用在逆向工程的曲线生成上，通常逆向工程是先有一个实体模型，由三维向量床 CMM 或以激光扫描仪取得点的资料，每个点包含三个数值，分别代表其空间坐标（X，Y，Z）。

要想自定义样条曲线通过的点，可采用下面的操作。

（1）选择的【插入】|【曲线】|【通过 XYZ 点的曲线】菜单命令或者单击【曲线】工具栏中的【通过 XYZ 点的曲线】按钮 ，系统弹出如图 5-9 所示的【曲线文件】对话框。

（2）在【曲线文件】对话框中，输入自由点空间坐标，同时在图形区域中可以预览生成的样条曲线。

（3）当在最后一行的单元格中双击时，系统会自动增加一行。如果要在一行的上面再插入一个新的行，只在单击该行，然后单击【插入】按钮即可。

（4）如果要保存曲线文件，单击【保存】或【另存为】按钮，然后指定文件的名称（扩展名为.sldcrv）即可。

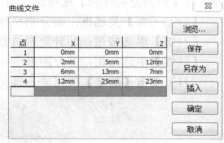

图 5-9 【曲线文件】对话框

（5）单击【确定】按钮 ✔，即可按输入的坐标位置生成三维样条曲线。

除了在【曲线文件】对话框中输入坐标来定义曲线外，SolidWorks 2012 还可以将在文本编辑器、Excel 等应用程序中生成的坐标文件（后缀名为.sldxrv 或.txt），导入到系统，从而生成样样条曲线。

坐标文件应该为 X、Y、Z 三列清单，并用制表符（Tab）或空格分隔。要导入坐标文件以生成样条曲线，可采用下面的操作。

（1）选择【插入】|【曲线】|【通过 XYZ 点的曲线】菜单命令或者单击【曲线】工具栏中的【通过 XYZ 点的曲线】按钮 ，系统弹出如图 5-9 所示的【曲线文件】对话框。

（2）在【曲线文件】对话框中，单击【浏览】按钮来查找坐标文件，然后单击【打开】按钮。

（3）坐标文件显示在【曲线文件】对话框中，同进右侧图形区域中可以预览曲线的效果。

（4）如果对刚刚编辑的曲线不太满意，可以根据需要编辑坐标，直到满意为止。

（5）单击【确定】按钮，既可生成样条曲线。

5.1.5 通过参考点的曲线

SolidWorks 2012 还可以指定模型中的点，作为样条曲线通过的点来生成曲线。采用该种方法时，其操作步骤如下：

（1）选择【插入】|【曲线】|【通过参考点的曲线】菜单命令或者单击【曲线】工具栏中的【通过参考点的曲线】按钮，系统弹出如图 5-10 所示的【通过参考点的曲线】属性管理器。

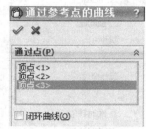

图 5-10 【通过参考点的曲线】属性管理器

（2）在【通过参考点的曲线】属性管理器中单击【通过点】选项组下的显示框，然后在图形区域按照要生成曲线的次序来选择通过的模型点，此时模型点在该显示框中显示。

（3）如果想要将曲线封闭，选中【闭环曲线】复选框。

（4）单击【确定】按钮，即可生成模型点的曲线。

5.1.6 螺旋线和涡状线

螺旋线和涡状线通常用于绘制螺纹、弹簧、蚊香片以及发条等零部件，在生成这些部件时，可以应用由【螺旋线/涡状线】工具生成的螺旋或涡状曲线作为路径或引导线。

用于生成空间的螺旋线或者涡状线的草图必须只包含一个圆，该圆的直径将控制螺旋线的直径和涡旋线的起始位置。

要生成一条螺旋线，可以采用下面的操作。

（1）单击【草图】工具栏中的【草图绘制】按钮，打开一个草图并绘制一个圆，用此圆的直径控制螺旋线的直径。

（2）选择【插入】|【曲线】|【螺旋线/涡状线】菜单命令或者单击【曲线】工具栏中的【螺旋线/涡状线】按钮，系统弹出如图 5-11 所示的【螺旋线 / 涡状线】属性管理器。

（3）在【螺旋线/涡状线】属性管理器中的【定义方式】选项组中的下拉列表框中选择一种螺旋线的定义方式。

【螺距和圈数】：指定螺距和圈数，其参数面板如图 5-11a 所示。

【高度和圈数】：指定螺旋线的总高度和圈数，其参数面板如图 5-11b 所示。

【高度和螺距】：指定螺旋线的总高度和螺距，其参数面板如图 5-11c 所示。

（4）根据步骤（3）中指定的螺旋线定义方式，指定螺旋线的参数。

（5）如果要制作锥形螺旋线，则选中【锥形螺旋线】复选框并指定锥形角度以及锥度方向（向外扩张或向内扩张）。

（6）在【起始角度】文本框中指定第一圈的螺旋线的起始角度。

（7）如果选中【反向】复选框，则螺旋线将原来的点向另一个方向延伸。

（8）单击【顺时针】或【逆时针】单选按钮，以决定螺旋线的旋转方向。

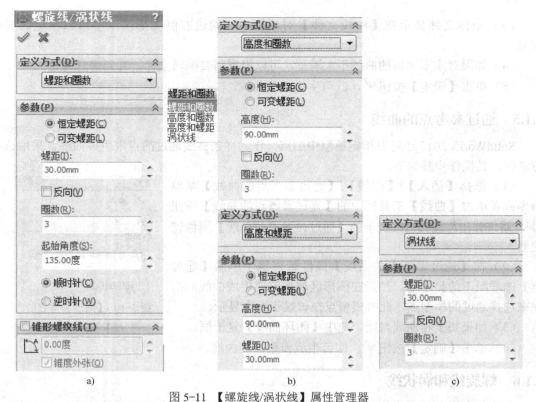

a)   b)   c)

图 5-11 【螺旋线/涡状线】属性管理器

a) 选择【螺距和圈数】　b) 选择【高度和圈数】　c) 选择【涡状线】

（9）单击【确定】按钮 ✔，即可生成螺旋线，如图 5-12 所示。

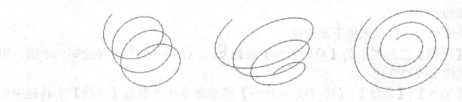

图 5-12　生成螺旋线

5.2　创建曲面

曲面是一种理论上厚度为零、没有质量的几何体，也可以用来生成实体特征。从几何意义上看，曲面模型和实体模型所表达的结果是完全一致的。可以这样认为，一个曲面是一个具有薄壁特征的实体，它拥有形状却没有厚度，它只是一个面的概念，不具有体积。通常情况下可以交替地使用实体和曲面特征。曲面建模的方法与实体建模的方法基本相同，如拉伸、旋转、扫描及放样。由于曲面的特殊性，曲面还有一些特殊的建模方法，如剪裁、解除剪裁、延伸以及缝合等。虽然实体建模快捷高效，但是曲面建模比实体建模具有优势，它比实体建模更灵活，因为曲面建模可以等到设计的最终步骤，再定义曲面之间的边界。此灵活性有助于产品设计者操作平滑和延伸的曲线，生成相对复杂的模型，如汽车挡板、手机外壳等的建模。

高质量的曲线是构建曲面的基础。一个质量高的曲面应该是曲率颜色过渡均匀，斑马条纹连续顺滑、没有折曲现象。SolidWorks 可以用曲率、斑马条纹来获得曲面的相关信息，以及评鉴曲线与曲面的品质。

在 SolidWorks 2012 中建立曲面后，可以用很多方式对曲面进行延伸，既可以将曲面延伸到某个已有的曲面，与其缝合或延伸到指定的实体表面，也可以输入固定的延伸长度，或者直接拖动其红色箭头手柄，实时地将边界拖到新的位置。另外，利用 SolidWorks 2012 还可以对曲面进行修剪，可以用实体修剪，也可以用另一个复杂的曲面进行修剪，此外还可以将两个曲面或一个曲面一个实体进行弯曲操作。

在对曲面进行编辑修改时，SolidWorks 2012 将保持其相关性，即当其中一个发生改变时，另一个会同时相应改变。SolidWorks 2012 可以使用下列方法生成多种类型的曲面。

（1）从一组闭环边线插入一个平面，该闭环边线位于草图或者基准面上。

（2）由草图拉伸、旋转、扫描或放样生成曲面。

（3）从现有的面或曲面等距生成曲面。

（4）从其他应用程序（如 Pro/Engineer、NX、SolidEdge、Autodesk Inventor 等）导入曲面文件。

（5）由多个曲面组合而成曲面。

曲面实体用来描述相连的零厚度的几何体，如单一曲面、圆角曲面等。一个零件中可以有多个曲面实体。

SolidWorks 2012 提供了专门的【曲面】工具栏来控制曲面的生成和修改。要打开或关闭【曲面】工具栏，只需选择【视图】|【工具栏】|【曲面】菜单命令即可。

5.2.1 拉伸曲面

拉伸曲面的造型方法和特征造型中的对应方法相似，不同点在于曲线拉伸操作的草图对象可以封闭也可以不封闭，生成的是曲面而不是实体。要拉伸曲面，可以采用下面的操作：

（1）单击【草图绘制】按钮 ，进入草图环境并绘制曲面轮廓。

（2）选择【插入】|【曲面】|【拉伸曲面】菜单命令或者单击【曲面】工具栏中的【拉伸曲面】按钮 ，系统弹出如图 5-13 所示的【曲面-拉伸】属性管理器。

【曲面-拉伸】属性管理器中的选项与特征中的【拉伸】属性管理器的选项内容基本相同。若是在曲面模型中使用【拉伸曲面】命令，那么【曲面-拉伸】属性管理器中没有【完全贯穿】的终止条件。

（3）在如图 5-13 所示的【方向 1】选项组中的终止条件下拉列表框选择拉伸终止条件，有关终止条件的介绍请参照本书的第 3 章拉伸特征的相关内容。

（4）在右侧的图形区域中检查预览。单击【反向】按钮 ，可以向另一个方向拉伸。

（5）在【深度】 文本框中设置拉伸的深度。

（6）如果有必要，可以选中【方向 2】复选框，激活【方向 2】选项组，将拉伸应用到第二个方向，方向 2 的设置方法同方向 1。

（7）单击【确定】按钮 ，完成拉伸曲面的生成，如图 5-14 所示。

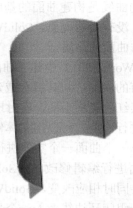

图 5-13 【曲面-拉伸】属性管理器　　　　　　图 5-14　生成拉伸曲面

5.2.2　旋转曲面

旋转曲面是将直线或曲线构成的曲面轮廓草图围绕一中心线旋转生成曲面的曲面生成命令，它用于回转曲面零件的造型。

旋转曲面的造型方法和特征造型中的对应方法相似，要旋转曲面，可以采用下面的操作。

（1）选择前视基准面作为草图绘制平面，使用【样条曲线】命令绘制曲面轮廓草图，包含一个轮廓和一条中心线，其中将中心线作为旋转轴线。

（2）选择【插入】|【曲面】|【旋转曲面】菜单命令或者单击【曲面】工具栏中的【旋转曲面】按钮，系统弹出如图 5-15 所示的【曲面-旋转】属性管理器，并在图形区中出现预览。

（3）在【曲面-旋转】属性管理器中选择【旋转轴】和【方向 1】，在【角度】文本框中设置旋转角度为 360，如图 5-15 所示。

（4）单击【确定】按钮完成旋转曲面，如图 5-16 所示。

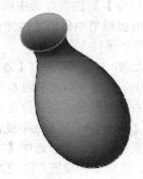

图 5-15　【曲面-旋转】属性管理器　　　　　　图 5-16　生成旋转曲面

5.2.3 扫描曲面

扫描曲面是一草图轮廓沿着一草图路径移动来生成曲面的曲面生成命令。扫描曲面的方法同扫描特征的方法十分相似，包括简单扫描和引导线扫描。简单扫描用来生成等轮廓的曲面，曲面由轮廓和路径来控制。应用引导线扫描可以得到不等轮廓的扫描曲面，所得曲面由轮廓、路径及引导线三者控制。其中值得注意的是引导线端点必须贯穿轮廓图元，通常引导线必须与轮廓草图中的点重合，以使扫描可自动推理出存在有穿透几何关系。

扫描曲面的操作步骤如下：

（1）根据需要建立基准面，并绘制扫描轮廓和扫描路径，如果需要沿引导线扫描曲面，还要绘制引导线。

（2）如果要沿引导线扫描曲面，需要在引导线与轮廓之间建立重合或穿透几何关系。

（3）选择【插入】|【曲面】|【扫描曲面】菜单命令或者单击【曲面】工具栏中的【扫描曲面】按钮 G ，系统弹出如图 5-17 所示的【曲面-扫描】属性管理器。

（4）在【曲面-扫描】属性管理器，单击【轮廓】 图标右侧的显示框，然后在图形区域中选择轮廓草图，所选草图出现在该显示框中。

（5）单击【路径】 图标右侧的显示框，然后在图形区域中选择路径草图，所选路径草图出现在该显示框中。此时在图形区域中可以预览扫描曲面的效果。

（6）在【方向/扭转控制】下拉列表框中，选择以下选项：随路径变化、保持法向不变、随路径和第一条引导线变化及随第一条和第二条引导线变化等，确定扭转类型。

（7）如果需要沿引导线扫描曲面，则激活【引导线】选项组，然后在图形区域中选择引导线。

（8）单击【确定】按钮 ，即可生成扫描曲面，如图 5-18 所示。

图 5-17 【曲面-扫描】属性管理器

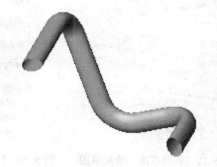

图 5-18 生成扫描曲面

5.2.4 放样曲面

放样曲面的造型方法和特征造型中的对应方法相似，是通过曲线之间进行过渡而生成曲面的方法。

放样曲面是通过两个或多个曲面轮廓之间进行过渡生成曲面的曲面生成命令。放样曲面和扫描曲面是有区别的：扫描曲面是使用单一的曲面轮廓，生成的曲面在每个位置上的轮廓都是相同或者是相似的；放样曲面每个位置上的轮廓可以有完全不同的形状。

放样曲面的操作步骤如下：

（1）为每个曲面轮廓草图建立基准面。如图 5-19 所示建立了两个与上视基准面平行且间距为 80 的基准面 1 和基准面 2。

（2）在每个基准面上绘制曲面轮廓草图，如图 5-19 所示，如果有必要还可以绘制引导线来控制放样曲面的形状。

（3）选择【插入】|【曲面】|【放样曲面】菜单命令或者单击【曲面】工具栏中的【放样曲面】按钮，系统弹出如图 5-20 所示的【曲面-放样】属性管理器。

（4）在【曲面-放样】属性管理器中，单击图标右侧的显示框，然后在图形区域中按顺序选择轮廓草图，所选草图出现在该显示框中，在右侧的图形区域中显示生成的放样曲面。

（5）单击【上移】按钮↑或【下移】↓按钮来改变轮廓的顺序，此项操作只针对两个轮廓以上的放样特征。

（6）如果要在放样的开始和结束处控制相切，则设置【起始/结束约束】选项组。

（7）如果要使用引导线控制放样曲面，在【引导线】一栏中单击图标右侧的显示框，然后在图形区域中选择引导线。

（8）单击【确定】按钮，即可完成放样，如图 5-21 所示。

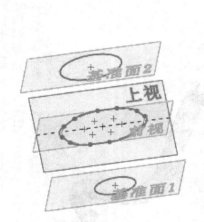

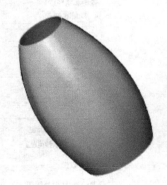

图 5-19　创建基准面绘制草图　　图 5-20　【曲面-放样】属性管理器　　图 5-21　生成放样曲面

【曲面-放样】属性管理器中【起始/结束约束】选项组是用约束来控制开始和结束轮廓的相切，包括以下 4 种。

1）【默认】：近似在第一个和最后一个轮廓之间刻画的抛物线。该抛物线中的相切驱动放样曲面，在未指定匹配条件时，所产生的放样曲面更具可预测性、更自然。

2）【无】：不应用相切。

3）【方向向量】：放样与所选的边线或轴相切，或与所选基准面的法线相切。

4）【垂直于轮廓】：放样在起始和终止处与轮廓的草图基准面垂直。

5.2.5　边界曲面

边界曲面是过渡生成曲面的曲面生成命令，用于生成在两个方向上相切或曲率连续的曲面。边界曲面生成的曲面比放样曲面生成的曲面质量更高，在需要高质量曲率连续的曲面的生成中应用此命令，特别是在消费性产品设计、消费类医疗、航空航天、模具等领域中运用更为广泛。

边界曲面的操作过程与放样曲面的操作过程非常相似，不同之处是边界曲面由两个方向的轮廓控制曲面的形状，而放样曲面只由一个方向的轮廓控制曲面形状。

边界曲面的操作步骤如下：

（1）根据曲面的复杂程度，在两个方向上建立多个基准面。如图 5-22 所示在前视和右视方向上分别建立一个基准面。

（2）使用草图功能绘制两个方向上的曲面轮廓草图。注意轮廓线必须相交，组成封闭环。

（3）选择【插入】|【曲面】|【边界曲面】菜单命令或者单击【曲面】工具栏中的【边界曲面】按钮◈，系统弹出如图 5-23 所示的【边界-曲面】属性管理器。

（4）在【方向 1】选项组中依次选取空间轮廓【草图 3】和【草图 4】；在【方向 2】选项组中依次选取空间轮廓【草图 2】和【草图 1】。

（5）单击【上移】按钮↑或【下移】↓按钮来改变轮廓的顺序。

（6）两个方向上的【相切类型】都选择【无】，即不应用相切。

（7）单击【确定】按钮✔，完成边界曲面操作，如图 5-24 所示。

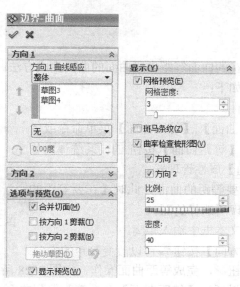

图 5-22　创建多个基准面　　　　图 5-23　【边界-曲面】属性管理器　　　　图 5-24　生成边界曲面

5.2.6 平面区域

平面区域是从一个非相交、单一轮廓的闭环草图或基准面上的一组闭环边线插入一个平面的曲面生成方法。

平面区域的操作步骤如下：

（1）生成一个非相交、单一轮廓的闭环草图。

（2）选择【插入】|【曲面】|【平面区域】菜单命令或者单击【曲面】工具栏中的【平面区域】按钮 ，系统弹出如图 5-25 所示的【平面】属性管理器。

（3）在【平面】属性管理器中，选择【边界实体】 ，并在图形区域中选择草图。

（4）如果要在零件中生成平面区域，则选择【边界实体】 ，然后在图形区域中选择零件上的一组闭环边线。所选的组中所有边线必须位于同一基准面上。

（5）单击【确定】按钮 ，即可生成平面区域，如图 5-26 所示。

图 5-25 【平面】属性管理器　　　　　　　　　　图 5-26　生成平面曲面

注意：生成平面时所选的轮廓草图不能有相交，且必须是闭环的草图。需要在零件或装配体上生成平面区域时，可以选择零件或装配体上的一组闭环边线来生成有边界的平面区域。

5.2.7 等距曲面

等距曲面是利用已存在的曲面等距生成曲面的曲面生成方法。

等距曲面的操作步骤如下：

（1）打开一个曲面文件。

（2）选择【插入】|【曲面】|【等距曲面】菜单命令或者单击【曲面】工具栏中的【等距曲面】按钮 ，系统弹出如图 5-27 所示的【等距曲面】属性管理器。

（3）在图形区中选择要等距的曲面，此时【在要等距的曲面或面】 选项中会出现所选择的面。

【等距距离】文本框

图 5-27 【等距曲面】属性管理器

（4）在【等距距离】文本框中输入距离。

（5）单击【反转等距方向】按钮 可以改变等距的方向。

（6）单击【确定】按钮 ，完成等距曲面操作，如图 5-28 所示。

对于实体上的面也可以通过【等距曲面】命令等距得到曲面，如图 5-29 所示为长方体的 5 个面的等距面。

图 5-28　生成等距曲面

图 5-29　实体上的面的等距面的结果

5.2.8　延展曲面

延展曲面是指通过选择面的一条或多条边线来延展曲面，或者选择整个面，在其所有边线上相等地延展整个曲面。

延展曲面在拆模时最常用。当零件进行模塑，产生公母模之前，必须先生成模块与分模面，延展曲面就用来生成分模面。通常延展曲面有以下 4 种方法：

（1）按照给定的距离值延展曲面。

（2）延展曲面到给定的曲面或模型表面。

（3）延展曲面到给定模型的顶点。

（4）通过延展相切曲线延展曲面。

延展曲面的操作步骤如下：

（1）选择【插入】|【曲面】|【延展曲面】菜单命令或者单击【曲面】工具栏中的【延展曲面】按钮 ，系统弹出如图 5-30 所示的【曲面-延展】属性管理器。

（2）在【延展方向参考】选项中选择如图 5-29 所示的模型的上表面，这时图形区中出现一垂直于所选参考面的箭头。单击 按钮可以改变延展方向。

（3）【要延展的边线】选项中选择如图 5-29 所示的曲面 4 条边线，这时图形区中出现一箭头，其方向即为曲面延展的方向。

（4）如果模型有相切面并且希望曲面沿这些面继续延展，此时可选中【沿切面延伸】复选框。

（5）在【延展距离】文本框中设置延展距离。

（6）单击【确定】按钮 ，完成延展曲面操作，如图 5-31 所示。

图 5-30　【曲面-延展】属性管理器

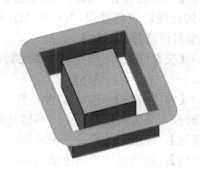

图 5-31　延展曲面的结果

5.2.9 填充曲面

填充曲面是在现有模型边线、草图或曲线定义的边界内，构成不限定边数的曲面修补。使用该命令可以生成用于填充模型中缝隙的曲面，在以下一种或多种情况下可以使用填充曲面命令来修补曲面。

（1）在打开零件时，用于修补零件上丢失的面。

（2）在模具设计中，用于型芯和型腔造型的零件上的孔的填充。

（3）构建用于工业设计应用的曲面。

（4）在实体上填充曲面。

填充曲面的操作步骤如下：

（1）选择【插入】|【曲面】|【填充曲面】菜单命令或者单击【曲面】工具栏中的【填充曲面】按钮，系统弹出如图 5-32 所示的【填充曲面】属性管理器。

（2）设置【填充曲面】属性管理器中的各选项，各选项的含义将在下面进行介绍。

（3）单击【确定】按钮，完成填充曲面操作，如图 5-33 所示。

图 5-32 【填充曲面】属性管理器

图 5-33 填充曲面的结果

【填充曲面】属性管理器中常用的各选项功能的介绍如下。

（1）【修补边界】：选择模型的边线作为修补曲面时边界。其属性和功能为：可使用曲面或实体的边线，也可使用 2D 或 3D 草图作为修补的边界；对于所有草图边界，【曲率控制】类型只可选择【接触】。

（2）【交替面】：为修补的曲率控制反转边界面。交替面只在实体模型上填充或修补曲面时使用。

（3）【曲率控制】：包括 3 种类型。在同一修补中可以选用一种或多种曲率控制类型，选用不同的控制类型可以得到不同的修补曲面。

【相触】：在所选边界内生成曲面。

【相切】：在所选边界内生成曲面，但保持修补边线的相切。

【曲率】：在与相邻曲面相交的边界边线上生成与所选曲面的曲率相配的曲面。

（4）【应用到所有边线】：若选中了该复选框，在【曲率控制】类型中选择了某一类型，则此控制类型将应用到所有的修补边界上。

（5）【预览网格】：在修补的边界内显示网格线可以直观地查看曲率。只有在选中【显示预览】复选框时才能使用【预览网格】选项。

（6）【约束曲线】：应用该选项可以对修补的曲面添加控制，主要用于工业设计中。可以用草图点或样条曲线等草图实体来生成约束曲线。

（7）【选项】：包括 4 个选项。

【修复边界】：通过自动建立遗失部分或裁剪过大的部分来构造有效边界。

【合并结果】：与元模型或者曲面合并。

【反向】：用填充曲面修补实体时，一般情况下会有两种可能的结果，如果填充曲面显示的方向不符合需要，选中【反向】复选框可改变填充曲面的显示方向。

5.3　编辑曲面

曲面是一种可以用来生成实体特征的几何体。可以用很多方式对曲面进行修改，比如可以将曲面延伸到某个已有的曲面，也可以缝合或延伸到指定的实体表面，也可以输入固定的延伸长度，或者直接拖动其红色箭头手柄，实时地将边界拖到新的位置等。

值得一提的是，用 SolidWorks 2012 对曲面进行编辑修改时，需要注意保持其相关性，如果其中一个曲面发生改变，另一个也会同时相应改变。

对曲面的控制包括延伸曲面、圆角曲面、缝合曲面、中面、填充曲面、剪裁曲面、移动/复制实体、移动面、删除面、删除孔、替换面等。这里仅介绍一些常用的功能，在掌握其基本操作过程后，用户对于其他修改功能也能灵活运用。

编辑曲面的命令包括【缝合曲面】 、【延伸曲面】 、【填充曲面】 、【删除曲面】 、【替换面】 、【剪裁曲面】 和【解除剪裁曲面】 等。

5.3.1　延伸曲面

延伸曲面是通过选择曲面的边线（一条或多条）或面，沿着曲面的切线方向或随曲面的曲率延伸产生附加曲面的曲面编辑命令。

延伸曲面的操作步骤如下：

（1）选择【插入】|【曲面】|【延伸曲面】菜单命令或者单击【曲面】工具栏中的【延伸曲面】按钮 ，系统弹出如图 5-34 所示的【延伸曲面】属性管理器。

（2）在【延伸曲面】属性管理器中单击【拉伸的边线／面】选项组中的第一个显示框，然后在右侧的图形区域中选择曲面边线或曲面，此时被选择的项目出现在该显示框中。

（3）在如图 5-34 所示的【终止条件】选项组中选择一种延伸结束条件。

【距离】：在【距离】 文本框中指定延伸曲面的距离。

【成形到某一面】：延伸曲面到图形区域中选择的面。

【成形到某一点】：延伸曲面到图形区域中选择的点。

（4）在如图 5-34 所示的【延伸类型】选项组中选择延伸类型。

【同一曲面】：沿曲面的几何体延伸曲面。

【线性】：沿边线相切于原来曲面来延伸曲面。

（5）单击【确定】按钮✔，完成曲面的延伸，如图 5-35 所示。

如果在步骤（2）中选择的是曲面的边线，则系统会延伸这些边线形成的曲面；如果选择的是曲面，则曲面上所有的边一同相等地延伸整个曲面。

图 5-34　【延伸曲面】属性管理器　　　　　　　　图 5-35　延伸曲面的结果

5.3.2　剪裁曲面

剪裁曲面是指采用布尔运算的方法在一个曲面与另一个曲面、基准面或草图交叉处修剪曲面，或者将曲面与其他曲面联合使用作为相互修剪的工具。

剪裁曲面主要有两种方式，第一种是将两个曲面互相剪裁，第二种是以线性图元修剪曲面。

剪裁曲面的操作步骤如下：

（1）打开一个将要剪裁的曲面文件。

（2）选择【插入】|【曲面】|【剪裁曲面】菜单命令或者单击【曲面】工具栏中的【剪裁曲面】按钮，系统弹出如图 5-36 所示的【曲面-剪裁】属性管理器。

（3）在【曲面-剪裁】属性管理器中的【剪裁类型】选项组中选择剪裁类型：

【标准】：使用曲面作为剪裁工具，在曲面相交处剪裁曲面。

【相互】：将两个曲面作为互相剪裁的工具。

（4）如果选择了【标准】，则在如图 5-36 所示的【选择】选项组中单击【剪裁工具】选项中图标右侧的显示框，然后在图形区域中选择一个曲面作为剪裁工具。

（5）单击【保留部分】选项中图标右侧的显示框，然后在图形区域中选择曲面作为保留部分，所选项目会在对应的显示框中显示。

（6）如果选择了【相互】，则在【选择】选项组中单击【剪裁曲面】选项中图标右侧的显示框，然后在图形区域中选择作为剪裁曲面的至少两个相交曲面。

（7）单击【保留部分】选项中图标右侧的显示框，然后在图形区域中选择需要作为保留部分的区域（可以是多个部分），所选项目会在对应的显示框中显示。

（8）单击【确定】按钮✔，完成曲面的剪裁，如图 5-37 所示。

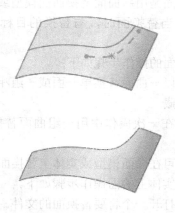

图 5-36 【曲面-剪裁】属性管理器 　　　　　　　　　 图 5-37 　剪裁曲面的结果

5.3.3　解除剪裁曲面

解除剪裁曲面是通过延伸现有曲面的自然边界来修补曲面上孔及外部边线，可按所给百分比来延伸曲面的边界，或连接端点来填充曲面。解除剪裁曲面是延伸现有曲面，而填充曲面则是生成不同的曲面，在多个面之间进行修补，使用约束曲线等。

解除剪裁曲面的操作步骤如下：

（1）打开一个将要解除剪裁的曲面文件。

（2）选择【插入】|【曲面】|【解除剪裁曲面】菜单命令或者单击【曲面】工具栏中的【解除剪裁曲面】按钮，系统弹出如图 5-38 所示的【解除剪裁曲面】属性管理器。

（3）单击【选择】选项组下的显示框，然后在图形区中选择【边线<1>】，设置延伸【百分比】。

（4）【选项】选项组下的【边线解除剪裁类型】中选择【延伸边线】，并选中【与原有合并】复选框。

（5）单击【确定】按钮，完成解除剪裁曲面操作，如图 5-39 所示。

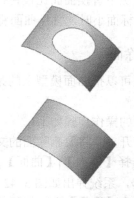

图 5-38 　【解除剪裁曲面】属性管理器 　　　　　　 图 5-39 　解除剪裁曲面的结果

5.3.4　替换面

替换面是用新曲面替换曲面模型或实体中的旧面，新曲面不需要与替换的目标面有相同的边界。当替换面时，与替换的目标面相邻的面会自动延伸并剪裁替换面，实现新的面剪裁。

替换面的操作步骤如下：

（1）以一曲面替换单一面或一组相连的面。替换面后，如果替换面仍然可见，可右击然后选择隐藏。

（2）在一次操作中用一组曲面替换一组以上相连的面，须按替换目标面的顺序选择替换面。

（3）可在曲面模型或实体上替换面。

替换实体上的面操作步骤如下。

（1）打开一个将要替换面的文件。

（2）选择【插入】|【曲面】|【替换面】菜单命令或者单击【曲面】工具栏中的【替换面】按钮 ，系统弹出如图 5-40 所示的【替换面】属性管理器。

（3）在图形区中选择【替换的目标面】和【替换曲面】。

（4）单击【确定】按钮 ，完成替换面的操作，如图 5-41 所示为替换面并隐藏曲面后的模型。

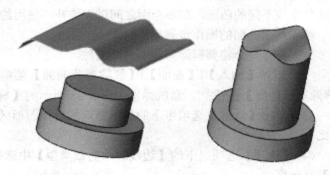

图 5-40　【替换面】属性管理器　　　　　图 5-41　替换面的结果

通常情况下替换曲面比被替换的目标面要宽和长。然而，在某些情况下，当替换曲面比被替换的目标面小时，替换曲面将延伸，与被替换面的边界面相连接。

5.3.5　删除面

删除面可以把曲面模型上的某些多余或是不正确的曲面删除，并能自动对曲面模型进行修补或填充。

删除面的操作步骤如下：

（1）打开一个将要删除面的文件。

（2）选择【插入】|【曲面】|【删除面】菜单命令或者单击【曲面】工具栏中的【删除面】按钮 ，系统弹出如图 5-42 所示的【删除面】属性管理器。

（3）单击【选择】选项组下的显示框，然后在图形区中选择要删除的面。

（4）在【选项】选项组中选择【删除】。

（5）单击【确定】按钮 ，完成删除面的操作，如图 5-43 所示。

图 5-42 【删除面】属性管理器

图 5-43 删除面的结果

【删除面】属性管理器中【选项】选项组包括 3 种选项。

【删除】：从曲面模型或从实体上删除一个或多个面来生成曲面。

【删除并修补】：从曲面模型或实体上删除一个面，并自动对曲面模型或实体进行修补和剪裁。

【删除并填充】：删除面并生成单一面，将所有缝隙填补起来。

5.3.6 缝合曲面

缝合曲面是将两个或多个面和曲面组合成一个曲面的曲面编辑命令。缝合后的曲面不吸收用于生成它们的曲面。空间曲面经过剪裁、拉伸和圆角等操作后，可以自动缝合，而不需要进行缝合曲面操作。

缝合曲面最为实用的场合就是在 CAM 系统中，建立三维侧面铣削刀具路径。由于缝合曲面可以将两个或多个曲面组合成一个，刀具路径容易最佳化，减少多余的提刀动作。要缝合的曲面的边线必须相邻并且不重叠。

缝合曲面时应该注意以下几点。

（1）曲面的边线必须相邻并且不重叠，不必处于同一基准面上。

（2）对于要缝合的曲面，可以选择模型的全部面或选择一个或多个相邻曲面。

（3）缝合曲面会吸收用于生成它们的曲面。

（4）曲面经过剪裁和圆角操作后，会自动缝合，而不需要进行缝合曲面操作。

（5）如果要缝合不相邻的曲面，可以先延展曲面再缝合。

将多个面和曲面缝合成一个曲面的操作步骤如下：

（1）通过【旋转曲面】和【填充曲面】命令生成如图 5-44 所示的由 3 个面组成的模型。

（2）选择【插入】|【曲面】|【缝合曲面】菜单命令或者单击【曲面】工具栏中的【缝合曲面】按钮 ，系统弹出如图 5-45 所示的【缝合曲面】属性管理器。

（3）单击【选择】选项组下方的显示框，然后在图形区中选择要缝合到一起的面，选中

【尝试形成实体】复选框。

（4）单击【确定】按钮，完成缝合曲面操作，缝合后的曲面模型外观上没有发生改变，但模型上的面已经可以作为一个整体来选择和操作，如图 5-46 所示。

对【选择】选项组下【尝试形成实体】和【最小调整】作以下说明：

【尝试形成实体】：如果想从闭合的曲面生成一实体模型，可以选中【尝试形成实体】复选框。

【合并实体】：缝合面将与相同的内在几何体进行合并。

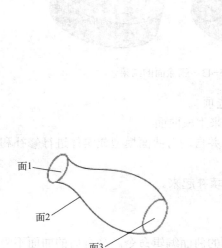

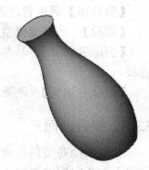

图 5-44　要缝合的曲面模型　　图 5-45　【缝合曲面】属性管理器　　图 5-46　缝合曲面的结果

5.3.7　圆角曲面

在 SolidWorks 2012 中，对于曲面实体中以一定角度相交的两个相邻面，可以利用系统提供的圆角工具使其之间的边线平滑。曲面圆角的生成方法与创建实体圆角特征的原理相同，这里仅以在曲面设计中常用的圆角方式为例，介绍创建圆角曲面的具体操作方法。

（1）打开一个将要圆角化的文件。

（2）选择【插入】|【曲面】|【圆角】菜单命令或者单击【曲面】工具栏中的【圆角】按钮，系统弹出如图 5-47 所示的【圆角】属性管理器。

（3）在【圆角类型】选项组中单击【面圆角】单选按钮。

（4）在绘图区中依次选取要圆角化的曲面对象。

（5）设置圆角的半径参数。

（6）单击【确定】按钮，完成圆角操作，效果如图 5-48 所示。

此外，还可以在不相邻的曲面之间生成圆角曲面特征。且在【圆角选项】选项组中单击【剪裁和附加】单选按钮，系统将剪裁圆角的面并将曲面缝合成一个曲面实体；单击【不剪裁或附加】单选按钮，系统将添加新的圆角曲面，但不剪裁面或缝合曲面。

图 5-47 【圆角】属性管理器　　　　　　　图 5-48　圆角的结果

5.3.8　移动/复制曲面

移动/复制曲面是指在指定的坐标系中平移、旋转和复制曲面的操作。在 SolidWorks 2012 中移动/复制曲面与移动/复制实体的特征管理器相同，均以移动/复制实体命名，对曲面特征可以像对拉伸特征、旋转特征那样进行移动、复制、旋转等操作。

1．移动/复制曲面

如果要移动/复制曲面，可以采用下面的操作。

（1）选择【插入】|【曲面】|【移动/复制】菜单命令 ，系统弹出如图 5-49 所示的【移动/复制实体】属性管理器。

图 5-49　【移动/复制实体】属性管理器

提示：该属性管理器中的【配合方式】将在后面的装配体一章中进行介绍，其中【配合对齐】选项中：【同向对齐】 表示放置实体以使所选面的法向或轴向量指向相同方向；【反向对齐】 表示以所选面的法向或轴向量指向相反方向来放置实体。

（2）在【移动/复制实体】属性管理器中单击【平移/旋转】按钮，此时的属性管理器如图 5-50 所示。

（3）单击【移动/复制实体】选项组中 图标右侧的显示框，然后在图形区域或特征管理器设计树中选择要移动/复制的曲面。

（4）如果要复制曲面，则选中【复制】复选框，然后在【份数】 文本框中指定复制的数目。

（5）单击【平移】选项组中 图标右侧的显示框，然后在图形区域中选择一条边线来定义平移方向。或者在图形区域中选择两个顶点来定义曲面移动或复制之间的方向和距离。

（6）分别在【Delta X】 ΔX 、【Delta Y】 ΔY 、【Delta Z】 ΔZ 文本框中指定移动的距离或复制体之间的距离。此时右侧的图形区域中可以预览曲面移动或复制的效果。

（7）单击【确定】按钮 ，完成曲面的移动/复制，如图 5-51 所示。

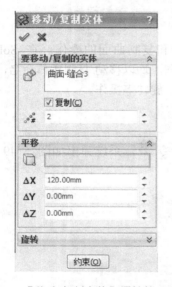

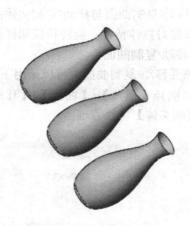

图 5-50 【移动/复制实体】属性管理器   图 5-51 移动/复制曲面的结果

2. 旋转/复制曲面

旋转/复制曲面可采用下面的操作步骤。

（1）选择【插入】|【曲面】|【移动/复制】菜单命令 ，系统弹出如图 5-49 所示的【移动/复制实体】属性管理器。

（2）在【移动/复制实体】属性管理器中单击【平移/旋转】按钮，此时的属性管理器如图 5-52 所示。

（3）在【移动/复制实体】属性管理器中单击【要移动/复制的实体】选项组中 图标右侧的显示框，然后在图形区域或特征管理器设计树中选择要旋转/复制的曲面。

（4）如果要复制曲面，则选中【复制】复选框，然后在【份数】 文本框中指定复制的数目。

（5）单击【旋转】选项组中图标右侧的显示框，在图形区域中选择一条边线定义旋转方向。

（6）在【X 旋转原点】$^{\circ}$x、【Y 旋转原点】$^{\circ}$y、【Z 旋转原点】$^{\circ}$z文本框中指定原点中 X 轴、Y 轴、Z 轴方向移动的距离，然后在【X 旋转角度】、【Y 旋转角度】、【Z 旋转角度】文本框中指定曲面绕 X、Y、Z 轴旋转的角度，此时右侧的图形区域中可以预览曲面复制/旋转的效果。

（7）单击【确定】按钮，完成曲面的旋转/复制，如图 5-53 所示。

图 5-52 【移动/复制实体】属性管理器

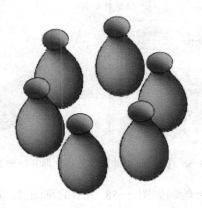

图 5-53 移动/复制曲面的结果

5.4 鼠标设计

前面的小节介绍了曲面的生成与编辑的各种命令，本小节主要以鼠标外形模型为例，说明在建模过程中各种曲面命令的综合应用。鼠标外形模型如图 5-54 所示。

下面详细介绍鼠标壳建模的步骤。

（1）新建文件。单击标准工具栏中的【新建】按钮，在系统弹出的【新建 SolidWorks 文件】对话框中，选择【零件】选项，单击【确定】完成新建零件文件。

（2）绘制如图 5-55 所示的草图 1。选择特征管理器设计树中的【前视基准面】作为草图绘制平面，再使用【样条曲线】和【直线】命令绘制草图，并标注尺寸，直线水平并通过原点。

（3）拉伸曲面 1。单击【曲面】工具栏【拉伸曲面】按钮，系统弹出【曲面-拉伸】

属性管理器，设置参数，单击【确定】按钮 ✓ 完成拉伸曲面，如图 5-56 所示。

图 5-54　鼠标外形模型

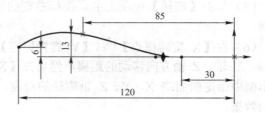

图 5-55　绘制草图 1

（4）创建基准面 1。单击【参考几何体】中的【基准面】按钮 ◇，系统弹出【基准面】属性管理器。选择【点和平行面】选项，选择【上视基准面】，【偏移距离】文本框中输入 5，选中【反转】复选框，单击【确定】按钮 ✓ 完成基准面 1 的建立，如图 5-57 所示。

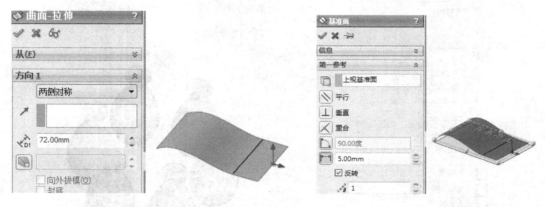

图 5-56　【曲面-拉伸】属性管理器和拉伸曲面 1　　图 5-57　【基准面】属性管理器和创建基准面 1

（5）绘制如图 5-58 所示的草图 2。选择步骤（4）创建的【基准面 1】作为草图绘制平面，再使用【3 点圆弧】命令绘制草图，并约束和标注尺寸。

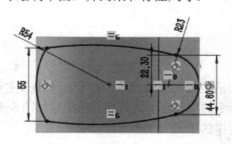

图 5-58　绘制草图 2

（6）拉伸曲面 2。单击【曲面】工具栏【拉伸曲面】按钮 ◇，系统弹出【曲面-拉伸】属性管理器，设置参数，单击【确定】按钮 ✓ 完成拉伸曲面，如图 5-59 所示。

（7）绘制如图 5-60 所示的草图 3。选择特征管理器设计树中的【右视基准面】作为草图绘制平面，再使用【3 点圆弧】命令绘制草图，并约束和标注尺寸。

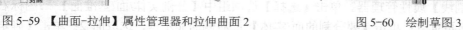
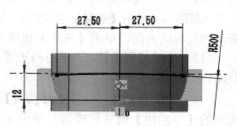

图 5-59 【曲面-拉伸】属性管理器和拉伸曲面 2　　　　　图 5-60　绘制草图 3

（8）生成投影曲线 1。单击【曲线】工具栏中的【投影曲线】按钮，系统弹出如图 5-61 所示的【投影曲线】属性管理器。单击【选择】选项组中图标右侧的显示框，然后选择草图 3；单击【选择】选项组中图标右侧的显示框，然后在图形区域中选择如图 5-61 所示的投影的表面；选中【反转投影】复选框改变投影方向，单击【确定】按钮，生成投影曲线。

（9）创建基准面 2。单击【参考几何体】中的【基准面】按钮，系统弹出【基准面】属性管理器。选择【点和平行面】选项，依次在【第一参考】、【第二参考】和【第三参考】选项组中的【点和平行面】选项中选择如图 5-62 所示的一个点，单击【确定】按钮完成基准面 2 的建立，如图 5-62 所示。

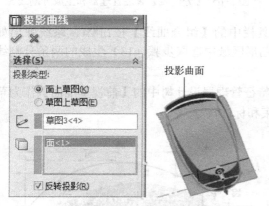
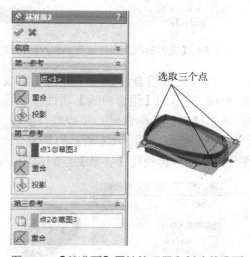

图 5-61　【投影曲线】属性管理器和投影曲线 1　　　　图 5-62　【基准面】属性管理器和创建基准面 2

（10）绘制如图 5-63 所示的草图 4。选择特征管理器设计树中的【前视基准面】作为草图绘制平面，再使用【直线】和【3 点圆弧】命令绘制草图，并约束和标注尺寸。

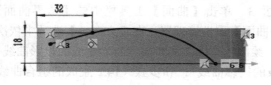

图 5-63　绘制草图 4

（11）生成投影曲线 3。单击【曲线】工具栏中的【投影曲线】按钮 ⬚，系统弹出如图 5-64 所示的【投影曲线】属性管理器。单击【选择】选项组中 ↙ 图标右侧的显示框，然后选择草图 4；单击【选择】选项组中 ⬚ 图标右侧的显示框，然后在图形区域中选择如图 5-64 所示的投影的表面，单击【确定】按钮 ✔，生成投影曲线。

（12）生成投影曲线 4。采用与步骤（11）相同的方法将草图 4 向相反的方向投影到另一曲面。

（13）生成分割线 5。单击【曲线】工具栏中的【分割线】按钮 ⬚，系统弹出如图 5-65 所示的【分割线】属性管理器。单击【选择】选项组中【分割实体/面/基准面】 ⬚ 图标右侧的显示框，选取面 1；单击【要分割的面/实体】 ⬚ 右侧的显示框，选取面 2；单击【确定】按钮 ✔，生成两条独立的分割线 5。

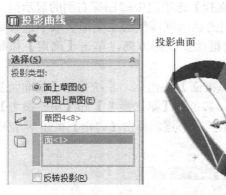

图 5-64 【投影曲线】属性管理器和投影曲线 3　　　　图 5-65 【分割线】属性管理器和生成分割线 5

（14）生成组合曲线 3，单击【曲线】工具栏中的【组合曲线】按钮 ⬚，系统弹出如图 5-66 所示的【组合曲线】属性管理器。在图形区域中选取步骤（13）生成的两条分割线 5，单击【确定】按钮 ✔，生成组合曲线。

（15）绘制如图 5-67 所示的草图 7。选择特征管理器设计树中的【前视基准面】作为草图绘制平面，再使用【样条】绘制草图，并约束和标注尺寸。

图 5-66 【组合曲线】属性管理器和生成组合曲线 3

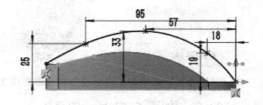

图 5-67 绘制草图 7

（16）生成边界曲面 3。单击【曲面】工具栏中的【边界曲面】按钮 ⬚，系统弹出如图 5-68 所示的【边界-曲面】属性管理器。在【方向 1】选项中依次选取步骤（12）生成的投影曲线 4、步骤（15）绘制的草图 7 和步骤（11）生成的投影曲线 3，在【方向 2】选项中依次选取步骤（8）生成的投影曲线 1 和步骤（14）生成的组合曲线 3，单击【确定】按钮 ✔，生成边界曲面 3。

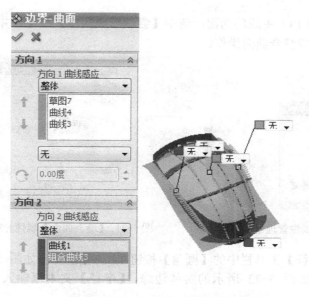

图 5-68 【边界曲面】属性管理器和生成边界曲面 3

（17）单击【曲面】工具栏中的【剪裁曲面】按钮，系统弹出如图 5-69 所示的【剪裁曲面】属性管理器。在【选择】选项组中单击【剪裁工具】选项中 图标右侧的显示框，然后在图形区域中选取如图 5-69 所示的步骤（16）边界曲面 3；选中【保留选择】复选框，单击【保留部分】选项中 图标右侧的显示框，然后在图形区域中选取如图 5-69 所示的曲面，单击【确定】按钮，完成曲面的剪裁，如图 5-69 所示。

（18）添加鼠标底面。单击【曲面】工具栏上的【平面区域】按钮 ，系统弹出如图 5-70 所示的【平面】属性管理器。单击【边界实体】选项组下方的显示框，然后在图形区依次选取如图 5-70 所示的曲面边缘，单击【确定】按钮，完成平面的生成。

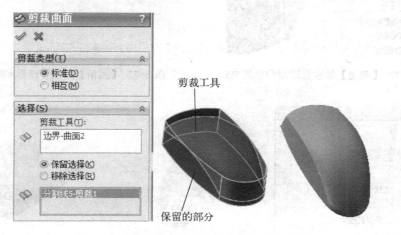

图 5-69 【剪裁曲面】属性管理器和剪裁曲面

（19）缝合曲面。单击【曲面】工具栏上【缝合曲面】按钮 ，系统弹出如图 5-71 所示的【缝合曲面】属性管理器。单击【选择】选项组下的显示框，然后在图形区中依次选取步骤（16）、（17）和（18）生成的曲面；选中【尝试形成实体】和【合并实体】复选框，单击【确定】按钮，完成缝合曲面操作。

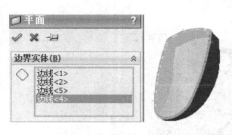

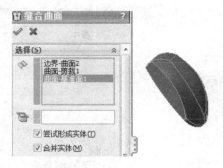

图 5-70 【平面】属性管理器和平面预览　　　图 5-71 【缝合曲面】属性管理器和缝合曲面预览

（20）单击【特征】工具栏中的【圆角】按钮 ⬚ ，系统弹出如图 5-72 所示的【圆角】属性管理器，选取如图 5-72 所示的实体边缘，【半径】文本框输入 5，单击【确定】按钮 。

（21）采用与步骤（20）相同的方法倒圆角 R2.5 和 R1，如图 5-73、图 5-74 所示，结果如图 5-75 所示。

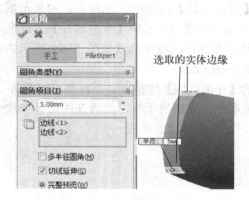

图 5-72 【圆角】属性管理器和倒圆 R5

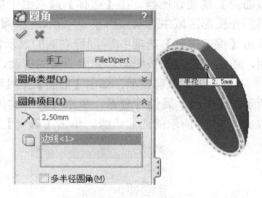

图 5-73 【圆角】属性管理器和倒圆角 R2.5

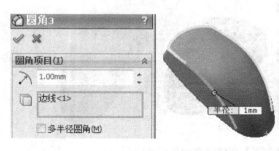

图 5-74 【圆角】属性管理器和倒圆角 R1

图 5-75 鼠标外形

（22）分割鼠标上下盖。选择【插入】|【特征】|【分割】菜单命令或单击【特征】工具栏中的【分割】按钮 ⬚ ，系统弹出如同 5-76 所示的【SolidWorks】对话框。单击【取消】

按钮，然后多次单击【确定】按钮，直至系统弹出如图 5-77 所示的【分割】属性管理器。在【剪裁工具】选项组中选择步骤（3）生成的拉伸曲面 1，单击【切除零件】按钮，此时鼠标外形被分开。勾选【所产生实体】选项下 1、2 后的黑框，双击文件下对应的区域，系统弹出【另存为】对话框，设置新零件的名称和保存的路径。单击【确定】按钮 ✅，完成鼠标外形模型的分割，结果如图 5-78 所示。

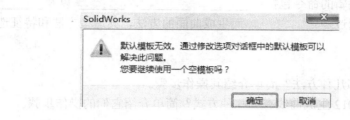

图 5-76 【SolidWorks】对话框

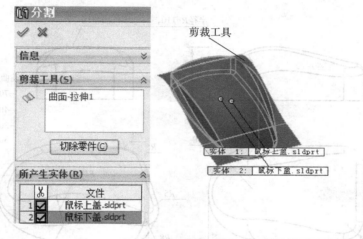

图 5-77 【分割】属性管理器和分割

（23）生成装配体。通过以上操作完成分割鼠标模型为多实体，并保存多实体为新零件，此时可以从多实体零件直接生成装配体。选择【插入】|【特征】|【生成装配体】菜单命令，系统弹出如图 5-79 所示的【生成装配体】属性管理器。在特征管理器设计树中选择【分割 3】，单击【浏览】按钮，在弹出的【另存为】对话框设置保存路径和装配体名称，单击【确定】按钮 ✅，完成生成装配体的操作。

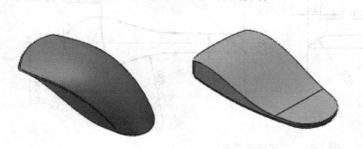

图 5-78 分割后的上下盖

图 5-79 【生成装配体】属性管理器

5.5 思考与练习题

一、填空题

（1）三维曲面的造型方法有如下几种：＿＿＿＿＿、＿＿＿＿＿、＿＿＿＿＿以及＿＿＿＿等。

（2）对曲面进行编辑的命令包括：＿＿＿＿＿、＿＿＿＿＿、＿＿＿＿＿以及＿＿＿＿＿等。

（3）放样曲面是通过＿＿＿＿＿＿而生成曲面的方法，其造型方法和特征造型中的对应方法相似。

二、问答题

（1）延展曲面有哪几种方法？简单介绍其操作步骤。

（2）SolidWorks 2012 生成曲线有哪几种方式？简单介绍它们的操作步骤。

三、操作题

（1）在 SolidWorks 2012 中绘制如图 5-80 所示的曲面零件。

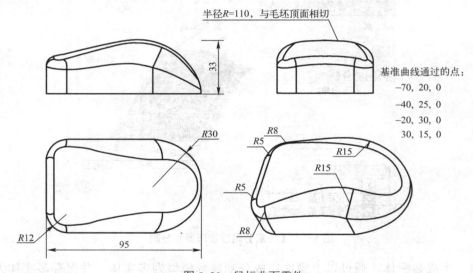

图 5-80　鼠标曲面零件

（2）在 SolidWorks 2012 中绘制如图 5-81 所示的曲面零件。

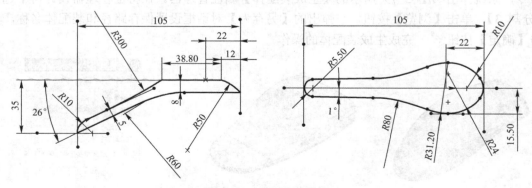

图 5-81　勺子曲面零件

第6章 装 配 体

在 SolidWorks 中进行自底向上的装配体设计，可以使用多种不同的方法将零件插入到装配体文件中并利用丰富的装配约束关系对零件进行定位。SolidWorks 提供了非常简单、方便的控制零件或子装配的方法，并且可以对装配体进行静态或动态干涉检查。SolidWorks 也支持自顶向下的装配设计。

6.1 装配体文件操作

装配体的设计方法有自上而下和自下而上两种，也可以将两种方法结合起来。无论采用哪种方法，其目的都是配合这些零部件，生成装配体或子装配体。

6.1.1 装配体概述

装配体是由许多零部件组合生成的复杂体，其扩展名为.sldasm。装配体的零部件可以包括独立的零件和其他装配体（称为子装配体）。对于大多数的操作，两种零部件的行为方式是相同的。

装配体是由若干个零件所组成的部件。它表达的是部件（或机器）的工作原理和装配关系，在进行设计、装配、检验、安装和维修过程中都是非常重要的。

装配体文件中保存了两方面的内容：一是进入装配体中各零件的路径，二是各零件之间的配合关系。一个零件放入装配体中时，这个零件文件会与装配体文件产生链接的关系，对零件文件所进行的任何改变都会更新装配体。在打开装配体文件时，SolidWorks 2012 要根据各零件的存放路径找出零件，并将其调入装配体环境。所以装配体文件不能单独存在，要和零件文件一起存在才有意义。

在打开装配体文件时，系统会自动查找组成装配体的零部件，其查找顺序是：内存→当前文件夹→最后一次保存位置。如果在这些位置都没有找到相应的零部件，系统会弹出【找不到零件】对话框，提示用户进行查找。此时，用户可以两种选择：选择【是】，浏览至该文件的位置打开即可，在对装配体进行保存后，系统会记住该零件新的路径；选择【否】，则会忽略该零件，在打开的装配体绘图区中缺失该零件中但在设计树中仍有该零件的名称，且呈灰色显示。

装配体设计有两种方法：自下而上设计法和自上而下设计法。

1. 自下而上设计法

自下而上设计法是比较传统的方法。在自下而上设计中，先生成零件并将其插入装配体，然后根据设计要求配合零件。当使用以前生成的不在线的零件时，自下而上的设计方案是首选的方法。

自下而上设计法的另一个优点是因为零部件是独立设计的，与自上而下设计法相比，它们的相互关系及重建行为更为简单。使用自下而上设计法可以使用户专注于单个零件的设计工作。当不需要建立控制零件大小和尺寸的参考关系时（相对于其他零件），则此方法较为适用。

2．自上而下设计法

自上而下设计法从装配体中开始设计工作，这是两种设计方法的不同之处。设计时可以使用一个零件的几何体来帮助定义另一个零件，或生成组装零件后才添加的加工特征。也可以将布局草图作为设计的开端，定义固定的零件位置、基准面等，然后参考这些定义来设计零件。

例如，可以将一个零件插入到装配体中，然后根据此零件生成一个夹具。使用自上而下设计法在关联中生成夹具，这样用户可参考模型的几何体，通过与原零件建立几何关系来控制夹具的尺寸。如果改变了零件的尺寸，夹具会自动更新。

6.1.2　装配设计的基本概念

在 SolidWorks 装配环境中，既可以操作装配体中的独立零件，也可以操作各级子装配体。在以子装配体为操作对象时，子装配体将被视为一个整体，其大多数操作与独立零件并无本质区别。

装配既然要表达产品零部件之间的配合关系，必然存在着参照与被参照的关系。对于静态装配而言，参照的概念并不是很突出，但是如果两个零件之间存在运动关系时，就必须明确装配过程中的参照零件。在装配设计中有一个基本概念——【地】零件，即相对于基准坐标系静态不动的零件。一般将装配体中起支承作用的零件或子装配体作为【地】零件，即位置固定的零件，不可以进行移动或转动操作。

装配环境下另一个重要概念就是【约束】。当零件被调入到装配体中时，除了第一个调入的零件之外，其他的都没有添加约束，位置处于任意的【浮动】状态。在装配环境中，处于【浮动】状态的零件可以分别沿 3 个坐标轴移动，也可以分别绕 3 个坐标轴转动，即共有6 个自由度。

当给零件添加装配关系后，可消除零件的某些自由度，限制了零件的某些运动，此种情况称为不完全约束。当添加的配合关系将零件的 6 个自由度都消除时，称为完全约束，零件将处于【固定】状态，同【地】零件一样，无法进行拖动操作。SolidWorks 默认第一个调入装配环境中的零件为【地】零件。

6.1.3　创建装配体

进入装配体环境有两种方法：第一种是新建文件时，在弹出的【新建 SolidWorks 文件】对话框中选择【装配体】模板，单击【确定】按钮即可新建一个装配体；第二种是在零件环境中，选择菜单栏【文件】/【从零件制作装配体】命令，切换到装配体环境。

1．新建装配文件

当新建一个装配体文件或打开一个装配体文件时，即进入 SolidWorks 装配界面，其界面和零件模式的界面相似，装配体界面同样具有菜单栏、工具栏、设计树、控制区和零部件显示区。在左侧的控制区中列出了组成该装配体的所有零部件。在设计树最底端还有一个配合的文件夹，包含了所有零部件之间的配合关系。由于 SolidWorks 提供了用户自己定制界面的功能，书中范例界面可能与读者实际应用有所不同，但大部分界面是一致的。

装配环境与零件环境的不同之处在于装配环境下的零件空间位置存在参考与被参考的关系，体现为【固定零件】和【浮动零件】。在装配环境中选择零件，通过右键快捷菜单，可以设置零件为【固定】或者【浮动】。在 SolidWorks 装配体设计时，需要对零件添加配合关系，限制零件的自由度，以使零件符合工程实际的装配要求。

新建装配体文件可以采用下面的方法。

（1）选择【文件】|【新建】菜单命令或者单击【标准】工具栏中的【新建】按钮，系统弹出如图 6-1 所示的【新建 SolidWorks 文件】对话框。

（2）在【新建 SolidWorks 文件】对话框中内选择装配体【assem】，如图 6-1 所示。单击【确定】按钮后即进入装配体制作界面，如图 6-2 所示。

图 6-1 【新建 SolidWorks 文件】对话框

图 6-2 装配体制作界面

（3）单击【插入零部件】属性管理器中的【要插入的零件/装配体】选项组中的【浏览】按钮，系统弹出【打开】对话框。

（4）选择一个零件作为装配体的基准零件，单击【打开】按钮，然后在窗口中合适的位置单击空白界面以放置零件。

（5）在装配体编辑窗口，基准零件会自动调整视图为【等轴测】，即可得到如图 6-3 所示导入零件后的界面。

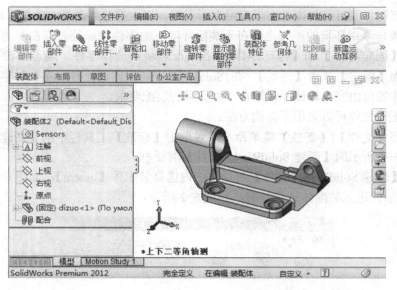

图 6-3　导入零件后的界面

装配体制作界面与零件的制作界面基本相同，特征管理器设计树中出现一个配合组，在工具栏中出现如图 6-4 所示的【装配体】工具栏，对【装配体】工具栏的操作同前面介绍的工具栏操作相同。

图 6-4　【装配体】工具栏

（6）将一个零部件（单个零件或子装配体）放入装配体中时，这个零部件文件会与装配体文件链接。此时零部件出现在装配体中，零部件的数据还保存在原零部件文件中。

2．装配体工具栏

SolidWorks 2012 的装配体操作界面与零件操作界面很相似，其主要区别在于装配体工具栏和特征管理器设计树两个方面。【装配体】工具栏列出了常用的装配体命令按钮。凡是下部带小箭头的命令按钮表明单击小箭头可将其展开，下面包含有同类别的命令按钮。

【装配体】工具栏中常用的命令按钮如下。

（1）【插入零部件】按钮：通过插入零部件按钮，可以向装配体中调入已有的零件或子装配体，该按钮和菜单栏【插入】|【零部件】的命令功能一样。

（2）【显示隐藏的零部件】按钮：切换零部件的隐藏和显示状态。

（3）【编辑零部件】按钮：当选中一个零件，并且单击该按钮后，【编辑零部件】按钮处于被按下的状态，被选中的零件处于编辑状态。这种状态和单独编辑零件时基本相同。被编辑零件的颜色发生变化，设计树中该零件的所有特征也发生颜色变化。这种变化后的颜色可以通过系统选项的颜色设置重新设置。需要注意的是，单击【编辑零部件】按钮后只能编辑零件实体，对其他内容无法编辑。再次单击该按钮退出零件编辑。

（4）【配合】按钮✎：用于确定两个零件之间的相互位置，即添加几何约束，使其定位。在一个装配体中插入零部件后，需要考虑该零件和别的零件是什么装配关系，这就需要添加零件间的约束关系。标准配合下有角度、重合、同轴心、距离、平行、垂直和相切配合。在选择需要的点、线、面时经常需要改变零件的位置显示，此时一般与【视图】工具栏，特别是其中的【旋转视图】和【平移】两个按钮配合使用。

（5）【移动零件】按钮🔁：利用移动零件和旋转零件功能，可以任意移动处于浮动状态的零件。如果该零件被部分约束，则在被约束的自由度方向上是无法运动的。利用此功能，在装配中可以检查哪些零件是被完全约束的。单击【移动零件】下的小黑三角，可出现【旋转零件】按钮。

（6）【智能扣件】按钮📧：使用 SolidWorks Toolbox 标准件库，将标准件添加到装配体。

（7）【爆炸视图】按钮📑：在 SolidWorks 中可以为装配体建立多种类型的爆炸视图，这些爆炸视图分别存在于装配体文件的不同配置中。注意在 SolidWorks 中，一个配置只能添加一个爆炸关系，每个爆炸视图包括一个或多个爆炸步骤。

（8）【爆炸直线草图】按钮📐：添加或编辑显示爆炸的零部件之间的几何关系的 3D 草图。

（9）【干涉检查】按钮📖：在一个复杂的装配体中，如果仅仅凭借视觉来检查零部件之间是否有干涉的情况是很困难而且不精确的。通过这个按钮可以利用软件来快速判断零件之间是否出现干涉、发生几处干涉和干涉的体积大小。

（10）【替换零部件】按钮🔄：装配体及其零件在设计周期中可以进行多次修改，尤其是在多用户环境下，可以由几个用户处理单个的零件或子装配体。更新装配体是一种更加有效的方法。可以用子装配体替换零件，或反之。可以同时替换一个、多个或所有部件实体。

3．装配体设计树

装配体设计树在装配体窗口显示以下项目：装配体名称、光源和注解文件夹、装配体基准面和原点、零部件（零件或子装配体）、配合组与配合关系、装配体特征（切除或孔）和零部件阵列、在关联装配体中生成的零件特征等。

单击零部件名称前的【+】号，可以展开或折叠每个零部件以查看其中的细节。如要折叠设计树中所有的项目，可双击其顶部的装配体图标。

在一个装配体中可多次使用相同的零件，每个零件之后都有一个后缀<n>，n 表示了装配体中同一种零件的数量。每添加一个相同零件到装配体中，数目 n 都会增加 1。

任何一个零件都有一个前缀标记，此前缀标记表明了该零件与其他零件之间关系的信息，前缀标记有以下几种类型。

（1）无前缀：表明对此零件添加了【配合】命令，处于完全约束状态，不可进行拖动。

（2）（固定）：表明此零件位置固定，不能移动和转动。出现【固定】的前缀有两种情况：一是第一个调入装配体中的零件，二是在零件处于【浮动】或不完全约束的状态下右击零件，在弹出的快捷菜单中选择【固定】命令。

（3）（－）：表明对此零件没有添加配合约束，或所添加的配合不足以完全消除零件的 6 个自由度，零件处于"浮动"或不完全约束的状态，可以进行拖动操作。

（4）（+）：表明对此零件添加了过多的配合约束，处于过定位状态，应删除一些不必要的配合。

在某些情况下，在设计树中显示零部件，用户可能想强调设计的结构或层次关系，而不是草图或是特征的细节。此外，用户也可能想强调装配体的设计而不是零部件的所有特征。如要只显示层次关系，在设计树中右击装配体的名称，然后选择【只显示层次关系】选项，则只会显示零部件（零件和装配体），细节则不会显示。查看装配体的方法只影响设计树中显示细节的级别，装配体本身并不受影响。

6.1.4　插入装配零部件

当将一个零部件（单个零件或子装配体）放入装配体中时，这个零部件文件会与装配体文件链接。虽然零部件出现在装配体中；但零部件的数据还保持在源零部件文件中。对零部件文件所进行的任何改变都会更新装配体。

制作装配体需要按照装配的过程，依次插入相关零件，有多种方法可以将零部件添加到一个新的或现有的装配体中。

（1）使用【插入零部件】属性管理器。

（2）从任何窗格中的文件探索器拖动。

（3）从一个打开的文件窗口中拖动。

（4）从资源管理器中拖动。

（5）从 Internet Explorer 中拖动超文本链接。

（6）在装配体中拖动以增加现有零部件的实例。

（7）从任何窗格中的设计库中拖动。

（8）使用插入智能扣件来添加螺栓、螺钉、螺母、销钉以及垫圈。

下面介绍其中的两种常用方法。第一种方法操作步骤如下。

图 6-5　【插入零部件】属性管理器

（1）首先导入一个装配体中的固定件。

（2）选择【插入】|【零部件】|【现有零件/装配体】菜单命令或者单击【装配体】工具栏中的【插入零部件】按钮，系统弹出如图 6-5 所示的【插入零部件】属性管理器。

（3）在【插入零部件】属性管理器中单击【浏览】按钮，系统弹出【打开】对话框，在该对话框中选择要插入的零件，在对话框右上方可以对零件进行预览。

（4）打开零件后，光标箭头旁会出现一个零件图标。一般固定件放置在原点，在原点处单击插入该零件，此时特征管理器设计树中的该零件前面会自动加有【（固定）】标志，表明其已定位。

（5）按照装配的过程，用同样的方法导入其他零件，其他零件可放置在任意点。

（6）使用【装配体】工具栏的【移动零件】按钮将零件移动到到合适的位置。

另外一种方法为从资源管理器拖动来添加零部件，其操作步骤如下：

（1）打开一个装配体。

（2）打开 Windows 下的资源管理器，使其显示在最上层，不被任何窗口所遮挡，浏览到包含所需零部件的文件夹。

（3）找到有关零件所在的目录，从资源管理器窗口中拖动文件图标到 SolidWorks 的显示窗口的任意处。

（4）此时零部件预览会出现在图形窗口中。然后将其放置在装配体窗口的图形区域。

（5）如果零部件具有多种配置，就会出现【选择配置】对话框。选择需要插入的配置，然后单击【确定】按钮。

（6）用同样的方法导入其他零件，在装配图中的所有零件上都显示了各自的原点

（7）如果想要隐藏原点，可以通过选择【视图】|【原点】菜单命令，将所有的原点隐藏。

6.1.5 移动零部件和旋转零部件

当零部件插入装配体后，如果在零件名前有【(-)】的符号，表示该零件可以被移动、可以被旋转。

1. 移动零部件操作

（1）单击【装配体】工具栏上的【移动零部件】按钮，系统弹出如图 6-6 所示的【移动零部件】属性管理器。

（2）这时光标的形状变为，选中要移动的零部件，就可以移动零部件到需要的位置，具体方法如下。

【自由拖动】：选择零部件并沿任何方向拖动。

【沿装配体 XYZ】：选择零部件并沿装配体的 X、Y 或 Z 方向拖动。图形区域中显示坐标系以帮助确定方向。若要选择沿其拖动的轴，拖动前在轴附近单击。

【沿实体】：选择实体，然后选择零部件并沿该实体拖动。如果实体是一条直线、边线或轴，所移动的零部件具有一个自由度。如果实体是一个基准面或平面，所移动的零部件具有两个自由度。

【由 Delta XYZ】：在【移动零部件】属性管理器中输入 X、Y 或 Z 值，然后单击应用。零部件按照指定的数值移动。

图 6-6 【移动零部件】属性管理器

【到 XYZ 位置】：选择零部件的一点，在【移动零部件】属性管理器中输入 X、Y 或 Z 坐标，然后单击应用。零部件的点移动到指定的坐标。如果选择的项目不是顶点或点，则零部件的原点会被置于所指定的坐标处。

（3）单击【确定】按钮或者再次单击【装配体】工具栏上的【移动零部件】按钮，完成零部件的移动。

2. 旋转零部件操作

（1）单击【装配体】工具栏上的【旋转零部件】按钮，系统弹出如图 6-7 所示的【旋转零部件】属性管理器。

（2）这时光标的形状变为 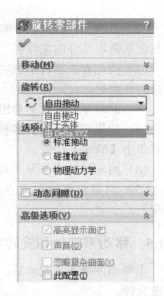，选中需要旋转的零部件，就可以旋转零部件到需要的位置，具体方法如下。

【自由拖动】：选择零部件可绕零件的体心为旋转中心作自由旋转。

【对于实体】：选择一条直线、边线或轴，然后围绕所选实体旋转零部件。

【由 Delta XYZ】：在【旋转零部件】属性管理器中输入 X、Y 或 Z 值，然后单击应用。零部件按照指定角度值绕装配体的轴旋转。

（3）单击【确定】按钮 ✓ 或者再次单击【装配体】工具栏上的【旋转零部件】按钮 🔩 完成零部件的旋转。

图 6-7 【旋转零部件】属性管理器

6.1.6　删除装配零件

如果想要从装配体中删除零部件，可以按下面的步骤进行。

（1）在装配体的图形区域或特征管理器设计树中单击想要删除的零部件。

（2）按键盘中的〈Delete〉键，或选择【编辑】|【删除】菜单命令，或右击，在弹出快捷菜单中选择【删除】命令，此时系统弹出如图 6-8 所示的【确认删除】对话框。

（3）单击对话框中【是】按钮以确认删除。此零部件及其所有相关项目（配合、零部件阵列、爆炸步骤等）都会被删除。

图 6-8 【确认删除】对话框

6.2　零部件配合

调入装配环境中的每个零部件在空间坐标系都有 3 个平移和 3 个旋转共 6 个自由度，通过添加相应的约束可以消除零部件的自由度。为装配体中的零部件添加约束的过程就是消除其自由度的过程。

6.2.1　添加配合关系

1. 添加配合的基本步骤

配合是建立零部件之间的关系，添加配合关系的步骤如下：

（1）选择【插入】|【配合】菜单命令或者单击【装配体】工具栏中的【配合】按钮，系统弹出如图 6-9 所示的【配合】属性管理器。

（2）单击【配合选择】选项组中图标右侧的显示框，激活【要配合的实体】列表框，在图形区选择需配合的实体。

（3）选择符合设计要求的配合方式。

（4）单击【确定】按钮，完成添加配合。

2．【配合选择】选项组

选择想要配合在一起的面、边线、基准面等，被选择的选项出现在其后的列表框中。使用时可以参阅以下所列举的配合类型之一。

3．【标准配合】选项组

【标准配合】选项组中有【重合】、【平行】、【垂直】、【相切】、【同轴心】、【距离】、【锁定】和【角度】配合等。所有配合类型会始终显示在特征管理器设计树中，但只有适用于当前选择的配合才可供使用。使用时根据需要可以切换配合类型。各种配合方式的介绍如下。

【重合】：用于使所选对象之间实现重合。

【平行】：用于使所选对象之间实现平行。

【垂直】：用于使所选对象之间实现 90°相互垂直定位。

【相切】：用于使所选对象之间实现相切。

【同轴心】：用于使所选对象之间实现同轴。

【锁定】：用于将现两个零件实现锁定，即使两个零件之间位置固定，但与其他的零件之间可以相互运动。

【距离】：用于使所选对象之间实现距离定位。

【角度】：用于使所选对象之间实现角度定位。

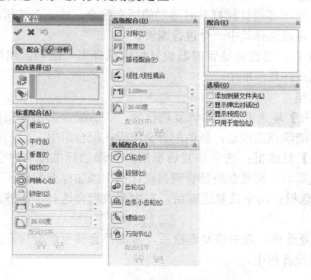

图 6-9 【配合】属性管理器

4．【高级配合】选项组

【高级配合】选项组中有【对称】、【宽度】、【路径配合】、【线性/线性耦合】等，可以根据需要切换配合类型。各种配合方式的介绍如下。

【对称】：用于使某零件的一个平面（一零件平面或建立的基准面）与另外一个零件的凹槽中心面重合，实现对称配合。

【宽度】：用于使某零件的一个凸台中心面与另外一个零件的凹槽中心面重合，实现宽度配合。

【路径配合】：用于使零件上所选的点约束到路径。可以在装配体中选择一个或多个实体来定义路径，且可以定义零部件在沿路径经过时的纵倾、偏转和摇摆。

【限制配合】：用于实现零件之间的距离配合和角度配合在一定数值范围内变化。

5.【机械配合】选项组

此类配合专门用于常用机械零件之间的配合。各种配合方式的介绍如下。

【凸轮】：用于实现凸轮与推杆之间的配合，且遵守凸轮与推杆的运动规律。

【铰链】：用于将两个零部件之间的移动限制在一定的旋转自由度内。

【齿轮】：用于齿轮之间的配合，实现齿轮之间的定比传动。

【齿条小齿轮】：用于齿轮与齿条之间的配合，实现齿轮与齿条之间的定比传动。

【螺旋】：用于螺杆与螺母之间的配合，实现螺杆与螺母之间的定比传动，即当螺杆旋转一周时，螺母轴向移动一个螺距的距离。

【万向节】：用于实现交错轴之间的传动，即一根轴可以驱动轴线在同一平面内且与之呈一定角度的另外一根轴。

SolidWorks 中可以利用多种实体或参考几何体来建立零件间的配合关系。添加配合关系后，可以在未受约束的自由度内拖动零部件，查看整个结构的行为。在进行配合操作之前，最好将零件调整到绘图区合适的位置。

6.【配合】选项组

显示框包含特征管理器设计树打开时添加的所有配合，或正在编辑的所有配合。当显示框中有多个配合时，可以选择其中一个进行编辑。

同时编辑多个配合，要在特征管理器设计树中选择多个配合，然后右击并选择编辑特征，所有配合即会出现在显示框中。

7.【选项】选项组

【添加到新文件夹】复选框：选中该复选框后，新的配合会出现在特征管理器设计树中的配合组文件夹中。清除该选项后，新的配合会出现在配合组中。

【显示弹出对话】复选框：选中该复选框后，当添加标准配合时会出现配合弹出工具栏。取消选中该复选框后，需要在特征管理器设计树中添加标准配合。

【显示预览】复选框：选中该复选框后，在为有效配合选择了足够对象后便会出现配合预览。

【只用于定位】复选框：选中该复选框后，零部件会移至配合指定的位置，但不会将配合添加到特征管理器设计树中。

6.2.2　常用配合方法

下面来介绍建立装配体文件时常用的几种配合方法，这些配合方法都出现在【配合】属性管理器中。

【重合】配合：该配合会将所选择的面、边线及基准面（它们之间相互组合或与单一项组合）重合在一条无限长的直线上或将两个点重合，定位两个顶点使它们彼此接触，重合配合效果如图 6-10 所示。两个圆锥之间的配合必须使用同样半角的圆锥。

【平行】配合：所选的项目会保持相同的方向，并且互相保持相同的距离。

【垂直】配合：该配合会将所选项目以 90°相互垂直配合，例如两个所选的面垂直配合，配合效果如图 6-11 所示。

图 6-10　重合配合效果　　　　　　　　　图 6-11　垂直配合效果

在【平行】配合与【垂直】配合中，圆柱指的是圆柱的轴。

【相切】配合：所选的项目会保持相切（至少有一选择项目必须为圆柱面、圆锥面或球面），例如滑轮轴的圆柱面和槽的平面相切配合，如图 6-12 所示。

【同轴心】配合：该配合会将所选的项目位于同一中心点上，同轴心配合效果如图 6-13 所示。

圆柱面与槽的表面相切

图 6-12　相切配合效果　　　　　　　　　图 6-13　同轴心配合

【距离】配合：所选的项目之间会保持指定的距离。单击此按钮，利用输入的数据确定配合件的距离。在这里直线也可指轴。配合时必须在【配合】属性管理器的【距离】文本框中输入距离值。默认值为所选实体之间的当前距离。两个圆锥之间的配合必须使用同样半角的圆锥。

【角度】配合：该配合会将所选项目以指定的角度配合。单击此按钮，则可输入一定的角度以便确定配合的角度。圆柱指的是圆柱的轴。拉伸指的是拉伸实体或曲面特征的单一面。不可使用拔模拉伸。必须在【配合】属性管理器的【角度】文本框中输入角度值。默认值为所选实体之间的当前角度。

6.2.3 装配体实例——肘夹的装配

本实例将利用已经生成的零件图装配生成如图 6-14 所示的装配体，本实例主要说明如何将零件插入到装配体中，然后对其进行精确装配。

在本实例中，装配完成后的特征树如图 6-15 所示，其装配的操作步骤如下所述。

图 6-14 要生成的装配体　　　　　　　　　　　图 6-15 装配体特征树

（1）进入 SolidWorks，选择【文件】|【打开】菜单命令，系统弹出如图 6-16 所示的【打开】对话框，选择"dizuo"文件，单击【打开】按钮，打开 SolidWorks 文件。

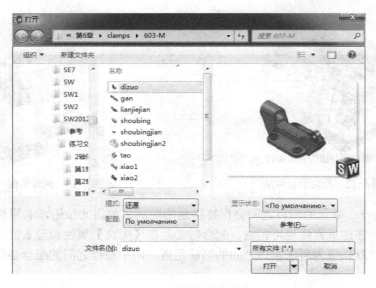

图 6-16 【打开】对话框

（2）选择【文件】|【从零件制作装配体】菜单命令或者单击【标准】工具栏中的【从零件/装配体制作装配体】按钮，系统弹出如图 6-17 所示的【新建 SolidWorks 文件】对话框，单击【确定】按钮打开一个新装配体文件。

（3）选择【视图】|【原点】菜单命令，在图形区域中显示原点，在设计树中选择图形预览。将光标移到原点上，光标变成 形状，表示光标移动到装配体的原点，单击以放置零件。

（4）选择【视图】|【原点】菜单命令，将原点从图形区域中清除。

（5）单击【装配体】工具栏上的【插入零部件】按钮，系统弹出如图 6-18 所示的【插入零部件】属性管理器。单击【浏览】按钮，系统弹出【打开】对话框。在练习文件目录中选择"gan"零件，单击【打开】按钮。

图 6-17 【新建 SolidWorks 文件】对话框

图 6-18 【插入零部件】属性管理器

（6）此时在图形窗口中放置零件，位置如图 6-19 所示。

（7）单击【装配体】工具栏上的【配合】按钮，系统弹出如图 6-9 所示的【配合】属性管理器。选择【标准配合】选项组中的【同轴心】，然后选取如图 6-20 所示的两个圆柱面，单击【同向对齐】按钮，然后单击【确定】按钮，则两零件以同轴心配合方式配合，结果如图 6-21 所示。

图 6-19 放置零件

选取的圆柱面

图 6-20 选取的圆柱面

（8）单击【关闭】按钮，退出此阶段的零件配合。

（9）单击【装配体】工具栏上的【移动零部件】按钮，系统弹出【移动零部件】属性管理器。将零件移动到如图 6-22 所示的位置。

225

图 6-21　同轴心配合　　　　　　　　　　　　　　图 6-22　移动零部件

（10）单击【装配体】工具栏上的【插入零部件】按钮，系统弹出【插入零部件】属性管理器。单击【浏览】按钮，系统弹出【打开】对话框。在练习文件目录中选择"lianjiejian"零件，单击【打开】按钮。在图形窗口中放置零件，位置如图 6-23 所示。

（11）单击【装配体】工具栏上的【配合】按钮，系统弹出【配合】属性管理器。选择【标准配合】选项组中的【同轴心】，然后选取如图 6-24 所示的两个圆柱面，单击快捷菜单中的【反转配合对齐】按钮，然后单击【确定】按钮，则两零件以同轴心配合方式配合。

选取的圆柱面

图 6-23　放置零件　　　　　　　　　　　　　　图 6-24　选取的圆柱面

（12）选择【标准配合】选项组中的【相切】，然后选取如图 6-25 所示的平面和圆柱面，单击【确定】按钮完成配合。单击【关闭】按钮，退出此阶段的零件配合。

（13）选择【装配体】工具栏上的【插入零部件】按钮，系统弹出【插入零部件】属性管理器。单击【浏览】按钮，系统弹出【打开】对话框。在练习文件目录中选择"shoubingjian"零件，单击【打开】按钮。在图形窗口中放置零件。

（14）单击【装配体】工具栏上的【配合】按钮，系统弹出【配合】属性管理器。选择【标准配合】选项组中的【重合】，选取如图 6-26 所示的平面，单击【确定】按钮完成配合。选择【标准配合】选项组中的【同轴心】，然后选取如图 6-27 所示的两个圆柱面，单击【确定】按钮完成配合。选择【标准配合】选项组中的【同轴心】，然后选取如图 6-28 所示的两个圆柱面，单击【确定】按钮完成配合。结果如图 6-29 所示。单击【关闭】按钮，退出此阶段的零件配合。

（15）单击【装配体】工具栏上的【插入零部件】按钮，系统弹出【插入零部件】属性管理器。单击【浏览】按钮，系统弹出【打开】对话框。在练习文件目录中选择"tao"零件，单击【打开】按钮。在图形窗口中放置零件。

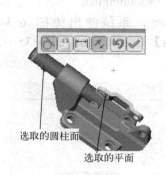

图 6-25 选取的平面和圆柱面

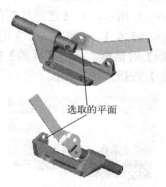

图 6-26 选取的平面

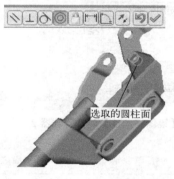

图 6-27 选取的圆柱面

图 6-28 选取的圆柱面

图 6-29 完成配合后的结果

（16）单击【装配体】工具栏上的【配合】按钮🖇，系统弹出【配合】属性管理器。选择【标准配合】选项组中的【重合】🖈，选取如图 6-30 所示的平面，单击【确定】按钮✔完成配合。选择【标准配合】选项组中的【同轴心】◎，然后选取如图 6-31 所示的两个圆柱面，单击【确定】按钮✔完成配合。单击【关闭】按钮✖，退出此阶段的零件配合。

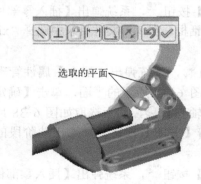

图 6-30 选取的平面

图 6-31 选取的圆柱面

（17）单击【装配体】工具栏上的【镜像零部件】按钮⊮，系统弹如图 6-32 所示的

【镜像零部件】属性管理器。选择【前视】基准面为镜像基准面，在图形区选择"shoubingjian"和"lianjiejian"两个零件，单击【下一步】按钮 ⊙，【镜像零部件】属性管理器如图 6-33 所示，在【定向零部件】选项组中选择"shoubingjian"零件，然后单击【生成相反方位版本】按钮 ，单击【确定】按钮 ✓，系统弹出如图 6-34 所示的【SolidWorks】对话框。单击【取消】按钮，【SolidWorks】对话框变为如图 6-35 所示。连续单击【确定】按钮，结果如图 6-36 所示。

图 6-32 【镜像零部件】属性管理器 1

图 6-33 【镜像零部件】属性管理器 2

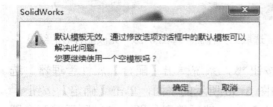

图 6-34 【SolidWorks】对话框 1

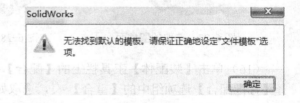

图 6-35 【SolidWorks】对话框 2

（18）单击【装配体】工具栏上的【插入零部件】按钮 ，系统弹出【插入零部件】属性管理器。单击【浏览】按钮，系统弹出【打开】对话框。在练习文件目录中选择"xiao1"零件，单击【打开】按钮。在图形窗口中放置零件。

（19）单击【装配体】工具栏上的【配合】按钮 ，系统弹出【配合】属性管理器。选择【标准配合】选项组中的【重合】 ，选取如图 6-37 所示的平面，单击【确定】按钮 ✓ 完成配合。选择【标准配合】选项组中的【同轴心】 ，然后选取如图 6-38 所示的两个圆柱面，单击【确定】按钮 ✓ 完成配合。单击【关闭】按钮 ✖，退出此阶段的零件配合。

（20）单击【装配体】工具栏上的【插入零部件】按钮 ，系统弹出【插入零部件】属性管理器。单击【浏览】按钮，系统弹出【打开】对话框。在练习文件目录中选择"xiao2"零件，单击【打开】按钮。在图形窗口中放置零件。

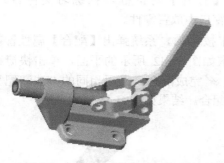

图 6-36 【镜像零部件】后的结果 　　　　　　　　图 6-37 选取的平面

（21）单击【装配体】工具栏上的【配合】按钮，系统弹出【配合】属性管理器。选择【标准配合】选项组中的【重合】，选取如图 6-39 所示的平面，单击【确定】按钮完成配合。选择【标准配合】选项组中的【同轴心】，然后选取如图 6-40 所示的两个圆柱面，单击【确定】按钮完成配合。单击【关闭】按钮，退出此阶段的零件配合。

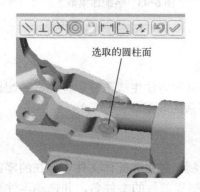

图 6-38 选取的圆柱面 　　　　　　　　　　图 6-39 选取的平面

（22）采用步骤（19）和（20）相同的方法在另一个地方装配"xiao1"零件，结果如图 6-41 所示。

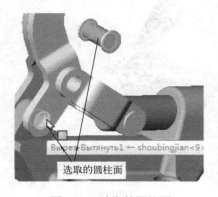

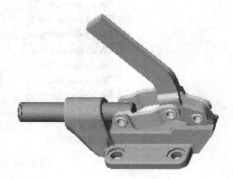

图 6-40 选取的圆柱面 　　　　　　　　　　图 6-41 装配体模型

（23）单击【装配体】工具栏上的【插入零部件】按钮，系统弹出【插入零部件】属性管理器。单击【浏览】按钮，系统弹出【打开】对话框。在练习文件目录中选择"shoubing"零件，单击【打开】按钮。在图形窗口中放置零件。

（24）单击【装配体】工具栏上的【配合】按钮🖉，系统弹出【配合】属性管理器。选择【标准配合】选项组中的【重合】🖉，选取如图 6-42 所示的平面，单击快捷菜单中的【反转配合对齐】按钮🖉，单击【确定】按钮✔完成配合。采用相同的方法装配另外两个面。单击【关闭】按钮✖，退出此阶段的零件配合。结果如图 6-43 所示。

图 6-42 选取的平面

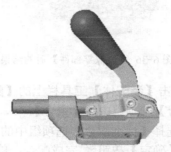

图 6-43 装配体模型

6.3 装配中的零部件操作

装配中的零部件操作包括：利用复制、镜像或阵列等方法生成重复零件；在装配体中修改已有的零部件；通过隐藏/显示零部件的功能简化复杂的装配。

6.3.1 零部件的复制

与其他 Windows 软件相同，SolidWorks 可以复制已经在装配体文件中存在的零部件。按住〈Ctrl〉键，在特征管理器设计树中，选择需复制零部件的文件名，并拖动零件至绘图区中需要的位置后，释放鼠标，即可实现零部件的复制，此时，可以看到在特征管理器设计树中添加一个相同的零部件，在零件名后存在一个引用次数的注释，如图 6-44 所示。

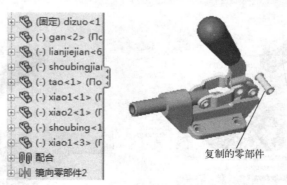

图 6-44 零部件的复制

6.3.2 圆周零部件阵列

可以在装配体中生成一零部件的圆周阵列。生成圆周零部件阵列的操作步骤如下：

（1）选择【插入】|【圆周零部件阵列】菜单命令或者单击【装配体】工具栏中的【圆周零部件阵列】按钮，系统弹出如图 6-45 所示的【圆周阵列】属性管理器。

（2）为阵列轴选择一基准轴或线性边线。阵列绕此轴旋转。

（3）在【角度】文本框中输入角度。此为实例中心之间的圆周角度值。

（4）在【实例数】文本框中输入阵列的个数。此为包括源零部件的实例总数。

（5）选中【等间距】复选框，将角度设定为 360°。可将数值更改到一不同角度。实例会沿总角度均等放置。

（6）在要阵列的零部件中单击，然后选择源零部件。

（7）若想跳过实例，在【可跳过的实例】选项组中单击，然后在图形区域选择实例的预览。

（8）单击【确定】按钮，完成零部件的圆周阵列，圆周阵列的效果如图 6-46 所示。

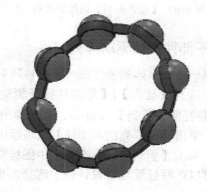

图 6-45 【圆周阵列】属性管理器　　　　　　图 6-46 圆周阵列的效果

6.3.3 线性零部件阵列

可以一个或两个方向在装配体中生成零部件线性阵列。生成零部件线性阵列的操作步骤如下：

（1）选择【插入】|【线性零部件阵列】菜单命令或者单击【装配体】工具栏中的【线性零部件阵列】按钮，系统弹出如图 6-47 所示的【线性阵列】属性管理器。

（2）在【方向 1】选项组中，需要为【阵列方向】选择一线性边线或线性尺寸；为阵列间距输入一数值，此为实例中心之间的数值；为阵列实例数输入一数值，此为包括源零部件的实例总数。

（3）定义【方向 2】为重复双向阵列，【方向 2】选项组与【方向 1】选项组相同。

（4）在【要阵列的零部件】中单击，然后选择源零部件。

（5）若想跳过实例，在【可跳过的实例】选项组中单击，然后在图形区域选择实例的预览。

（6）单击【确定】按钮，完成零部件的线性阵列，线性阵列的效果如图 6-48 所示。

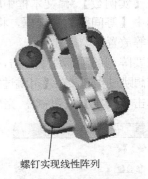

图 6-47 【线性阵列】属性管理器　　　　　图 6-48　线性阵列的效果

6.3.4　零部件特征驱动阵列

根据一个现有阵列来生成一零部件阵列。生成零部件特征驱动阵列的操作步骤如下：

（1）选择【插入】|【零部件特征驱动阵列】菜单命令或者单击【装配体】工具栏中的【零部件特征驱动阵列】按钮，系统弹出如图 6-49 所示的【特征驱动】属性管理器。

（2）单击【要阵列的零部件】选项组中图标右侧的显示框，然后选择源零部件。

（3）单击【驱动特征】选项组中图标右侧的显示框，然后选择驱动阵列。选择驱动特征时，可以在特征管理器设计树中选择，也可以在模型上选取，但是条件是模型上必须要有阵列特征。

（4）若想跳过实例，在【可跳过的实例】选项组中单击，然后在图形区域选择实例的预览。

（5）单击【确定】按钮，完成零部件的特征驱动阵列，特征驱动阵列的效果如图 6-50所示。

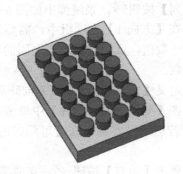

图 6-49　【特征驱动】属性管理器　　　　　图 6-50　特征驱动阵列的效果

6.3.5　镜像零部件

在同一装配文件中，有相同且对称的零部件，可以使用镜像零部件的操作来完成，镜像后的零部件既可作为源零部件的复制，也可作为另外的零部件。零部件镜像的操作步骤如下：

（1）选择【插入】|【镜像零部件】菜单命令或者单击【装配体】工具栏中的【镜像零部件】按钮，系统弹出如图 6-32 所示的【镜像零部件】属性管理器。

（2）激活【镜像基准面】列表框，选择镜像基准面或者平面。

（3）激活【要镜像的零部件】列表框，选择一个或多个需镜像或复制的零部件。其零件名将出现在该列表框中。

（4）单击【下一步】按钮，进入下一步状态，如图 6-33 所示。

（5）确定是否要生成相反方位版本，如果需要，单击【生产相反方位版本】按钮，表示零部件被镜像，镜像的零部件的几何体发生变化，生成一个真实的镜像零部件。

（6）单击【确定】按钮，完成镜像零部件。

镜像后的新零件必须重新添加装配的限制条件，但与原来被镜像的零部件已经产生了对称共享。

6.3.6　编辑零部件

在装配过程中，可能会发现零件模型间存在数据冲突。SolidWorks 提供的零件模型在零件环境、装配环境和工程图环境的数据共享。

（1）在特征管理器设计树中选择需要编辑的零件，右击，在弹出的快捷菜单中选择【编辑】命令，此时，其他零部件将呈现透明状。

（2）单击该零件前的符号，选择该零件需编辑的特征，根据需要编辑即可。

（3）完成编辑，单击【装配体】工具栏上的【编辑零部件】按钮，结束【编辑零部件】命令。或者单击绘图区右上角的按钮。

6.3.7　显示/隐藏零部件

为了方便装配和在装配体中编辑零部件，可以将影响视线的零部件隐藏起来。

1．隐藏零部件

在特征管理器设计树中选择需要隐藏的零件，右击，在弹出的快捷菜单中选择【隐藏零部件】命令，在特征管理器设计树中零部件将呈现透明状。

2．显示零部件

在特征管理器设计树中选择需要显示的零件，右击，在弹出的快捷菜单中选择【显示零部件】命令。

6.3.8　压缩零部件

为了减少工作时装入和计算的数据量，更有效地使用系统资源，可以根据某段时间内的工作范围，指定合适的零部件为压缩状态，装配体的显示和重建会更快。

1．压缩零部件

在特征管理器设计树中选择需要压缩的零件，右击，在弹出的快捷菜单中选择【压缩】命令↓■，完成压缩。

2．解除压缩

在特征管理器设计树中选择需要解除压缩的零件，右击，在弹出的快捷菜单中选择【解除压缩】命令↑■，完成解除压缩。

6.4 零件间的干涉检查

在 SolidWorks 中利用检查可以发现装配体中零部件之间的干涉。零件装配好以后，要进行装配体的干涉检查。在一个复杂的装配体中，如果想用视觉来检查零部件之间是否有干涉的情况是件困难的事。而利用干涉检查以后便可以：

（1）确定零部件之间是否干涉。

（2）显示干涉的真实体积。

（3）更改干涉和不干涉零部件的显示设定以更好看到干涉。

（4）选择忽略想排除的干涉，如紧密配合、螺纹扣件的干涉等。

（5）选择将实体之间的干涉包括在多实体零件内。

（6）选择将子装配体看成单一零部件，这样子装配体零部件之间的干涉将不报出。

（7）将重合干涉和标准干涉区分开来。

6.4.1 干涉属性

选择【工具】|【干涉检查】菜单命令或者单击【装配】工具栏中的【干涉检查】按钮📷，系统弹出如图 6-51 所示的【干涉检查】属性管理器，下面先来介绍该属性管理器中各选项的含义。

1．【所选零部件】选项组

显示为干涉检查所选择的零部件。根据默认，除非预选了其他零部件，否则顶层装配体出现。当检查一装配体的干涉情况时，其所有零部件将被检查。

【计算】按钮：单击来检查零件之间是否发生干涉。其结果显示在如图 6-52 所示的【结果】选项组中。

2．【结果】选项组

显示检测到的干涉。每个干涉的体积出现在每个列举项的右侧，当在结果下选择一干涉时，干涉将在图形区域中以红色高亮显示。

【忽略】和【解除忽略】按钮：单击为所选干涉在忽略和解除忽略模式之间转换。如果干涉设定到忽略，则会在以后的干涉计算中保持忽略。

【零部件视图】复选框：选中该复选框后，按零部件名称而不按干涉号显示干涉。

3．【选项】选项组

【选项】选项组如图 6-51 所示，其各选项的含义如下所述。

【视重合为干涉】复选框：将重合实体报告为干涉。

图 6-51 【干涉检查】属性管理器

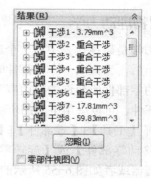

图 6-52 【结果】选项组

【显示忽略的干涉】复选框：选中以在结果清单中以灰色图标显示忽略的干涉。当取消选中时，忽略的干涉将不列举。

【视子装配体为零部件】复选框：当取消选中该复选框时，子装配体被看成为单一零部件，这样子装配体的零部件之间的干涉将不报出。

【包括多体零件干涉】复选框：选中以报告多实体零件中实体之间的干涉。

【使干涉零件透明】复选框：选中以透明模式显示所选干涉的零部件。

【生成扣件文件夹】复选框：将扣件（如螺母和螺栓）之间的干涉隔离为在结果下的单独文件夹。

4.【非干涉零部件】选项组

【非干涉零部件】选项组如图 6-51 所示。以所选模式显示非干涉的零部件，包括【线架图】、【隐藏】、【透明】和【使用当前项】4 个选项。

6.4.2　干涉检查

在移动或旋转零部件时可以检查其与其他零部件之间的冲突。软件可以检查与整个装配体或所选的零部件组之间的碰撞。

如果要检查含有装配错误的装配体，可以采用下面的步骤。

（1）选择【文件】|【打开】菜单命令，打开一幅装配体文件。

（2）选择【工具】|【干涉检查】菜单命令或者单击【装配】工具栏中的【干涉检查】按钮，系统弹出如图 6-51 所示的【干涉检查】属性管理器。

（3）在所选零部件项目中系统默认窗口内的整个装配体，单击【计算】按钮，则进行干涉检查，在干涉信息中列出发生干涉情况的干涉零件。

（4）单击清单中的一个项目时，相关的干涉体会在图形区域中被高亮显示，还会列出相关零部件的名称，如图 6-53 所示。

干涉的地方

图 6-53　干涉检查的结果

（5）单击【确定】按钮，即可完成对干涉体的干涉检查。

因为检查干涉对设计工作非常重要，所以在每次移动或旋转一个零部件后都要进行干涉检查。

6.4.3　利用物理动力学

物理动力学是碰撞检查中的一个选项，允许以现实的方式查看装配体零部件的移动。启用物理动力学后，当拖动一个零部件时，此零部件就会向其接触的零部件施加一个力。结果就会在接触的零部件所允许的自由度范围内移动和旋转接触的零部件。如果想要使用物理动力学移动零部件，可以采用下面的步骤。

（1）选择【工具】|【零部件】|【移动】或【旋转】菜单命令，或者单击【装配体】工具栏中的【移动零部件】或【旋转零部件】按钮，系统弹出如图 6-54 所示的【移动零部件】属性管理器或者如图 6-55 所示的【旋转零部件】属性管理器。

图 6-54　【移动零部件】属性管理器

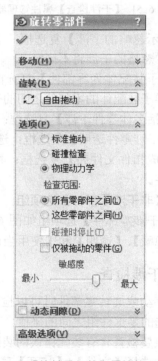

图 6-55　【旋转零部件】属性管理器

（2）在【移动零部件】属性管理器或者【旋转零部件】属性管理器中的【选项】选项组中选择【物理动力学】。

（3）移动【灵敏度】滑杆来更改物资动力检查碰撞所使用的频度。将滑杆移到右边来增加灵敏度。当设定到最高灵敏度时，软件每 0.02mm（以模型单位）就检查一次碰撞。当设定到最低灵敏度时，检查间隔为 20mm。

最高灵敏度设定用于很小的零部件，或用于在碰撞区域中具有复杂几何体的零部件。当检查大型零部件之间的碰撞时，如使用最高灵敏度，拖动将很慢。根据具体情况使用所需的灵敏度设定来查阅装配体中的运动。

（4）根据需要，指定参与碰撞的零部件：单击【这些零部件之间】单选按钮，为【供碰撞检查的零部件】选择零部件，单击【恢复拖动】按钮。在碰撞检查中选择具体的零部件可提高物资动力的性能。只选择与正在测试的运动直接涉及的那些零部件。

（5）单击【仅被拖动的零件】单选按钮来检查只与选择移动的零部件的碰撞。当消除选择时，所选择要移动的零部件以及任何由于与所选零部件配合而移动的其他零部件将都检查。

（6）在图形区域中拖动零部件。当物资动力检测到一碰撞时，将在碰撞的零件之间添加一相触力并允许拖动继续。只要两个零件相触，力将保留。当两个零件不再相触时，力被移除。

（7）单击【确定】按钮 ✔，即可完成所有的操作。

6.5　装配体的爆炸视图

为了便于直观地观察装配体之间零件与零件之间的关系，经常需要分离装配体中的零部件以形象地分析它们之间的相互关系。装配体的爆炸视图可以分离其中的零部件以便查看这个装配体。

装配体爆炸后，不能给装配体添加配合，一个爆炸视图包括一个或多个爆炸步骤，每一个爆炸视图保存在所生成的装配体配置中，每一个配置都可以有一个爆炸视图。

6.5.1　爆炸属性

选择【插入】|【爆炸视图】菜单命令或者单击【装配】工具栏中的【爆炸视图】按钮 ，系统弹出如图 6-56 所示的【爆炸】属性管理器。下面就来介绍【爆炸】属性管理器中各选项的含义。

1.【爆炸步骤】选项组

该面板中显示现有的爆炸步骤，其内容如下。

【爆炸步骤】：爆炸到单一位置的一个或多个所选零部件。

【链】：使用【拖动后自动调整零部件间距】沿轴心爆炸的两个或多个成组所选零部件。

2.【设定】选项组

【爆炸步骤的零部件】选项：显示当前爆炸步骤所选的零

图 6-56　【爆炸】属性管理器

部件。

【爆炸方向】选项：显示当前爆炸步骤所选的方向。可以单击【反向】按钮 ↗ 改变方向。

【爆炸距离】选项：显示当前爆炸步骤零部件移动的距离。

【应用】按钮：单击以预览对爆炸步骤的更改。

【完成】按钮：单击以完成新的或已更改的爆炸步骤。

3.【选项】选项组

【拖动后自动调整零部件间距】复选框：沿轴心自动均匀地分布零部件组的间距。

【调整零部件链之间的间距】选项：调整拖动后自动调整零部件间距放置的零部件之间的距离。

【选择子装配体的零件】复选框：选中此复选框可以选择子装配体的单个零部件。取消选中该复选框可以选择整个子装配体。

4.【重新使用子装配体爆炸】按钮

单击该按钮表示使用先前在所选子装配体中定义的爆炸步骤。

6.5.2　添加爆炸

如果要对装配体添加爆炸，可以采用下面的操作步骤。

（1）打开要爆炸的装配体文件，单击【装配】工具栏中的【爆炸视图】按钮 ，系统弹出如图 6-56 所示的【爆炸】属性管理器。

（2）在图形区域或弹出的特征管理器设计树中，选择一个或多个零部件以将其包含在第一个爆炸步骤中。此时操纵杆出现在图形区域中，在【爆炸】属性管理器中，零部件出现在【设定】选项组中的【爆炸步骤的零部件】列表框中。

（3）将光标移到指向零部件爆炸方向的操纵杆控标上。

（4）拖动操纵杆控标来爆炸零部件，爆炸步骤出现在【爆炸步骤】选项组下。

（5）在设定完成的情况下，单击【完成】按钮，【爆炸】属性管理器中的内容清除，而且为下一爆炸步骤作准备。

（6）根据需要生成更多爆炸步骤，为每一个零件部件或一组零件部件重复这些步骤，在定义每一步骤后，单击【完成】按钮。

（7）当对此爆炸视图满意时，单击【确定】按钮 ，即可完成爆炸操作。

6.5.3　编辑爆炸

如果对生成的爆炸图并不满意，可以对其进行修改，具体的操作步骤如下：

（1）在【爆炸】属性管理器中的【爆炸步骤】选项组下，选择所要编辑的爆炸步骤，右击，在弹出的快捷菜单中选择【编辑步骤】命令。此时在视图中，爆炸步骤中的要爆炸的零部件为绿色高亮显示，爆炸方向及拖动控标绿色三角形出现。

（2）可【爆炸】属性管理器中编辑相应的参数，或拖动绿色控标来改变距离参数，直到零部件达到所想要的位置为止。

（3）改变要爆炸的零部件或要爆炸的方向，单击相对应的方框，然后选择或取消选择所要的项目。

（4）要清除所爆炸的零部件并重新选择，在图形区域选择该零件后右击，在弹出的快捷菜单选择【清除】命令。

（5）撤销对上一个步骤的编辑，单击【撤销】按钮

（6）编辑每一个步骤之后，单击【应用】按钮。

（7）要删除一个爆炸视图的步骤，在【爆炸步骤】下右击，在弹出的快捷菜单中选择【删除】命令。

（8）单击【确定】按钮 ✅，即可完成对爆炸视图的修改。

6.6 思考与练习题

一、填空题

（1）当零部件插入装配体后，如果在零件名前有【(-)】的符号，表示该零件可以被_____，可以被_____。

（2）在装配体中对两个圆柱面进行同轴心配合时，应该选择_____。

二、问答题

（1）装配体的特征管理器设计树与零件的特征管理器设计树的差别是什么？

（2）相同的零件如果多次插入装配体中，SolidWorks 如何记录这些不同的零部件？

（3）隐藏与压缩零部件的差别是什么？

（4）可同时在多个零部件之间进行干涉检查吗？

（5）如何解除爆炸已爆炸的装配体？如何制作爆炸视图？

三、操作题

打开素材文件中的练习文件，装配如图 6-57 所示的球阀装配体。

图 6-57 球阀的装配体

第7章 工 程 图

在实际中用来指导生产的主要技术文件并不是前面介绍的三维零件图和装配体图，而是二维工程图。SolidWorks 2012 可以使用二维几何绘制生成工程图，也可将三维的零件图或装配体图变成二维的工程图。零件、装配体和工程图是互相链接的文件。通过对零件或装配体所做的任何更改会导致工程图文件的相应变更。

SolidWorks 最优越的功能是由三维零件图和装配体图建立二维的工程图。本章将要介绍的是如何将三维模型转换成各种二维工程图。利用生成的三维零件图和装配体图，可以直接生成工程图。其后便可对其进行尺寸标注，并标注表面粗糙度符号及公差配合等。

工程图文件的扩展名为.slddrw，新工程图名称是使用所插入的第一个模型的名称，该名称出现在标题栏中。

7.1 工程图概述和基本设置

工程图是表达设计者思想，以及加工和制造零部件的依据。工程图是由一组视图、尺寸、技术要求和标题栏及明细栏 4 部分内容组成。

SolidWorks 的工程图文件由相对独立的两部分组成，即图纸格式文件和工程图内容。图纸格式文件是包括工程图的图幅大小、标题栏设置、零件明细栏定位点等。这些内容在工程图中保持相对稳定。建立工程图文件时首先要指定图纸的格式。

7.1.1 新建工程图文件

新建工程图和建立零件相同，首先需要选择工程图模板文件。

（1）单击【标准】工具栏上的【新建】按钮，系统弹出【新建 SolidWorks 文件】对话框，选择【工程图】，单击【确定】按钮，系统弹出如图 7-1 所示的【模型视图】属性管理器并进入工程图环境。单击【取消】按钮 ✖️，退出【模型视图】属性管理器。

（2）在特征管理器设计树中选择【图纸】，右击，在弹出的快捷菜单中选择【属性】命令，如图 7-2 所示。系统弹出如图 7-3 所示的【图纸属性】对话框。选择一种图纸格式和比例，单击【确定】按钮。

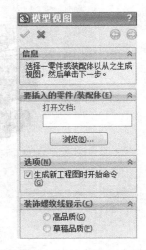

图 7-1 【模型视图】属性管理器

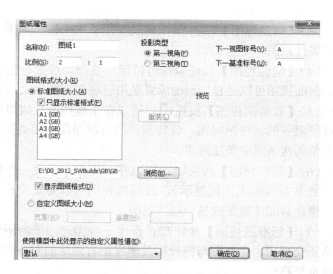

图 7-2　编辑【图纸 1】　　　　　　　　图 7-3　【图纸属性】对话框

7.1.2　【工程图】工具栏

工程图窗口与零件图、装配体窗口基本相同，也包括特征管理器设计树。工程图的特征管理器设计树中包含其项目层次关系的清单。每张图纸各有一个图标，每张图纸下有图纸格式和每个视图的图标及视图名称。

项目图标旁边的符号【+】表示它包含相关的项目，单击符号【+】即可展开所有项目并显示内容。

工程图窗口的顶部和左侧有标尺，用于画图参考。如要打开或关闭标尺的显示，可选择【视图】|【标尺】菜单命令。

【工程图】工具栏如图 7-4 所示，如要打开或关闭【工程图】工具栏，可选择【视图】|【工具栏】|【工程图】菜单命令。

图 7-4　【工程图】工具栏

下面介绍【工程图】工具栏中各选项的含义。

（1）【模型视图】按钮：当生成新工程图，或当将一模型视图插入到工程图文件中时，会出现【模型视图】属性管理器，利用它可以在模型文件中为视图选择一方向。

（2）【投影视图】按钮：投影视图为正交视图以下列 3 种视图工具生成。

【标准三视图】：前视视图为模型视图，其他两个视图为投影视图，使用在图纸属性中所指定的第一角或第三角投影法。

【模型视图】：在插入正交模型视图时，【投影视图】属性管理器出现，这样可以从工程图纸上的任何正交视图插入投影的视图。

【投影视图】：从任何正交视图插入投影的视图。

241

（3）【辅助视图】按钮🔧：辅助视图类似于投影视图，但它是垂直于现有视图中参考边线的展开视图。

（4）【剖面视图】按钮🔧：可以用一条剖切线来分割父视图在工程图中生成一个剖面视图。剖面视图可以是直切剖面或者是用阶梯剖切线定义的等距，也可以包括同心圆弧。

（5）【旋转剖视图】按钮🔧：可以在工程图中生成贯穿模型或是局部模型并与所选剖切线线段对齐的旋转剖视图。旋转剖视图与剖面视图相类似，但旋转剖面的剖切线由连接到一个夹角的两条或多条线组成。

（6）【局部视图】按钮🔧：可以在工程图中生成一个局部视图来显示一个视图的某个部分（通常是以放大比例显示）。此局部视图可以是正交视图、3D 视图、剖面视图、裁剪视图、爆炸装配体视图或另一局部视图。

（7）【标准三视图】按钮🔧：标准三视图选项能为所显示的零件或装配体同时生成三个默认正交视图。主视图与俯视图及侧视图有固定的对齐关系。俯视图可以竖直移动，侧视图可以水平移动。

（8）【断开的剖视图】按钮🔧：断开的剖视图为现有工程视图的一部分，而不是单独的视图。闭合的轮廓通常是样条曲线，用来定义断开的剖视图。

（9）【断裂视图】按钮🔧：可以在工程图中使用断裂视图（或是中断视图）。断裂视图就可以将工程图视图用较大比例显示在较小的工程图纸上。

（10）【剪裁视图】按钮🔧：除了局部视图、已用于生成局部视图的视图或爆炸视图，可以裁剪任何工程视图。由于没有建立新的视图，裁剪视图可以节省步骤。

7.1.3　图纸格式设置

当打开一幅新的工程图时，必须选择一种图纸格式。图纸格式可以采用标准图纸格式，也可以自定义和修改图纸格式。标准图纸格式包括系统属性和自定义属性的链接。

图纸格式有助于生成具有统一格式的工程图。工程图视图格式被视为 OLE 文件，因此能嵌入如位图之类的对象文件中。

1．图纸格式

图纸格式包括：图框、标题栏和明细栏，图纸格式有下面 2 种格式类型，具体说明如下。

（1）标准图纸格式。

SolidWorks 系统提供了各种标准图纸大小的图纸格式，使用时可以在【图纸属性】对话框的【标准图纸大小】清单中选择一种。其中 A 格式约相当于 A4 规格的纸张尺寸，B 格式约相当于 A3 规格的纸张尺寸，以此类推。

另外单击【图纸属性】对话框中的【浏览】按钮，在系统或网络上浏览到所需的用户模板，然后单击【打开】按钮，亦可加载用户自定义的图纸格式。

（2）无图纸格式。

选择【图纸属性】对话框的【自定义图纸大小】选项，可以定义无图纸格式，即选择无边框、标题栏的空白图纸，此选项要求指定纸张大小，也可以定义用户自己的格式。

2．修改图纸设定

纸张大小、图纸格式、绘图比例、投影类型等图纸细节在绘图时或以后都可以随时在图纸设定对话框中更改。

（1）修改图纸属性。

在特征管理器设计树中右击图纸的图标或工程图图纸的空白区域或工程图窗口底部的图纸标签，然后在弹出的快捷菜单中选择【属性】命令，系统弹出如图 7-3 所示的【图纸属性】对话框。

【图纸属性】对话框中各选项的含义如下所述。

1）【基本属性】。

【名称】文本框：激活图纸的名称，可按需要编辑名称，默认为图纸 1、图纸 2、图纸 3 等。

【比例】文本框：为图纸设定比例。注意比例是指图中图形与其实物相应要素的线性尺寸之比。

【投影类型】选项组：为标准三视图投影，选择第一视角或第三视角，国内常用的是第三视角。

【下一视图标号】文本框：指定将使用在下一个剖面视图或局部视图的字母。

【下一基准标号】文本框：指定要用作下一个基准特征符号的英文字母。

2）【图纸格式/大小】选项组。

【标准图纸大小】单选按钮：选择一标准图纸大小，或单击浏览找出自定义图纸格式文件。

【重装】按钮：如果对图纸格式作了更改，单击以返回到默认格式。

【显示图纸格式】复选框：显示边界、标题块等。

【自定义图纸大小】单选按钮：指定一宽度和高度。

3）【使用模型中此处显示的自定义属性值】下拉列表框。

如果图纸上显示一个以上模型，且工程图包含链接到模型自定义属性的注释，则选择包含想使用的属性的模型视图。如果没有另外指定，将使用插入到图纸的第一个视图中的模型属性。

（2）设定多张工程图纸。

任何时候都可以在工程图中添加图纸，选择【插入】|【图纸】菜单命令，或在图纸的空白处右击，在弹出的快捷菜单中选择【添加图纸】命令。即可在文件中新增加一张图纸。新添的图纸默认使用原来图纸的图纸格式。

（3）激活图纸。

如果想要激活图纸，可以采用下面的方法之一：

1）在图纸下方单击要激活图纸的图标。

2）右击图纸下方要激活图纸的图标，在弹出的快捷菜单中选择【激活】命令。

3）选择特征管理器设计树中的图纸标签或图纸图标，然后右击，在弹出的快捷菜单中选择【激活】命令。

（4）删除图纸。

选择特征管理器设计树中的图纸标签或图纸图标，然后右击，在弹出的快捷菜单中选择【删除】命令。要删除激活图纸还可以在图纸区域任何位置右击，然后在弹出的快捷菜单中选择【删除】命令。系统弹出如图 7-5 所示的【确认删除】对话框。单击【是】按钮，即可删除图纸。

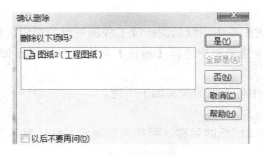

图 7-5 【删除确认】对话框

7.1.4 线型工具栏

【线型】工具栏包括线色、线粗、线型和颜色显示模式等，【线型】工具栏如图 7-6 所示。

【线色】按钮 ⚅：单击线色按钮，出现【设定下一直线颜色】对话框。可从该对话框中的调色板中选择一种颜色。

【线粗】按钮 ≣：单击线粗按钮，出现如图 7-7 所示的线粗菜单。当光标移到菜单中某线时，该线粗细的名称会在状态栏中显示。使用时从菜单选择线粗。

【线条样式】按钮 ▦：单击线型按钮，会出现如图 7-8 所示的线型菜单，当光标移到菜单中某线条时，该线型名称会在状态栏中显示。使用时从菜单中选择一种线型。

图 7-6 【线型】工具栏　　　　图 7-7 线粗菜单　　　　图 7-8 线型菜单

【颜色显示模式】按钮 ⊾：单击颜色显示模式按钮，线色会在所设定的颜色中切换。

在工程图中添加草图实体前，可先单击【线型】工具栏中的线色、线粗、线型图标，从菜单中选择所需格式，这样添加到工程图中的任何类型的草图实体，均使用指定的线型和线粗，直到重新选择另一种格式。如要改变直线、边线或草图视图的格式，可先选择要更改的直线、边线或草图实体，然后单击线型工具栏中的图标，从菜单中选择格式，新格式将应用到所选视图中。

7.1.5 图层设置

在工程图文件中，可以生成图层，为每个图层上新生成的实体指定颜色、粗细和线型。新实体会自动添加到激活的图层中，也可以隐藏或显示单个图层，另外还可以将实体从一个图层移到另一个图层。

可以将尺寸和注解（包括注释、区域剖面线、块、折断线、装饰螺纹线、局部视图图标、剖面线及表格）移到图层上；它们使用图层指定的颜色。

草图实体使用图层的所有属性。

可以将零件或装配体工程图中的零部件移动到图层。零部件线型包括一个用于为零部件选择命名图层的清单。

如果将.dxf 或.dwg 文件输入到一个工程图中，就会自动建立图层。在最初生成.dxf或.dwg 文件的系统中指定的图层信息（名称、属性和实体位置）也将保留。

如果将带有图层的工程图作为.dxf 或.dwg 文件输出，图层信息将包含在文件中。当在目标系统中打开文件时，实体都位于相同的图层上，并且具有相同的属性，除非使用映射将实体重新导向新的图层。

1．建立图层

建立图层可以按照以下步骤来操作。

（1）在工程图中单击【线型】工具栏中的【图层属性】按钮，系统弹出如图 7-9 所示的【图层】对话框。

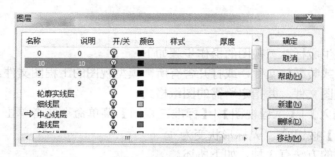

图 7-9 【图层】对话框

（2）单击【新建】按钮，然后输入新图层的名称。

（3）更改该图层默认图线的颜色、样式或粗细。

【颜色】：单击颜色下的方框，出现【颜色】对话框，从中选择一种。

【样式】：单击样式下的直线，从菜单中选择一种线条样式。

【厚度】：单击厚度下的直线，从菜单中选择线粗。

（4）单击【确定】按钮，即可为文件新建一个图层。

2．图层操作

箭头 ⇨ 指示的图层为激活图层。如果要激活图层，单击图层左侧，则所添加的新实体在激活图层中。

在【图层】对话框中，灯泡 是代表打开或关闭图层，当灯泡为黄色时图层可见。

如要要隐藏图层，单击该图层的灯泡图标，灯泡变为灰色，单击【确定】按钮完成设定。该图层上的所有图元都将被隐藏。

如要显示图层，双击灯泡变成黄色，即可显示图层中的图元。

如果要删除图层，选择图层名称然后单击【删除】按钮，即可将其删除。

如果要移动实体到激活的图层，选择工程图中的实体，然后单击【移动】按钮，即可将其移动到激活的图层。

如果要更改图层名称，单击图层名，然后输入所需的新名称即可更改名称。

7.2 创建视图

工程视图是指在图纸中生成的所有视图，在 SolidWorks 中，用户可根据需要生成各种表达零件模型的视图，如投影视图、剖面视图、局部放大视图、轴测视图等。在生成工程视图之前，应首先生成零部件或装配体的三维模型，然后根据此三维模型考虑和规划视图，如工程图由几个视图组成，是否需要剖视图等，最后再生成工程视图。

7.2.1 标准三视图

利用标准三视图命令将产生零件的 3 个默认正交视图，其主视图的投射方向为零件或装配体的前视方向，投影类型按前面章节中修改图纸设定中选定的第一视角或第三视角投影法。

生成标准三视图的方法有：标准方法、从文件中生成和拖放生成 3 种，下面分别进行介绍。

1．标准方法

利用标准方法生成标准三视图的操作步骤如下：

（1）打开零件或装配体文件，或打开含有所需模型视图的工程图文件。

（2）新建工程图文件，并指定所需的图纸格式。

（3）选择【插入】|【工程视图】|【标准三视图】菜单命令或者单击【工程图】工具栏中的【标准三视图】按钮，光标形状变为。

（4）选择模型的方法有 3 种，如下所述。

1）当零件图文件打开时，生成零件工程图，可单击零件的一个面或图形区域中任何位置，也可以单击特征管理器设计树中的零件名称。

2）当装配体文件打开时，如要生成装配体视图，可单击图形区域中的空白区域，也可以单击特征管理器设计树中的装配体名称。如要生成装配体零部件视图，单击零件的面或在特征管理器设计树中单击单个零件或子装配体的名称。

3）当包含模型的工程图打开时，在特征管理器设计树中单击视图名称或在工程图中单击视图。

（5）工程图窗口出现，并且出现标准三视图，如图 7-10 所示。

2．从文件中生成标准方法

另外还可以使用插入文件法来建立三维视图，这样就可以在不打开模型文件时，直接生成其三视图，具体操作步骤如下所述：

（1）选择【插入】|【工程视图】|【标准三视图】菜单命令或者单击【工程图】工具栏中的【标准三视图】按钮，系统弹出如图 7-11 所示的【标准三视图】属性管理器。光标形状变为。

（2）在【标准三视图】属性管理器中单击【浏览】按钮，系统弹出【打开】对话框。

（3）在【打开】对话框中，选择文件放置的位置，并选择要插入的模型文件，然后单击【打开】按钮即可。

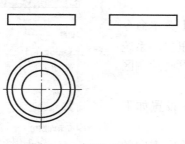

图 7-10　标准三视图　　　　　　　　图 7-11　【标准三视图】属性管理器

7.2.2　模型视图

　　模型视图是从零件的不同视角方位为视图选择方位名称。

　　打开一个工程图文件，单击【工程图】工具栏上的【模型视图】按钮，在图纸区域选择任意视图，系统弹出如图 7-12 所示的【模型视图】属性管理器，单击【等轴测】按钮，在图纸区域选择合适位置，单击，建立等轴测视图，如图 7-13 所示。

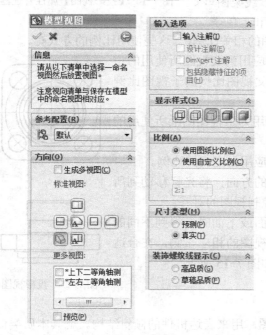

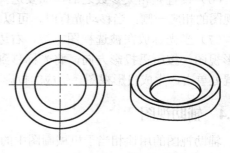

图 7-12　【模型视图】属性管理器　　　　　图 7-13　等轴测视图

7.2.3　投影视图

　　投影视图是根据已有视图，通过正交投影生成的视图。投影视图的投影法，可在图纸设定对话框中指定使用第一角或第三角投影法。

　　如果想要生成投影视图，其操作步骤如下所述：

（1）在打开的工程图中选择要生成投影视图的现有视图。

（2）选择【插入】|【工程视图】|【投影视图】菜单命令或者单击【工程图】工具栏中的【投影视图】按钮，系统弹出如图 7-14 所示的【投影视图】属性管理器。同时绘图区中光标变为形状，并显示视图预览框。

（3）在该属性管理器中的【箭头】选项组中设置如下参数。

【箭头】复选框：选中该复选框以显示表示投影方向的视图箭头（或 ANSI 绘图标准中的箭头组）。

【标号】选项：输入要随父视图和投影视图显示的文字。

（4）在【显示样式】选项组中设置如下参数：

【使用父关系样式】复选框：选中该复选框可以消除选择，以选取与父视图不同的样式和品质设定。

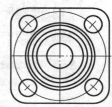

【显示样式】：这些显示方式包括如下几种：线架图、隐藏线可见、消除隐藏线、带边线上色和上色。

图 7-14 【投影视图】属性管理器

（5）根据需要在【比例】选项组中设置视图的相关比例，这些使用比例的方式有。

【使用父关系比例】选项：选择该选项可以应用为父视图所使用的相同比例。如果更改父视图的比例，则所有使用父视图比例的子视图比例将更新。

【使用图纸比例】选项：选择该选项可以应用为工程图图纸所使用的相同比例。

【使用自定义比例】选项：选择该选项可以应用自定义的比例。

（6）设置完相关参数之后，如要选择投影的方向，将光标移动到所选视图的相应一侧。当移动光标时，可以自动控制视图的对齐。

（7）当光标放在被选视图左边、右边、上面或下面时，得到不同的投影视图。按所需投影方向，将光标移到所选视图的相应一侧，在合适位置处单击，生成投影视图。生成的投影视图如图 7-15 所示。

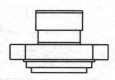

图 7-15　投影视图

7.2.4　辅助视图

辅助视图的用途相当于机械制图中的斜视图，用来表达机件的倾斜结构。就其本质类似于投影视图，是垂直于现有视图中参考边线的正投影视图，但参考边线不能水平或竖直，否则生成的就是投影视图。

辅助视图在特征管理器设计树中零件的剖面视图或局部视图的实体中不可使用。

1．生成辅助视图

如果想要生成辅助视图，其操作步骤如下所述：

（1）选择非水平或竖直的参考边线。参考边线可以是零件的边线、侧影轮廓线（转向轮廓线）、轴线或所绘制的直线。如果绘制直线，应先激活工程视图。

248

（2）选择【插入】|【工程视图】|菜单命令或者单击【工程图】工具栏中的【辅助视图】按钮🖱️，系统弹出如图 7-16 所示的【辅助视图】属性管理器。同时绘图区中光标变为🖱️形状，并显示视图预览框。

（3）在该属性管理器中设置相关参数，设置方法及其内容与投影视图中的内容相同，这里不再作详细的介绍。

（4）移动光标，当处于所需位置时，单击以放置视图。如有必要，可编辑视图标号并更改视图的方向。如图 7-17 所示为生成的辅助视图——视图 A。

如果使用了绘制的直线来生成辅助视图，草图将被吸收，这样就不能无意将之删除。当编辑草图时，还可以删除草图实体。

图 7-16 【辅助视图】属性管理器

2. 旋转视图

通过旋转视图，可以将视图绕其中心点转动任意角度，或旋转视图将所选边线设定为水平或竖直方向。

将边线设定为水平或竖直的操作步骤如下：

（1）在工程视图中选择设定的边线。

（2）选择【插入】|【对齐工程图视图】|【水平边线】或者【竖直边线】菜单命令，视图转动一角度，并将所选边线改成了水平或竖直边线。其结果如图 7-18 所示。

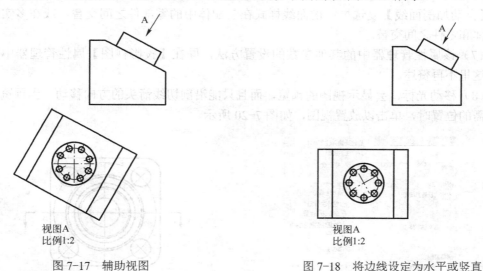

图 7-17 辅助视图　　　　　　　　　　　图 7-18 将边线设定为水平或竖直

7.2.5 剖视图

剖视图用来表达机件的内部结构。生成剖视图必须先在工程视图中绘出适当的剖切路径，在执行剖面视图命令时，系统依照指定的剖切路径，产生对应的剖视图。所绘制的路径可以是一条直线段、相互平行的线段，还可以是圆弧。

在工程实际中，根据剖切面剖切机件程度的不同分为全剖视图、半剖视图和局部剖视图。

1．生成剖视图

如果想要生成剖视图，其操作步骤如下所述：

（1）新建或者打开工程图文件，创建视图或者在工程视图中激活现有视图。

（2）选择【工具】|【草图绘制实体】|【中心线】或【直线】菜单命令，或者单击【草图】工具栏中的【中心线】按钮 ┆ 或【直线】按钮 ，绘制一条中心线或者直线作为剖切线。

（3）选取绘制的中心线或直线（如还未选取），如果是阶梯式直线段，只需选取一条。

（4）选择【插入】|【工程视图】|【剖面视图】菜单命令或者单击【工程图】工具栏中的【剖面视图】按钮 ，系统弹出如图 7-19 所示的【剖面视图】属性管理器。

（5）在【剖面视图】属性管理器中的【剖切线】选项组中设置相关参数：

【反转方向】复选框：选择以反转切除的方向。

【标号】 文本框：编辑与剖面线或剖面视图相关的字母。

【文档字体】复选框：欲为剖面线标号选择文件字体以外的字体，消除文件字体然后单击字体。如果更改剖面线标号字体，可将新的字体应用到剖面视图名称。

（6）在【剖面视图】属性管理器中的【剖面视图】选项组中设置相关参数：

【部分剖面】复选框：如果剖面线没完全穿过视图，提示信息会提示剖面线小于视图几何体，并提示是否想使之成为局部剖切。

【只显示切面】复选框：只有被剖面线切除的曲面出现在剖面视图中。

【自动加剖面线】复选框：剖面线样式在装配体中的零部件之间交替，或在多实体零件的实体和零件之间交替。

（7）该属性管理器中的其他参数的设置方法，同在【投影视图】属性管理器中设置一样，这里不再赘述。

（8）移动光标，会显示视图的预览，而且只能沿剖切线箭头的方向移动。当预览视图位于所需的位置时，单击以放置视图，如图 7-20 所示。

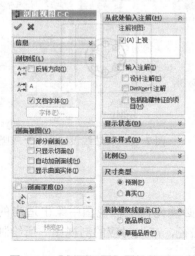

图 7-19 【剖面视图】属性管理器

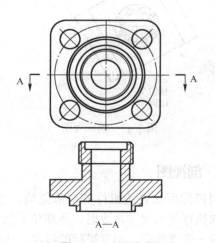

图 7-20 剖面视图

2．旋转剖视图

旋转剖视图是用来表达具有回转轴的机件内部形状，与剖面视图所不同的是旋转剖视图的剖切线至少应由两条连续线段组成，且这两条线段具有一个夹角。

生成旋转视图的步骤如下：

（1）新建或者打开工程图文件，创建视图或者在工程视图中激活现有视图。

（2）选择【工具】|【草图绘制实体】|【中心线】或【直线】菜单命令，或者单击【草图】工具栏中的【中心线】按钮或【直线】按钮。

（3）根据需要绘制相交中心线或直线段，一般情况交点与回转轴重合。并选择一条中心线或直线段。

（4）选择【插入】|【工程视图】|【旋转剖视图】菜单命令或者单击【工程图】工具栏中的【旋转剖视图】按钮，系统弹出如图 7-21 所示的【剖面视图】属性管理器。

（5）移动光标，显示视图预览。系统默认视图与所选择中心线或直线生成的剖切线箭头方向对齐。当视图位于所需位置时单击以放置视图。

如图 7-22 所示，高亮显示的视图显示了剖切线、方向箭头和标号，生成的旋转剖视图在下面。

图 7-21 【剖面视图】属性管理器

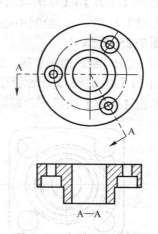

图 7-22 生成的旋转剖视图

7.2.6 半剖视图

在 SolidWorks 工程图中没有直接提供生成半剖视图的功能，但可以利用模型的配置建立模型的半剖视图，或利用阶梯剖方法建立半剖视图。

1．利用断开的剖视图方法建立半剖视图

断开的剖视图即通常所说的局部剖视图，为现有工程视图的一部分，而不是单独的视

图，在 SolidWorks 里使用【断开的剖视图】命令来生成局部剖视图。

利用断开的剖视图的方法建立半剖视图的步骤如下：

（1）打开练习文件"半剖视图.slddrw"。

（2）选择【工具】|【草图绘制实体】|【边角矩形】
菜单命令，或者单击【草图】工具栏中的【边角矩形】
按钮□。在需要做半剖视图的视图上绘制一个矩形，该
矩形包含视图的一半。

（3）选取步骤（2）绘制的矩形，然后再选择【插
入】|【工程视图】|【断开的剖视图】菜单命令或者单击
【工程图】工具栏中的【断开的剖视图】按钮，系统弹
出如图 7-23 所示的【断开的剖视图】属性管理器。

（4）在该属性管理器中设定剖切深度。在主视图选
择一个圆，单击【确定】按钮。生成的半剖视图如
图 7-24 所示。

图 7-23　【断开的剖视图】属性管理器

2．利用阶梯剖方法建立半剖视图

生成阶梯剖视图的方法与生成剖面视图的方法基本相同。不同的地方是生成剖面视图
时，绘制直线作为剖切线；生成阶梯剖视图时，绘制折线作为剖切线。

利用阶梯剖的方法建立半剖视图的步骤如下：

（1）打开练习文件"半剖视图.slddrw"。

（2）选择【工具】|【草图绘制实体】|【中心线】菜单命令，或者单击【草图】工具栏
中的【中心线】按钮。绘制中心线，要求中心线通过视图中心，且要超过视图中几何体
边线，如图 7-25 所示。

（3）按〈Ctrl〉键，选择步骤（2）绘制的中心线，单击【剖面视图】按钮，系统弹出如
图 7-19 所示的【剖面视图】属性管理器。在【剖面线】选项组中选中【反转方向】复选框。

（4）单击【确定】按钮，即可生成半剖视图。

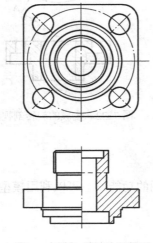

图 7-24　生成的半剖视图

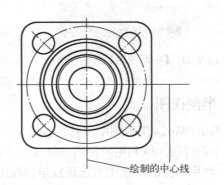

绘制的中心线

图 7-25　绘制的中心线

252

7.2.7 局部视图

在实际应用中可以在工程图中生成一种视图来显示一个视图的某个部分。局部视图就是用来显示现有视图某一局部形状的视图，通常是以放大比例显示。

局部视图可以是正交视图、3D 视图、剖面视图、裁剪视图、爆炸装配体视图或另一局部视图。

如果想要生成局部视图，其操作步骤如下所述：

（1）在工程视图中激活现有视图，在要放大的区域，用草图绘制实体工具绘制一个封闭轮廓。

（2）选择步骤（1）绘制的封闭轮廓。

（3）选择【插入】|【工程视图】|【局部视图】菜单命令或者单击【工程图】工具栏中的【局部视图】按钮，系统弹出如图 7-26 所示的【局部视图】属性管理器。

（4）在如图 7-26 所示的【局部视图】属性管理器中的【局部视图图标】选项组中设置相关参数：

【样式】选项：选择一显示样式，然后选择圆轮廓。

【圆】：若草图绘制成圆，有 5 种样式可供使用，即依照标准、断裂圆、带引线、无引线和相连 5 种。依照标准又有 ISO、JIS、DIN、BSI、ANSI 几种，每种的标注形式也不相同，默认标准样式是 ISO。

【轮廓】：若草图绘制成其他封闭轮廓，如矩形、椭圆等，样式也有依照标准、断裂图、带引线、无引线、相连 5 种，但如选择断裂圆，封闭轮廓就变成了圆。如要将封闭轮廓改成圆可选择圆选项，则原轮廓被隐藏，而显示出圆。

【标号】：文本框：编辑与局部圆或局部视图相关的字母。系统默认会按照注释视图的字母顺序依次以 A、B、C...进行流水编号。注释可以拖到除了圆或轮廓内的任何地方。

【字体】按钮：如果要为局部圆标号选择文件字体以外的字体，消除文件字体然后单击【字体】按钮。如果更改局部圆名称字体，将出现一对话框，提示是否也想将新的字体应用到局部视图名称。

（5）在如图 7-27 所示的【局部视图】属性管理器中的【局部视图】选项组中设置相关参数：

图 7-26 【局部视图】属性管理器

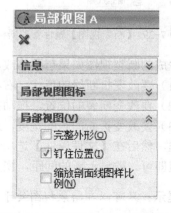

图 7-27 【局部视图】属性管理器

253

【完整外形】复选框：选中此复选框，局部视图轮廓外形会全部显示。

【钉住位置】复选框：选中此复选框，可以阻止父视图改变大小时，局部视图移动。

【缩放剖面线图样比例】复选框：选中此复选框，可根据局部视图的比例来缩放剖面线图样比例。

（6）在工程视图中移动光标，显示视图的预览框。当视图位于所需位置时，单击以放置视图。最终生成的局部视图如图 7-28 所示。

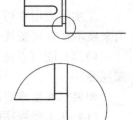

图 7-28　局部视图

7.2.8　断裂视图

对于较长的机件（如轴、杆、型材等）沿长度方向的形状一致或按一定规律变化时，可用断裂视图命令将其断开后缩短绘制，而与断裂区域相关的参考尺寸和模型尺寸反映实际的模型数值。

如果想要生成断裂视图，其操作步骤如下所述：

（1）选择工程视图。

（2）选择【插入】|【工程视图】|【断裂视图】菜单命令或者单击【工程图】工具栏中的【断裂视图】按钮，系统弹出如图 7-29 所示的【断裂视图】属性管理器。

（3）选择的视图上会出现断裂线，拖动断裂线到所需位置。

（4）单击【确定】按钮，即可生成如图 7-30 所示的断裂视图。

图 7-29　【断裂视图】属性管理器

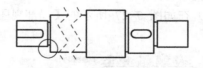

图 7-30　断裂视图

生成的断裂视图如果想要修改，可以有如下几种方法。

（1）要改变折断线的形状，右击折断线，并且从快捷键菜单中选择一种样式即可。

（2）要改变断裂的位置，拖动折断线即可。

（3）要改变折断间距的宽度，选择【工具】|【选项】菜单命令，系统弹出【系统选项】对话框，然后在【文件属性】选项卡中的【出详图】选项中设置。在折断线下为间隙输入新的数值即可。欲显示新的间距，恢复断裂视图然后再断裂视图即可。

提示：只可以在断裂视图处于断裂状态时选择区域剖面线，但不能选择穿越断裂的区域剖面线。

254

7.2.9　剪裁视图

剪裁视图是在现有视图中剪去不必要的部分，使得视图所表达的内容既简练又突出重点。

（1）打开"剪裁视图.slddrw"，双击辅助视图空白区域，激活该视图。

（2）选择【工具】|【草图绘制实体】|【圆】菜单命令，或者单击【草图】工具栏中的【圆】按钮⊙。在 A 向辅助视图中绘制封闭轮廓线，选择所绘制的封闭轮廓，如图 7-31 所示。

（3）选择【插入】|【工程视图】|【剪裁视图】菜单命令或者单击【工程图】工具栏中的【剪裁视图】按钮即可生成剪裁视图。生成的剪裁视图如图 7-32 所示。

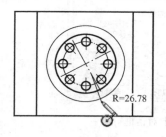

图 7-31　绘制圆

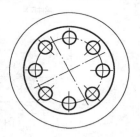

图 7-32　剪裁视图

（4）选择剪裁视图，右击，从弹出的快捷菜单中选择【剪裁视图】|【编辑剪裁视图】命令，剪裁视图进入编辑状态，编辑剪裁轮廓线，单击【标准】工具栏上的【重新建模】按钮，结束编辑。

（5）选择剪裁视图，右击，从弹出的快捷菜单中选择【剪裁视图】|【移除剪裁视图】命令，出现未剪裁视图。选择封闭轮廓圆，按〈Delete〉键，恢复视图原状。

7.3　编辑视图

7.3.1　工程视图属性

当光标移到工程视图边界的空白区域，其形状变成 时，选择某一视图并右击或在特征管理器设计树中右击工程视图名称，在弹出的快捷菜单中选择【属性】命令，系统弹出如图 7-33 所示【工程视图属性】对话框。

这里只介绍【工程视图属性】对话框中的【视图属性】选项卡中的内容，它们的含义如下所述：

（1）【视图信息】选项组：该选项组显示所选视图的名称和类型（只读）。

（2）【模型信息】选项组：该选项组显示模型名称和路径（只读）。

（3）【配置信息】选项组：该选项组下有两个选项：

【使用模型"使用中"或上次保存的配置】单选按钮：该选项为默认值。

【使用命名的配置】单选按钮：在清单中显示模型文件中命名的各种配置名称。如要使用模型的某一配置，先选择使用命名的配置选项，再从清单中选择配置。

图 7-33 【工程视图属性】对话框

（4）【零件序号】选项组。

【将零件号文本链接到指定的表格】复选框：覆写材料明细栏自动链接到工程图视图。只要材料明细栏存在且保持链接的材料明细栏被选择，SolidWorks 软件将使用所选材料明细栏来指定零件序号。如果用户附加零件序号到不位于材料明细栏配置中的零部件，则零件序号以星号（*）出现。

（5）【折断线与父视图对齐】复选框：如果断裂视图是从另一个断裂视图导出，选中此复选框来对齐两个视图中折断间距。

7.3.2　工程图规范

制作工程图虽然说可以根据实际情况进行一些变化，但这些变化也是要符合工程制图的标准。现行的标准大都采用国际标准，也就是 ISO 标准，下面就来介绍在 SolidWorks 中如何对工程图进行规范化设置。

选择【工具】|【选项】菜单命令，系统弹出如图 7-34 所示的【系统选项】对话框。

【系统选项】对话框中各选项的含义在前面的章节中已经介绍过，下面仅简单介绍其中的部分选项。

【在插入时消除复制模型尺寸】复选框：当选中此复选框时（默认值），复制尺寸在模型尺寸被插入时不插入工程图。

【默认标注所有零件/装配体尺寸以输入到工程图中】复选框：当被选中时，则指定将插入尺寸自动放置于距视图中的几何体适当距离处。

【自动缩放新工程视图比例】复选框：新工程视图会调整比例以适合图纸的大小，而不考虑所选的图纸大小。

【拖动工程视图时显示内容】复选框：选中此复选框时，将在拖动视图时显示模型。未选中此复选框时，则拖动时只显示视图边界。

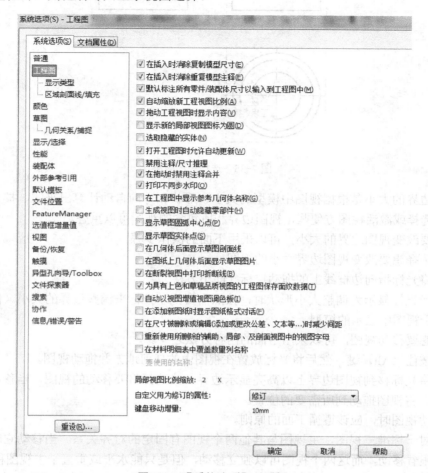

图 7-34 【系统选项】对话框

【选取隐藏的实体】复选框：当被选中时，可以选择隐藏（移除）的切边和边线（已经手动隐藏的）。当指针经过隐藏的边线时，边线将会以双点画线显示。

【在工程图中显示参考几何体名称】复选框：如果被选中，当参考几何实体被输入工程图中时，其名称将显示。

【生成视图时自动隐藏零部件】复选框：如被选中，装配体的任何在新的工程视图中不可见的零部件将隐藏并列举在【工程视图属性】对话框中的【隐藏/显示零部件】选项卡中。零部件出现，所有零部件信息被装入。零部件名称在特征管理器设计树中透明。

【显示草图圆弧中心点】复选框：如被选中，草图圆弧中心点在工程图中显示。

7.3.3 选择与移动视图

选取某一视图，被选择的视图边框呈虚线，如图 7-35 所示，视图的属性出现在相应视图的属性管理器中。要想退出选择，单击此视图以外的区域即可。选择视图还可以在特征管理器设计树中直接单击视图名称。

图 7-35 选择视图效果

视图边界的大小是根据视图中模型的大小、形状和方向自动计算出来的。扩大视图边界可以使得选择或激活视图方便些，视图边界和所包含的视图可以重叠。

如果要改变视图边界的大小，可以采用下面的操作步骤。

（1）选择想要改变视图边界大小的视图。

（2）将光标指向边框线上的拖动控标（即小方格）。

（3）当光标显示为调整大小形状时，按照需要拖动控标来调整边界的大小。但不能使视图边界小于视图中显示的模型。

如果想要移动视图，可以采用下面的两种方法之一。

（1）按住〈Alt〉键，然后将光标放置在视图中的任何地方并拖动视图。

（2）将光标移到视图边界上以高亮显示边界，或选择将要移动的视图，当移动光标出现形状时，将视图拖动到所需要的位置。

在移动视图时，应该遵循下面的原则。

（1）对于标准三视图，主视图与其他两个视图有固定的对齐关系。当移动它时，其他的视图也会跟着移动，而这两个视图可以独立移动，但是只能水平或垂直于主视图移动。

（2）辅助视图、投影视图、剖面视图和旋转剖视图与生成它们的母视图对齐，并只能沿投影的方向移动。

（3）断裂视图遵循断裂之前的视图对齐状态。剪裁视图和交替位置视图保留原视图的对齐。

（4）命名视图、局部视图、相对视图和空白视图可以在图纸上自由移动，不与任何其他视图对齐。

（5）子视图相对于父视图而移动。若想保留视图之间的确切位置，在拖动时按住〈Shift〉键。

7.3.4 视图锁焦

如要固定视图的激活状态，不随光标的移动而变化，此时就需要将视图锁定。

将视图锁定时，首先选取某一视图，右击，然后在弹出的快捷菜单中选择【视图锁焦】命令，如图 7-36 所示，激活的俯视图被锁定。被锁定的视图边界显示粉红色，如图 7-37 所示。

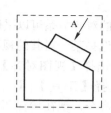

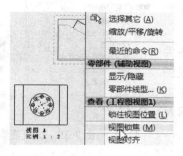

图 7-36　快捷菜单

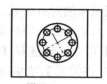

视图A
比例1:2

图 7-37　被锁定的视图

这时在图纸上绘制草图实体，例如在工程图中绘制了一个圆，不论此实体离俯视图的距离有多远，都属于该视图上的草图实体。因此视图锁焦确保了要添加的项目属于所选视图。

如要回到动态激活模式，在活视图边界内的空白区，单击鼠标右键，然后在弹出的快捷菜单中选择【解除视图锁焦】命令。

7.3.5　更新视图

如果想在激活的工程图中更新视图，需要指定自动更新视图模式。用户可以通过设定选项来指定视图是否在打开工程图时更新。值得注意的是，不能激活或编辑需要更新的工程视图。更新视图有如下 3 种方式。

（1）更改当前工程图中的更新模式。

在特征管理器设计树顶部的工程图图标上右击，然后在弹出的快捷菜单中选择【自动更新视图】，如图 7-38 所示。

（2）手动更新工程视图。

在特征管理器设计树顶部的工程图图标上右击，在弹出的快捷菜单中取消选择【自动更新视图】，然后选择【编辑】|【更新所有视图】菜单命令。

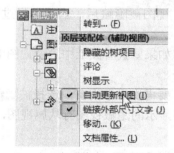

图 7-38　选择或取消选择【自动更新视图】

（3）在打开工程图时自动更新。

选择【工具】|【选项】菜单命令，系统弹出【系统选项】对话框，单击【系统选项】选项卡中的【工程图】选项，然后选中【打开工程图时允许自动更新】复选框。

7.3.6　对齐视图

1. 解除对齐关系

对于已对齐的视图，只能沿投影方向移动，但也可以解除对齐关系，独立移动视图。要解除视图的对齐关系可以采用下面的步骤：

（1）选择某一对其的视图，右击，系统弹出如图 7-39 所示的快捷菜单。

（2）选择【视图对齐】|【解除对齐关系】菜单命令，或选择【工具】|【对齐视图】或【解除对齐关系】菜单命令，现在俯视图可以独立移动了，解除视图对齐关系后可以任意地移动视图。

（3）如要再回到原来的对齐关系，选取解除对齐关系的视图，右击，然后从弹出的快捷菜单中选择【视图对齐】|【默认对齐】命令，或选择【工具】|【对齐工程图视图】|【默认对齐关系】菜单命令，视图重回对齐状态。

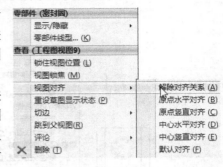

图 7-39　快捷菜单

2．对齐视图

对于默认为未对齐的视图，或解除了对齐关系的视图，可以更改对齐关系。使一个视图与另一个视图对齐的操作步骤如下：

选择需要对齐的视图，右击，从弹出的快捷菜单中选择【视图对齐】|【原点水平对齐】或【原点竖直对齐】命令。

7.3.7　隐藏和显示视图

工程图中的视图可以被隐藏或显示，隐藏视图的操作步骤如下：

（1）选择要隐藏的视图，然后右击或右击特征管理器设计树中视图的名称。

（2）从弹出的快捷菜单中选择【隐藏】命令。如果该视图有从属视图（如局部、剖面视图等），则会出现对话框询问是否也要隐藏从属视图。

（3）视图被隐藏后，当光标经过隐藏的视图时，光标形状变为☐，并且视图边界高亮显示。

（4）如果要查看图纸中隐藏视图的位置但并不显示它们，选择【视图】|【被隐藏视图】菜单命令。

（5）要再次显示视图，选择被隐藏的视图，右击，从弹出的快捷菜单中选择【显示】命令。当要显示的隐藏视图有从属视图，则会出现对话框询问是否也要显示从属视图。

7.4　工程图尺寸标注

利用 SolidWorks 生成工程图之后，要对工程图添加相关的注解。对于一张完整的工程图而言，图纸除了具有尺寸标注之外，还应包括与图纸相配合的技术指标等注解，如：如几何公差（旧称几何公差）、表面粗糙度和技术要求等。

在 SolidWorks 文件中，既可以在零件文件中添加注解，也可以在装配体文件中添加注解，注解的操作方式与尺寸相似。SolidWorks 工程图中的尺寸标注是模型相关联的，在模型中更改尺寸和在工程图中更改尺寸具有相同的效果。

建立特征时标注的尺寸和由特征定义的尺寸（如拉伸特征的深度尺寸、阵列特征的间距等）可以直接插入到工程图中。在工程图中可以使用标注尺寸工具添加其他尺寸，但这些尺寸是参考尺寸，是从动的。就是说，在工程图中标注的尺寸是受模型驱动的。

7.4.1 设置尺寸选项

工程视图中尺寸的规格尽量根据我国国标 GB 标注。在标注尺寸前，先要设置尺寸选项。设置尺寸选项的操作步骤如下：

（1）选择【工具】|【选项】菜单命令，系统弹出【系统选项】对话框。单击打开【文档属性】选项卡。

（2）单击【尺寸】选项，设置尺寸线、尺寸界线和箭头样式。

（3）单击【注解】选项，单击【字体】按钮，系统弹出如图 7-40 所示的【选择字体】对话框。设置文字字体，单击【确定】按钮。

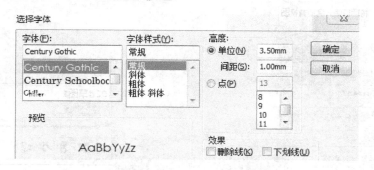

图 7-40 【选择字体】对话框

（4）有些选项按照国标标准设置，有些选项设置可采用系统默认值，设置完毕后，单击【确定】按钮。

7.4.2 插入模型项目

在工程图中标注尺寸，一般先将生成每个零件特征时的尺寸插入到各个工程视图中，然后通过编辑、添加尺寸，使标注的尺寸达到正确、完整、清晰和合理的要求。插入的模型尺寸属于驱动尺寸，能通过编辑参考尺寸的数值来更改模型。

1. 插入模型尺寸

打开 SolidWorks 工程图文件，选择需要插入模型尺寸的视图，单击【注解】工具栏上的【模型项目】按钮，系统弹出如图 7-41 所示的【模型项目】属性管理器。单击【来源/目标】选项组，在【来源】下拉列表框中选择【整个模型】选项或者【所有特征】选项，选中【将项目输入到所有视图】复选框；在【尺寸】选项组中选中【消除重合】复选框，单击【确定】按钮。

2. 调整尺寸

调整尺寸操作步骤如下：

（1）双击需要修改的尺寸，系统弹出如图 7-42 所示的【修改】对话框。在【修改】对话框中输入新的尺寸值，可修改尺寸。

（2）在工程视图中拖动尺寸文本，可以移动尺寸位置，调整到合适位置。

（3）在拖动尺寸时按住〈Shift〉键，可将尺寸从一个视图移动到另一个视图中。

（4）在拖动尺寸时按住〈Ctrl〉键，可将尺寸从一个视图复制到另一个视图中。

（5）选择尺寸，右击，在弹出的快捷菜单中选择【显示选项】下的相关命令，更改显示方式。

（6）选择需要删除的尺寸，按〈Delete〉键即可删除指定尺寸。

图 7-41 【模型项目】属性管理器

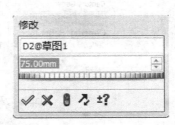

图 7-42 【修改】对话框

7.4.3 标注从动尺寸

添加到工程图文件中的尺寸，属于参考尺寸，并且是从动尺寸，不能通过编辑参考尺寸的数值来更改模型。当模型更改时，参考尺寸值也会更改。

1. 标注从动尺寸

打开"标注从动尺寸.slddrw"，单击【注解】工具栏上的【智能尺寸】按钮，选择边线标注尺寸，如图 7-43 所示。在选择边线时，如果可以选择一条边，就选择需要标注的边线；如需要标注的边线不好选择，则可以选择与该边垂直的两端边线。

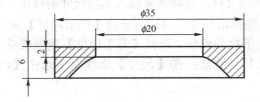

图 7-43 标注从动尺寸

2. 添加直径符号

单击需添加直径符号的尺寸，系统弹出如图 7-44 所示的【尺寸】属性管理器中，在【标注尺寸文字】选项组中，单击【直径】按钮∅，添加直径符号，如图 7-44 所示。

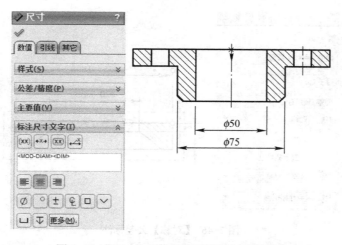

图 7-44 【尺寸】属性管理器和添加直径符号

7.4.4 标注尺寸公差

在【尺寸】属性管理器中设置尺寸公差,并可在图纸中预览尺寸和公差。

1. 双边公差

打开"公差.slddrw",选中"$\phi20$"尺寸,系统弹出【尺寸】属性管理器。单击【公差/精度】选项组,在【公差类型】下拉列表框中选择【双边】选项,在【上限】文本框内输入0.008,在【下限】文本框内输入 0.013,【单位精度】下拉列表框中选择【.123】选项,如图 7-45 所示,单击【确定】按钮 ✓。

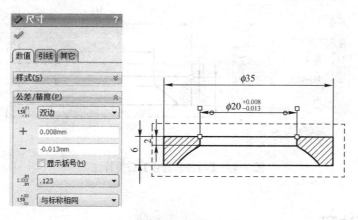

图 7-45 【双边】公差标注

2. 对称公差

打开"公差.slddrw",选择"$\phi35$"尺寸,系统弹出【尺寸】属性管理器。单击【公差/精度】选项组,在【公差类型】下拉列表框中选择【对称】选项,在【最大变量】文本框内输入 0.008,【单位精度】下拉列表框中选择【.123】选项,如图 7-46 所示,单击【确定】按钮 ✓。

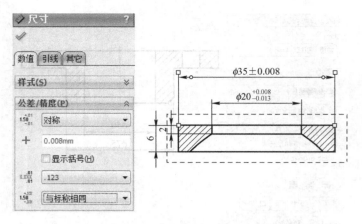

图 7-46 【对称】公差标注

3．与公差套合

打开"公差.slddrw"，选中"ϕ35"尺寸，系统弹出【尺寸】属性管理器，单击【公差/精度】选项组，在【公差类型】下拉列表框中选择【套合】选项，在【分类】下拉列表框中选择【用户定义】选项，在【孔套合】下拉列表框中选择【H7】选项，在【轴套合】下拉列表框中选择【j6】选项，单击【以直线显示层叠】按钮 $\frac{H7}{j6}$，如图 7-47 所示，单击【确定】按钮 。

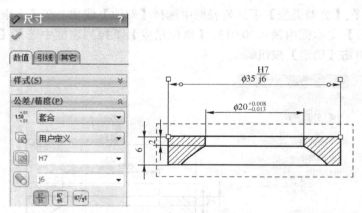

图 7-47 【与公差套合】公差标注

7.5　工程图注释

在工程图中，注释可为自由浮动或固定，也可带有一条指向某项（面、边线或顶点）的引线而放置。注释可以包含简单的文字、符号、参数文字或超文本链接。引线可能是直线、折弯线或多转折引线。

7.5.1　注释属性

将注释插入，或编辑现有注释、零件序号注释、块定义或修订符号时，离不开【注释】

属性管理器，下面就来简单介绍该属性管理器各选项的含义。

单击【注解】工具栏上的【注释】按钮 **A**，会出现如图 7-48 所示的【注释】属性管理器。下面来介绍该属性管理器中各选项的含义。

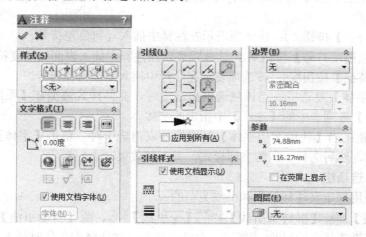

图 7-48 【注释】属性管理器

1.【样式】选项组

注释有两种常用的类型，如下所述：

1）带文字：如果在注释中输入文本并将其另存为常用注释，该文本便会随注释属性保存。当生成新注释时，选择该常用注释并将注释放在图形区域中，注释便会与该文本一起出现。

2）不带文字：如果生成不带文本的注释并将其另存为常用注释，则只保存注释属性。

【将默认属性应用到所选注释】按钮 ：该按钮表示将默认类型应用到所选注释。

【添加或更新样式】按钮 ：该按钮表示将常用类型添加到文件中。单击【添加或更新样式】按钮 ，系统弹出【输入新名称或选择现有名称】对话框，在该对话框中，输入新的名称，然后单击【确定】按钮即可将常用类型添加到文件中。

【删除样式】按钮 ：该按钮表示将常用类型删除。从设定当前常用尺寸清单中选择一样式，单击【删除样式】按钮 ，即可将常用类型删除。

【保存样式】按钮 ：该按钮表示保存一常用类型。在设定当前常用尺寸中显示一常用类型，单击【保存样式】按钮 。

【装入样式】按钮 ：该按钮表示装入常用类型。在打开对话框中浏览到合适的文件夹，然后选择一个或多个文件。装入的常用尺寸出现在设定当前常用尺寸清单中。

2.【文字格式】选项组

文字对其格式：左对齐 ，将文字往左对齐；居中 ，将文字往中间对齐；右对齐 ，将文字往右对齐。

【角度】文本框 ：该文本框表示可以输入角度数值控制文字的输入角度。正的角度逆时针旋转注释。

【插入超文本链接】按钮 ：单击该按钮表示在注释中包括超文本链接。

【链连接到属性】按钮 ：单击该按钮表示将注释链接到文件属性。

【添加符号】按钮 ：该按钮表示将指针放置在想使符号出现的注释文字框中，然后单击添加符号。符号的名称显示在文字框中，但实际符号显示在注释之中。

【锁定/解除锁定注释】按钮 ：将注释固定到位，当编辑注释时，可以调整边界框，但不能移动注释本身。

【插入几何公差】按钮 ：该选项表示在注释中插入几何公差符号。

【插入表面粗糙度符号】按钮 ：该选项表示在注释中插入表面粗糙度符号。

【插入基准特征】按钮 ：该选项表示在注释中插入基准特征符号。

【使用文档字体】复选框：当该复选框被选中时，文件样式遵循在【系统选项】对话框中的【文件属性】选项卡中的【注释】中指定的字体。

【字体】按钮：当【使用文档字体】复选框被取消选中时，单击【字体】按钮可以打开选择字体对话框，然后选择一新的字体样式、大小及效果。

3.【引线】选项组

引线样式是用来定义注释箭头和引线类型的。

单击【引线】 、【多转折引线】 、【无引线】 、或【自动引线】 样式确定是否选择引线。如果选择自动引线 样式，自动引线在附加注释到实体时插入引线。

选择【引线靠左】 、【引线向右】 、或【引线最近】 ，确定引线的位置。

单击【直引线】 、【折弯引线】 ，或【下划线引线】 确定引线样式。可在生成注释时从快捷键菜单添加多转折引线。

从【箭头样式】下拉列表框中选择一箭头样式。

【应用到所有】复选框：选中该复选框时，将更改应用到所选注释的所有箭头。如果所选注释有多条引线，而自动引线没有被选择，可以给每个单独引线使用不同的箭头样式。

4.【引线样式】选项组

引线样式用来定义引线类型和大小。

【样式】选项：指定边界（包揽文字的几何形状）的形状。

【大小】选项：指定文字是否紧密配合，或固定的字符数。

7.5.2 生成注释

如果想要生成注释，其操作步骤如下：

（1）单击【注解】工具栏中的【注释】按钮 **A**，或选择【插入】|【注解】|【注释】菜单命令，此时光标变成 形状，系统弹出【注释】属性管理器。

（2）在【注释】属性管理器中设置相应的选项。

（3）用光标在绘图区适当位置拖动即生成文字输入框，在文字输入框中输入相应的文字。

（4）单击【确定】按钮 ，即可完成生成注释的操作。

7.5.3 编辑注释

如果生成的注释不能满足需要，就需要对注释进行编辑。编辑注释主要有下面几种方法：

移动注释：光标指向注释，当光标形状变为 时，拖动注释到新的位置。

复制注释：选择注释，在拖动注释的同时，按住〈Ctrl〉键即可复制注释。

如果要编辑注释中的属性，可以右击注释，从快捷键菜单中选择【属性】命令，即可在【注释】属性管理器中修改各选项。

如要将注释修改成多引线注释，其操作步骤如下：

（1）选择注释上的箭头，在拖动引线时按住〈Ctrl〉键，当预览引线处在所需位置，释放〈Ctrl〉键，完成复制引线，复制的引线如图 7-49a 图所示。

（2）单击复制的引线，引线变为如图 7-49b 图所示。

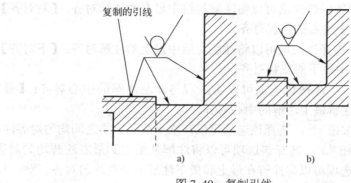

图 7-49 复制引线

为了便于美观整齐，经常需要对齐注释。如果想要对齐注释，其操作步骤如下：

（1）选择【视图】|【工具栏】|【对齐】菜单命令，会出现如图 7-50 所示的【对齐】工具栏。

图 7-50 【对齐】工具栏

（2）选择需对齐的所有注释。

（3）单击【对齐】工具栏上的工具按钮，或选择菜单栏中的【工具】|【对齐】中的相关命令，再从菜单中选择对齐工具。

如图 7-51 所示为选择【上对齐】 命令前后的对齐效果预览。

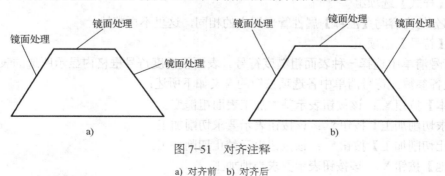

图 7-51 对齐注释

a）对齐前 b）对齐后

【对齐】工具栏提供对齐工具来对齐尺寸和注解，如注释、几何公差符号等。下面来介绍【对齐】工具栏中各按钮的含义。

　　【分组】按钮 ：选择该选项可以将注解分组，这样在将之拖动时它们可一起移动；

　　【解除组】按钮 ：选择该选项可以删除注解组，这样在将之拖动时它们自由移动。

　　【共线/径向对齐】按钮 ：选择该选项可以按线性或径向方式对齐并分组线性、径向、及角度工程图尺寸。

　　【平行/同心对齐】按钮 ：选择该选项可以按平行或同心方式对齐并分组线性、径向、及角度工程图尺寸。

　　【左对齐】按钮 ：选择该选项可以将注解与组中最左的注解对齐；【右对齐】 ：选择该选项可以将注解与组中最右的注解对齐。

　　【上对齐】按钮 ：选择该选项可以将注解与组中最上的注解对齐；【下对齐】 ：选择该选项可以将注解与组中最下的注解对齐。

　　【水平对齐】按钮 ：选择该选项可以将注解与最左注解的中心对齐；【竖直对齐】 ：选择该选项可以将注解最上注解的中心对齐。

　　【在直线之间对齐】按钮 ：选择该选项可以在水平或竖直线之间均匀对齐注解。

　　【水平均匀等距】按钮 ：选择该选项可以将注解从最左到最右注解均匀对齐；【竖直均匀等距】 ：选择该选项可以将注解在最上和最下注解中竖直均匀对齐。

　　【水平紧密等距】按钮 ：选择该选项可以将注解与最左注解的中心紧密对齐；【竖直紧密等距】 ：选择该选项可以将注解与最上注解的中心紧密对齐。

7.5.4　表面结构符号

　　使用表面结构符号表示零件表面加工的程度。可以按照 GB/T131—2006 的要求设定零件表面结构，包括基本符号、去除材料、不去除材料等。在 SolidWorks 中的零件、装配体或者工程图文件中选择面，即可为其添加表面结构符号。在 SolidWorks 中，表面结构符号是通过【表面粗糙度符号】功能来标注。

1．表面粗糙度属性

　　单击【注解】工具栏上的【表面粗糙度的符号】按钮 ，或选择【插入】|【注释】|【表面粗糙度的符号】菜单命令，系统弹出如图 7-52 所示的【表面粗糙度】属性管理器，其各选项含义如下：

　　（1）【样式】选项组。

　　该部分的内容与【注释】属性管理器中的相同，这里不再赘述。

　　（2）【符号】选项组。

　　从符号清单中选择一种表面粗糙度符号。表面粗糙度符号框格内显示所选的表面粗糙度符号以及各参数。符号清单中各选项按钮的含义如下所述：

　　【基本】按钮 ：该按钮表示基本加工表面粗糙度。

　　【要求切削加工】按钮 ：该按钮表示要求切削加工。

　　【禁止切削加工】按钮 ：该按钮表示禁止切削加工。

　　【当地】按钮 ：该按钮表示要求当地加工。

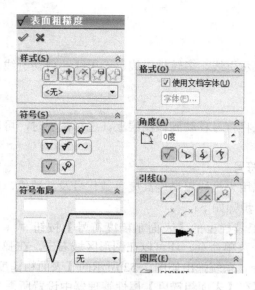

图 7-52 【表面粗糙度】属性管理器

【全周】按钮 ：该按钮表示要求全周加工。

【JIS 基本】按钮 ：该按钮表示 JIS 基本加工表面粗糙度。

【需要 JIS 切削加工】按钮 ：该按钮表示 JIS 要求切削加工。

【禁止 JIS 切削加工】按钮 ：该按钮表示 JIS 禁止切削加工。

如果选择 JIS 基本或 JIS 要求切削加工，则有数种曲面纹理可供使用。

（3）【符号布局】选项组。

对于 ANSI 符号及使用 ISO 相关标准的符号如图 7-53 所示。

对于表面粗糙度参数的标注如图 7-54 所示。

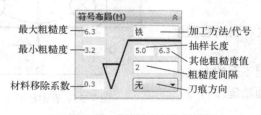

图 7-53 【符号布局】选项组

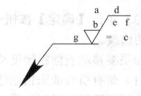

图 7-54 表面粗糙度参数

表面粗糙度参数最大值和最小值分别标注在图中的 a、b 处。表面质地的最高与最低点之间的间距标注在图中的 c 处。图中的 d 处标注加工或热处理方法代号，e 处标注样件长度即取样长度，f 为其他粗糙度值。指定加工余量，标注在图中的 g 处。

（4）【格式】选项组。

【使用文档字体】复选框：若要为符号和文字指定不同的字体，取消选中该复选框然后单击【字体】按钮。

（5）【角度】选项组。

【角度】文本框 ：为符号设定旋转角度。正的角度逆时针旋转注释。

设定旋转方式： 表示竖立， 表示旋转 90 度， 表示垂直， 表示垂直

（反转）。

（6）【引线】选项组。

该选项组包括始终显示引线、多转折引线、无引线、自动引线、直引线、折弯引线和箭头样式。

（7）【图层】选项组。

选择图层名称，可以将符号移动到该图层上。选择图层时，可以在带命名图层的工程图中选择图层。

2．插入表面粗糙度符号

表面粗糙度符号可以用来标注粗糙度高度参数代号及其数值，单位为微米。如果要插入表面粗糙度符号，其操作步骤如下：

（1）单击【注解】工具栏上的【表面粗糙度符号】按钮 √ ，或者选择【插入】|【注解】|【表面粗糙度符号】菜单命令。还可以在图形区域右击，在弹出的快捷菜单中选择【注解】|【表面粗糙度】命令。系统弹出如图7-52所示的【表面粗糙度】属性管理器。

（2）根据上面的介绍在【表面粗糙度】属性管理器中设置所需参数和选项。

（3）当表面粗糙度符号预览在图形中处于所需边线时，单击以放置符号。

（4）根据需要单击多次以放置多个相同符号。如图7-55所示为使用表面粗糙度命令生成的注解。

3．编辑表面粗糙度符号

当需要修改表面粗糙度中的内容时，可以从表面粗糙度中编辑现有符号的各项内容，操作步骤如下。

（1）选择需要编辑的表面粗糙度符号，光标变为 形状，系统弹出【表面粗糙度】属性管理器。

（2）在【表面粗糙度】属性管理器中更改各选项或参数值。

（3）单击【确定】按钮 ，即可完成对表面粗糙度内容的修改。

如果要移动表面粗糙度符号，可以采用下面的方法：

（1）带有引线或未指定边线或面的表面粗糙度符号，可拖动到工程图的任何位置。

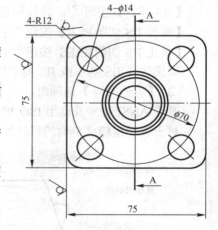

图7-55　表面粗糙度

（2）指定边线标准的表面粗糙度符号，只能沿模型拖动，当拖离边线时将自动生成一条细线延伸线。

用户可以将带有引线的表面粗糙度符号拖到任意位置。如果将没有引线的符号附加到一条边线，然后将它拖离模型边线，则将生成一条延伸线示。

提示： 用标注多引线注释的方法，可以生成多引线表面粗糙度。

7.5.5　基准特征

工程图中离不开基准特征符号，基准特征符号可以附加于以下项目：零件或装配体中的模型平面或参考基准面；工程视图中显示为边线（而非侧影轮廓线）的表面或者剖面视图表面；几何公差符号框；注释等。

1. 插入基准特征

如果要插入基准特征符号，其操作步骤如下：

（1）单击【注解】工具栏上的【基准特征】按钮 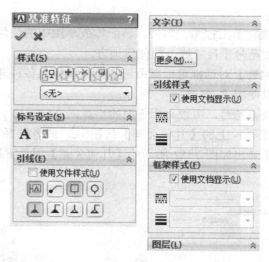，或者选【插入】|【注解】|【基准特征】菜单命令。

（2）此时系统弹出如图 7-56 所示的【基准特征】属性管理器。根据需要设置该属性管理器中的各项内容。

图 7-56 【基准特征】属性管理器

（3）在【标号设定】选项组中的【标号】**A** 中设定文字出现在基准特征框中的起始标号。

（4）设定【使用文件样式】选项。选中该复选框时，文件样式遵循在【系统选项】对话框中的【文件属性】选项卡中的【注释】中指定的字体。

每个框样式都有一组不同的附加样式，如表 7-1 所示。

表 7-1　附加样式

▢ 方形		♀ 圆形	
	实三角形		垂直
	带肩角的实三角形		竖直
	虚三角形		水平
	带肩角的虚三角形		

（5）在图形区域，当预览处于应标注的位置时，单击以放置基准特征符号。

（6）单击【确定】按钮 ✔，完成基准特征符号的标注。

2. 编辑基准特征

（1）从【基准特征】属性管理器中编辑。

从【基准特征】属性管理器中编辑符号，基本操作步骤如下：

1）单击要编辑的基准特征，系统弹出【基准特征】属性管理器。

2）在【基准特征】属性管理器中更改各选项。

3）单击【确定】按钮 ，即可完成对基准特征编辑。

（2）移动符号。

选择需要移动的基准特征，光标变为 形状时，可拖动基准符号沿基准边线移动。如果基准特征符号拖离基准边线，则会自动添加延伸线。

7.5.6　几何公差

几何公差符号可以放置于工程图、零件、装配体或草图中的任何地方，可以显示引线或不显示引线，并可以附加符号于尺寸线上的任何地方。

几何公差符号的【属性】对话框可根据所选的符号而提供各种选择。当然只有那些适合于所选符号的特性才可以使用。

如果想要生成几何公差符号，可以采用下面的步骤。

（1）单击【注解】工具栏上的【几何公差】按钮 ，或者选择【插入】|【注解】|【几何公差】菜单命令，系统弹出如图 7-57 所示的【几何公差】属性管理器和如图 7-58 所示的【属性】对话框。

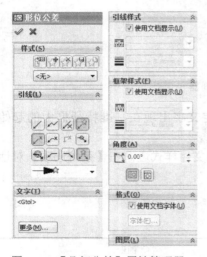

图 7-57 【几何公差】属性管理器

图 7-58 【属性】对话框

注：软件界面中的"形位公差"，在文中统一用"几何公差"表示。

（2）在几何公差【属性】对话框中，选择几何公差项目符号（平面度 、垂直度 ⊥ 等）。

（3）在相应的【公差 1】和【公差 2】文本框中输入公差值。

（4）当预览处于被标注位置时，单击以放置几何公差符号。根据需要单击多次以放置多个相同符号。

（5）单击【确定】按钮 ，完成标注。

如图 7-59 所示为生成的几何公差命令注解。

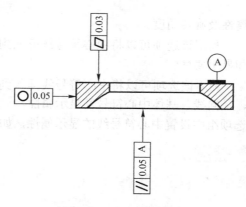

图 7-59 生成几何公差

在几何公差【属性】对话框中，其各选项的含义如下所述。

【材料条件】选项：利用该选项可以选择要插入的材料条件，材料条件中各符号的含义如表 7-2 所示。

表 7-2 材料条件符号含义

Ⓧ 直径	Ⓛ 最小材质条件	Ⓕ 自由状态
Ⓢ 无论特征大小如何	ⓈⓉ 统计	Ⓜ 最大材质条件
Ⓟ 投影公差	SⓍ 球性直径	Ⓣ 基准面

【符号】选项：利用该选项可以选择要插入的符号（平面度▱、垂直度⊥，等）。

【公差】选项：利用该选项可以为公差 1 和公差 2 输入公差值。

【主要】、【第二】、【第三】选项：利用该选项可以为主要、第二、及第三基准输入基准名称与材料条件符号。

【框】选项：利用该选项可以在几何公差符号中生成额外框。

【组合框】选项：利用该选项可以输入数值和材料条件符号。

7.5.7 中心符号线

在工程图中的圆或圆弧上经常需要将中心符号线放置在其中心上。中心符号线可作为尺寸标注的参考体。

标注中圆的中心符号线，操作步骤如下：

（1）单击【注解】工具栏上的【中心符号线】按钮⊕，或者选择【插入】|【注解】|【中心符号线】菜单命令，系统弹出如图 7-60 所示的【中心符号线】属性管理器，同时光标形状变为⊕。

在该属性管理器中可以控制中心符号线的以下属性。可用的属性根据所选择的中心符号线类型而变。

（2）在【手工插入选项】选项组中设置中心符号线的类型，各中心符号线的含义如下所述。

【单一中心符号线】┼：利用该选项可以将中心符号线插入到一单一圆或圆弧。可以用来更改中心符号线的显示属性及旋转角度。

【线性中心符号线】 ⊹ ：利用该选项可以将中心符号线插入到圆或圆弧的线性阵列。可以为线性阵列选择连接线和显示属性。

【圆形中心符号线】 ⊕ ：利用该选项可以将中心符号线插入到圆或圆弧的圆周阵列。可以为圆周阵列选择圆周线、径向线、基体中心符号及显示属性。

（3）在【显示属性】选项组中设置中心符号线的显示属性，如图7-61所示。

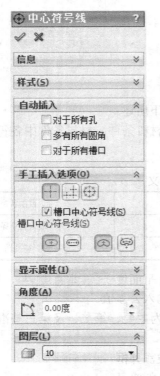

图7-60 【中心符号线】属性管理器

图7-61 【显示属性】选项组

【使用文档默认】复选框：取消选中该复选框可以更改以下在【工具】|【选项】|【文档属性】|【出详图】中所设定的属性。

【符号大小】选项：输入数值。

【延伸直线】复选框：显示延伸的轴线，在中心符号线和延伸直线之间有一缝隙。

【中心线型】复选框：以中心线型显示中心符号线。

（4）在【角度】选项组中设置符号线的角度。如果中心符号线因为视图被旋转而旋转，旋转角度将在此出现。如果需要，输入新的数值。不能为线性阵列或圆周阵列中心符号线所用。

（5）在工程图中单击圆或圆弧，中心符号线按照属性管理器中设定的属性自动显示在图形中。

（6）右击图形区域，从弹出的快捷菜单中选择其他命令，或再次单击 ⊕ 按钮，结束中心符号线标注。

如图7-62所示为使用中心符号线命令生成的注释，这里显示的是4种方式。

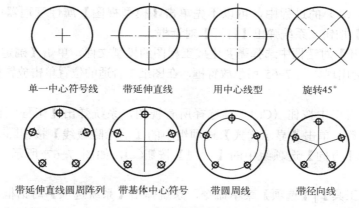

| 单一中心符号线 | 带延伸直线 | 用中心线型 | 旋转45° |

| 带延伸直线圆周阵列 | 带基体中心符号 | 带圆周线 | 带径向线 |

图 7-62 标注中心符号线

7.6 工程图实例

本实例是将如图 7-63 所示的阀盖零件转化为工程图，并添加相关注释使其成为标准的施工图，具体操作步骤如下所述：

（1）首先启动 SolidWorks，选择【文件】|【新建】菜单命令，系统弹出如图 7-64 所示的【新建 SolidWorks 文件】对话框。单击【Tutorial】选项卡，选择【draw】；再单击【模板】选项卡，选择生成工程图所需要的模板文件，单击【确定】按钮，系统弹出【模型视图】属性管理器并进入工程图环境。单击【取消】按钮 ✖，退出【模型视图】属性管理器。

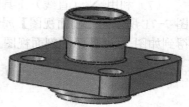

图 7-63 机械零件图

或者打开"球阀"模型文件，单击【标准】工具栏中的【从零件/装配图制作工程图】按钮 ，系统弹出如图 7-64 所示的【新建 SolidWorks 文件】对话框。单击【模板】选项卡，选择生成工程图所需要的模板文件，如图 7-64 所示。

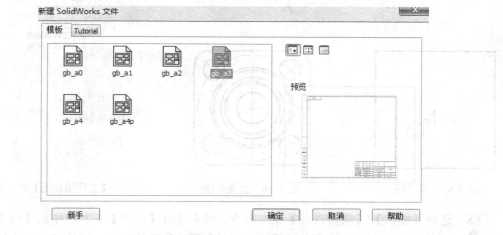

图 7-64 【新建 SolidWorks 文件】对话框

（2）在步骤（1）的过程中，可以不先单击【模型视图】属性管理器中的【取消】按钮。单击【浏览】按钮，系统弹出【打开】对话框。

（3）在【打开】对话框中选择需要生成工程图的模型文件，单击【确定】按钮，此时在工程图编辑窗口会出现如图 7-65 所示放置框，在图纸中合适的位置单击放置视图，如图 7-66 所示。

（4）在图形窗口中按住〈Ctrl〉键选择所有视图，系统弹出【工程图视图】属性管理器。设置相关参数，单击【显示样式】选项组中的【消除隐藏线】按钮⬚，此时视图将显示隐藏线；单击【方向】选项组中的【后视】按钮⬚，如图 7-67 所示，视图如图 7-68 所示。

（5）选择【工具】|【选项】菜单命令，系统弹出【系统选项】对话框，单击【文档属性】选项卡，然后在左侧的列表中选择【出详图】和【尺寸】，按照国标设置好各选项之后单击【确定】按钮。

（6）单击【视图布局】或【工程图】工具栏上的【剖面视图】按钮🔃，或选择【插入】|【工程视图】|【剖面视图】菜单命令，系统弹出如图 7-69 所示的【剖面视图】属性管理器。此时光标形状变为✎，表明【草图】工具栏中的【直线】按钮＼处于绘制状态。

（7）利用＼（直线）工具在激活的视图中绘制一条如图 7-70 所示的直线，系统弹出如图 7-71 所示的【剖面视图】属性管理器，设置各参数如图 7-71 所示，在图中拖动光标即可得到如图 7-72 所示的剖面视图。

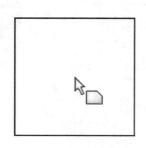

图 7-65　放置框

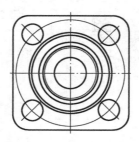

图 7-66　放置视图

图 7-67　【工程图视图】属性管理器

（8）选择【插入】|【模型项目】菜单命令，或者选择【注解】工具栏中的【模型项目】按钮🖎，系统弹出如图 7-73 所示的【模型项目】属性管理器。在该属性管理器中设置各参

数如图 7-73 所示，单击【确定】按钮✔，这时会在视图中自动显示尺寸，如图 7-74 所示。

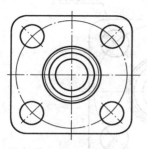

图 7-68　不显示隐藏线

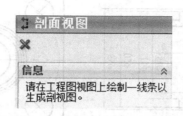

图 7-69　【剖面视图】属性管理器

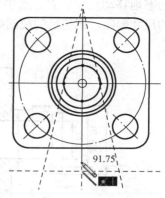

图 7-70　绘制直线

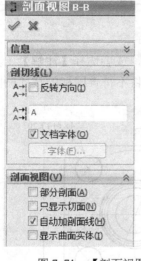

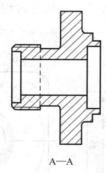

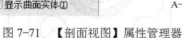

图 7-71　【剖面视图】属性管理器

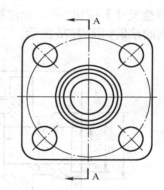

图 7-72　剖视图

图 7-73　【模型项目】属性管理器

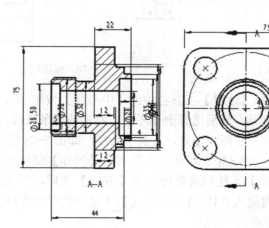

图 7-74　自动标注尺寸

（9）在视图中单击选取要移动的尺寸，按住鼠标左键移动光标位置，即可在同一视图中动态地移动尺寸位置。选中将要删除多余的尺寸，然后按键盘中的〈Delete〉键即可将多余的尺寸删除，调整后的视图如图 7-75 所示。

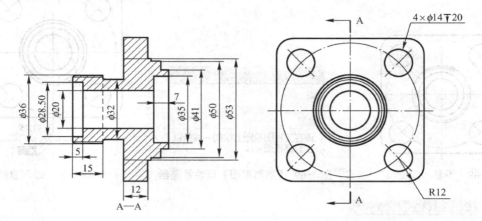

图 7-75　调整尺寸

（10）选择【工具】|【标注尺寸】|【智能尺寸】菜单命令，或者选择【注解】工具栏中的【智能尺寸】按钮 ◇ ，标注视图中的尺寸，在标注过程中将不符合国标的尺寸删除，最终得到的结果如图 7-76 所示。

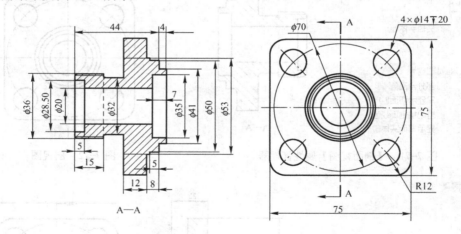

图 7-76　标注尺寸

（11）选择【注释】工具栏中的【中心线】按钮 ⊞ ，系统弹出如图 7-77 所示的【中心线】属性管理器。然后选择剖视图上下两端的两条直线，在它们之间添加中心线，然后依次拖动中心线的左右两个端点，延长中心线，如图 7-78 所示。

（12）选中 "ϕ50" 尺寸，系统弹出【尺寸】属性管理器。单击【公差/精度】选项组，在【公差类型】下拉列表框内选择【双边】选项，在【上限】文本框内输入 0.00，在【下限】文本框内输入 0.18，【单位精度】下拉列表框内选择【.12】选项，如图 7-79 所示，单击【确定】按钮 ✓ 。

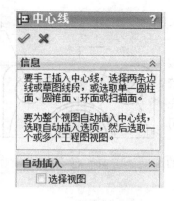

图 7-77 【中心线】属性管理器

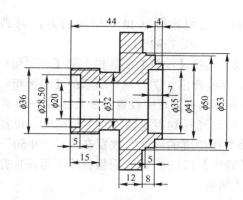

图 7-78　添加中心线

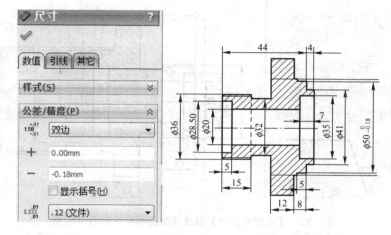

图 7-79　【尺寸】属性管理器和添加尺寸上下偏差

（13）采用与步骤（12）相同的方法添加其他尺寸的上下偏差，结果如图 7-80 所示。

（14）选中 "$\phi36$" 尺寸，系统弹出【尺寸】属性管理器。单击【标注尺寸文字】选项组，在文本框中删除直径的字符，输入 M，如图 7-81 所示，单击【确定】按钮✔。

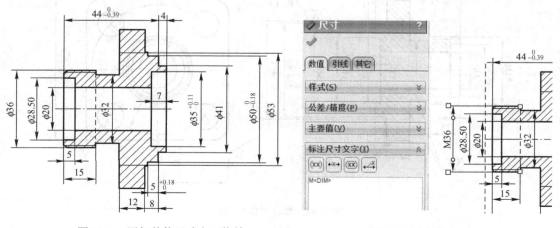

图 7-80　添加其他尺寸上下偏差　　　　　　图 7-81　修改尺寸

279

（15）采用步骤（14）相同的方法修改尺寸"4×Φ14"，结果如图 7-82 所示。

（16）选择【注解】工具栏中的【表面粗糙度符号】按钮✓，系统弹出如图 7-83 所示的【表面粗糙度】属性管理器。在该属性管理中设置各参数如图 7-83 所示，设置完成后，移动光标到需要标注表面粗糙度的位置，单击即可完成该处粗糙度的标注，放置在尺寸"Φ50"的引线上，单击【确定】按钮✓，表面粗糙度即可添加完成，结果如图 7-83 所示。

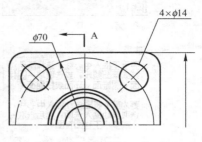

图 7-82　修改尺寸

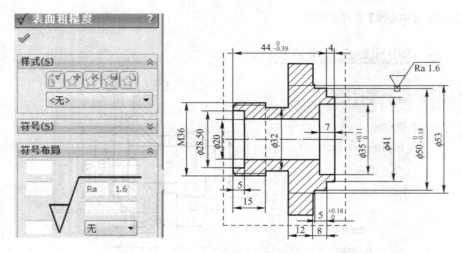

图 7-83　【表面粗糙度】属性管理器和标注表面粗糙度

（17）采用与步骤（16）相同的方法标注其他地方的表面粗糙度，最终得到的工程图如图 7-84 所示。工程图的生成到此即结束。

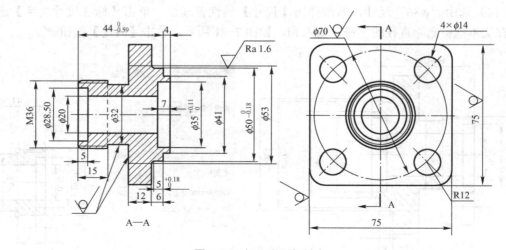

图 7-84　标注表面粗糙度

（18）出工程图已经完成，将工程图存盘退出工程图模式即可。

7.7 思考与练习题

一、填空题

（1）局部视图就是用来显示现有视图某一局部形状的视图，通常是以放大比例显示。局部视图可以是：_____、_____、_____、_____、_____爆炸装配体视图或另一局部视图。

（2）SolidWorks 2012 的工程图文件由相对独立的两部分组成，即_____和_____。

（3）图纸格式文件是包括工程图的_____、_____、_____等。

（4）标准视图是根据模型不同方向的视图建立的视图，标准视图依赖于模型的_____。

（5）作为模型插入视图中的尺寸称为_____，直接使用【尺寸标注】标注的尺寸称为_____。

二、问答题

（1）在工程图中是如何修改图纸的设定？

（2）在工程图工作窗口内如何进行工程视图属性的设置？

（3）在工程视图中是如何进行工程图对齐的设定？

（4）如何向工程图中插入标准三视图？

（5）如何在一个注释上添加多条引线？

三、操作题

（1）在本练习中首先根据如图 7-85 所示工程图建立相应的零件模型，然后将其生成工程图。

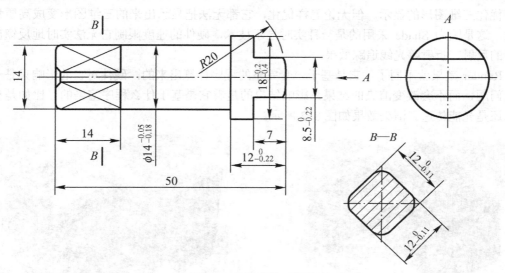

图 7-85 生成的工程图

（2）打开第 3 章素材文件中的阀体模型文件，创建生成工程图。

第8章　渲染与输出

渲染是三维制作中的收尾阶段，在进行了建模、设计材质、添加灯光或制作一段动画后，需要进行渲染，才能生成丰富多彩的图像或动画。

本章将详细介绍插件 PhotoView 的模型渲染设计功能。最后以典型实例来介绍如何渲染，以及渲染的一些基本知识。通过本章的学习，用户能够基本掌握渲染的步骤方法，并能做些简单的渲染。

8.1　PhotoView 渲染概述

只有渲染才能生成丰富多彩的图像或动画。通过渲染场景对话框来创建渲染并将它保存到文件中，也可以直接表示在屏幕内。渲染（Render），也有人把它称为着色，但工程师更习惯把 Shade 称为着色，把 Render 称为渲染。

Shade 是种显示方案，一般出现在三维软件的主要窗口中，和三维模型的线框图一样起到辅助观察模型的作用。很明显，着色模式比线框模式更容易让设计人员理解模型的结构，但它只是简单的显示而已，数字图像中把它称为明暗着色法，图 8-1 所示为模型的着色效果显示。

在 SolidWorks 软件中，还可以用 Shade 显示简单的灯光效果、阴影效果和表面纹理效果，当然，高质量的着色效果（ReaMew）是需要专业三维图形显示卡来支持的，它可以加速和优化三维图形的显示。但无论怎样优化，它都无法把显示出来的三维图形变成高质量的图像，这是因为 Shade 采用的是一种实时显示技术，硬件的速度限制它无法实时地反馈出场景中的反射、折射等光线追踪效果。

Render 效果就不同了，它是基于一套完整的程序计算出来的，硬件对它的影响只是一个速度问题，而不会改变渲染的结果，影响结果的是看它是基于什么程序渲染的，比如是光影追踪还是光能传递。渲染效果如图 8-2 所示。

图 8-1　模型着色效果显示

图 8-2　模型渲染效果显示

8.1.1 PhotoView 简介

插件 PhotoView 可以对三维模型进行光线投影处理，用于产品的渲染，能产生逼真的渲染效果图。PhotoView 360 完全集成于 SolidWorks 中，可以直接使用 SolidWorks 模型。用户可以在 SolidWorks 的零件和装配体设计环境下使用 PhotoView 进行效果渲染，但不能用于 SolidWorks 工程图环境。

利用 PhotoView 产生的真实效果渲染图，用户可以在产品展示或产品的介绍文件中增强产品的视觉效果。

PhotoView 插件的主要功能如下。

（1）直接利用 SolidWorks 模型产生真实效果图：PhotoView 直接利用 SolidWorks 建立的三维模型进行渲染，因此对 SolidWorks 进行的任何修改都将精确反映到 PhotoView 图像中。

（2）与 SolidWorks 无缝集成：PhotoView 软件是作为 SolidWorks 的动态链接库(*.dll)来执行的。在 SolidWorks 中加载 PhotoView 以后，PhotoView 的所有功能都可以从 SolidWorks 主菜单中新添的【PhotoView 360】菜单或【渲染工具】工具栏中得到。在 SolidWorks 中打开零件或装配体文件时，将在 SolidWorks 软件界面中显示【PhotoView 360】菜单和【渲染工具】工具栏。

（3）材质：在 PhotoView 中使用材质指定模型表面属性，如颜色、纹理、反射系数和透明度。PhotoView 软件提供了大量预定义的材质，用户可以直接利用选择材质进行渲染。另外，用户也可以从不同的站点上下载其他的材质，通过扫描或使用图像编辑软件建立材质。

（4）光源：使用 PhotoView 进行渲染时，用户可以使用与摄影师同样的方式添加光源。PhotoView 软件使用 SolidWorks 中定义的光源，但 PhotoView 还可以利用跟踪光线和反射技术。SolidWorks 为用户提供了不同的预定义的光源方案。

（5）布景（场景）：每一个 SolidWorks 模型都与 PhotoView 的布景相关。利用布景设置，用户可以指定如房间、环境和背景等方面的属性。通过设置布景，可以将产品放置到相关的环境中。

（6）贴图：用户可以将不同的图片（如公司的徽标）应用到模型上。

（7）输出：PhotoView 软件可以将渲染效果输出到屏幕、打印机或图像文件。

8.1.2 启动 PhotoView 插件

PhotoView 随 SolidWorks 软件安装以后不会自动出现在 SolidWorks 用户界面中，用户必须从 SolidWorks 中加载 PhotoView 插件。

在【标准】工具栏中选择【插件】菜单命令，如图 8-3 所示，系统弹出如图 8-4 所示的【插件】对话框。从【插件】对话框中选中【PhotoView 360】复选框，然后单击【确定】按钮即可启动 PhotoWorks 插件。

图 8-3　【插件】命令

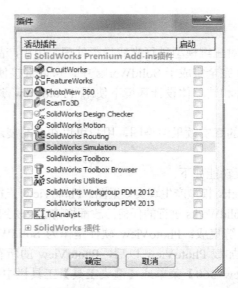

图 8-4 【插件】对话框

8.1.3 PhotoView 菜单及工具栏

当激活零件或装配体窗口时，SolidWorks 程序将显示【办公室产品】工具栏，如图 8-5 所示，通过单击工具栏中的【PhotoView 360】按钮 ⬤ 关闭和打开 PhotoView 插件。【PhotoView 360】菜单如图 8-6 所示，【渲染工具】工具栏如图 8-7 所示。【办公室产品】工具栏与其他 SolidWorks 工具栏一样，可以被移动、改变大小或固定在窗口边缘。

图 8-5 【办公室产品】工具栏

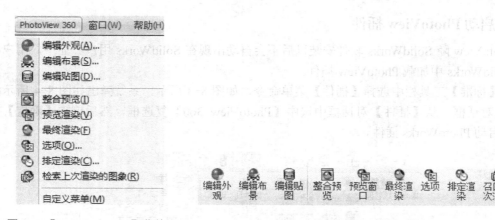

图 8-6 【PhotoView 360】菜单　　　　　　　图 8-7 【渲染工具】工具栏

8.1.4 渲染的基本步骤

使用 PhotoView 插件对模型进行渲染时，为了达到理想的渲染效果，可能需要多次重复的渲染步骤。渲染的基本步骤如下。

（1）放置模型。使用标准视图或通过放大、旋转和移动模型的位置，使需要渲染的零件或装配体处于一个理想的视图位置。

（2）应用材质。在零件、特征或模型表面上指定材质。

（3）设置布景。从 PhotoView 预设的布景库中选择一个布景，或根据要求设置背景跟场景。

（4）设置光源。从 PhotoView 预设的光源库中选择预定义的光源，或建立所需的光源。

（5）渲染模型。在屏幕中渲染模型并查看渲染效果。

（6）后处理。PhotoWorks 输出的图像可能不是最终的要求，用户可以将输出的图像用于其他应用程序，以达到更加理想的效果。

8.2 设置布景、光源、材质和贴图

8.2.1 设置布景

布景是由环绕 SolidWorks 模型的虚拟框或者球形组成，可以调整布景壁的大小和位置。同时还可以为每个布景壁切换显示状态和反射度，并将背景添加到布景中。

选择【PhotoView 360】|【编辑布景】菜单命令或者单击【渲染工具】工具栏中的【编辑布景】按钮，系统弹出如图 8-8 所示的【编辑布景】属性管理器。

图 8-8 【编辑布景】属性管理器

a)【基本】选项卡　b)【高级】选项卡

1.【基本】选项卡

【基本】选项卡如图 8-8a 所示。

（1）【背景】选项组。

随布景使用背景图像，这样在模型背后可见的内容与由环境所投射的反射不同。背景类

型下拉列表框中包括【无】、【颜色】、【梯度】、【图像】和【使用环境】。

【无】：将背景设定到白色。

【颜色】：将背景设定到单一颜色。

【梯度】：将背景设定到由顶部渐变颜色和底部渐变颜色所定义的颜色范围。

【图像】：将背景设定到选择的图像。

【使用环境】：移除背景，从而使环境可见。

【保留背景】复选框：在背景类型是彩色、渐变或图像时可供使用。

（2）【环境】选项组。

选取任何球状映射为布景环境的图像。

（3）【楼板】选项组。

【楼板反射度】复选框：在楼板上显示模型反射。

【楼板阴影】复选框：在楼板上显示模型所投射的阴影。

【将楼板与此对齐】下拉列表框：将楼板与基准面对齐。

【反转楼板方向】按钮 ：绕楼板移动虚拟天花板180度。

【楼板等距】文本框：将模型高度设定到楼板之上或之下。

【反转等距方向】按钮 ：交换楼板和模型的位置。

2.【高级】选项卡

【高级】选项卡如图8-8b所示。

（1）【楼板大小/旋转】选项组。

【固定高宽比例】复选框：当更改宽度或高度时均匀缩放楼板。

【自动调整楼板大小】复选框：根据模型的边界框调整楼板大小。

【宽度】和【深度】文本框：调整楼板的宽度和深度。

【旋转】文本框：相对环境旋转楼板。

【高宽比例】(只读)：显示当前的高宽比例。

（2）【环境旋转】选项组。

相对于模型水平旋转环境。影响到光源、反射及背景的可见部分。

（3）【布景文件】选项组。

【浏览】按钮：选取另一布景文件进行使用。

【保存布景】按钮：将当前布景保存到文件，会提示将保存了布景的文件夹在任务窗格中保持可见。

3.【照明度】选项卡

【照明度】选项卡如图8-9所示，有以下选项要设置。

【背景明暗度】文本框：只在 PhotoView 中设定背景的明暗度。

【渲染明暗度】文本框：设定由 HDRI（高动态范围图像）环境在渲染中所促使的明暗度。

【布景反射度】文本框：设定由 HDRI 环境所提供的反射量。

图8-9 【照明度】选项卡

8.2.2　设置光源

SolidWorks 提供 3 种光源类型，即线光源、点光源和聚光源。

图 8-10　【DisplayManager】文件夹

1．SolidWorks 线光源

在特征管理器设计树中，展开【DisplayManager】文件夹，如图 8-10 所示。单击【查看布景、光源和相机】按钮，选择【光源】，右击，在弹出如图 8-11 所示的快捷菜单中选择【添加线光源】命令，系统弹出如图 8-12 所示的【线光源】属性管理器。

图 8-11　【添加线光源】命令

图 8-12　【线光源】属性管理器

（1）【基本】选项组。

【在 SolidWorks 中打开】复选框：打开或关闭模型中的光源。

【在布景更改时保留光源】复选框：在布景变化后，保留模型中的光源。

【编辑颜色】按钮：显示颜色调色板。

【环境光源】文本框：设置光源的强度。

【明暗度】文本框：设置光源的明暗度。

【光泽度】文本框：设置光泽表面在光线照射处显示强光的能力。

（2）【光源位置】选项组。

【锁定到模型】复选框：选中此复选框，相对于模型的光源位置被保留。

【经度】文本框：光源的经度坐标。

【纬度】文本框：光源的纬度坐标。

2．SolidWorks 点光源

在特征管理器设计树中，展开【DisplayManager】文件夹，单击【查看布景、光源和相机】按钮，选择【光源】，右击，在弹出的快捷菜单中选择【添加点光源】命令，系统弹出如图 8-13 所示的【点光源】属性管理器。

（1）【基本】选项组

与【线光源】属性管理器中的【基本】选项组属性设置相同，在此不再赘述。

（2）【光源位置】选项组。

【球坐标】单选按钮：使用球形坐标系指定光源的位置。

【笛卡尔式】单选按钮：使用笛卡尔式坐标系指定光源的位置。

【锁定到模型】复选框：选中此复选框，相对于模型的光源位置被保留。

（3）【X 坐标】✐x：点光源的 X 轴坐标。

（4）【Y 坐标】✐Y：点光源的 Y 轴坐标。

（5）【Z 坐标】✐z：点光源的 Z 轴坐标。

3．SolidWorks 聚光源

在特征管理器设计树中，展开【DisplayManager】文件夹🖼️，单击【查看布景、光源和相机】按钮🔆，选择【光源】，右击，在弹出的快捷菜单中选择【添加聚光源】命令，系统弹出如图 8-14 所示的【聚光源】属性管理器。

图 8-13　【点光源】属性管理器　　　　　　　图 8-14　【聚光源】属性管理器

（1）【基本】选项组。

【基本】选项组与【线光源】属性管理器中的【基本】选项组属性设置相同，在此不再赘述。

（2）【光源位置】选项组。

【球坐标】单选按钮：使用球形坐标系指定光源的位置。

【笛卡尔式】单选按钮：使用笛卡尔式坐标系指定光源的位置。

【锁定到模型】复选框：选中此复选框，相对于模型的光源位置被保留。

【X坐标】$\mathscr{I}_x$：聚光源在空间中的x轴坐标。

【Y坐标】$\mathscr{I}_Y$：聚光源在空间中的Y轴坐标。

【Z坐标】$\mathscr{I}_Z$：聚光源在空间中的Z轴坐标。

【目标X坐标】$\mathscr{I}_x$：聚光源在模型上所投射到的点的X轴坐标。

【目标Y坐标】$\mathscr{I}_Y$：聚光源在模型上所投射到的点的Y轴坐标。

【目标Z坐标】$\mathscr{I}_Z$：聚光源在模型上所投射到的点的Z轴坐标。

【圆锥角】文本框：指定光束传播的角度，较小的角度生成较窄的光束。

8.2.3 设置外观

外观是模型表面的材料属性，添加外观可使模型表面具有某种材料的表面属性。【PhotoView】外观定义模型的视象属性，包括颜色和纹理。物理属性是由材料所定义的，外观不会对其产生影响。在零件中，用户可以将外观添加到面、特征、实体及零件本身。在装配体中，可以将外观添加到零部件。根据外观在模型上的指派位置，会对其应用一种层次关系。

选择【PhotoView 360】|【编辑外观】菜单命令或者单击【渲染工具】工具栏中的【编辑外观】按钮，系统弹出如图8-15所示的【颜色】属性管理器。【颜色】属性管理器中包括【基本】和【高级】两个选项卡，如图8-15和图8-16所示。

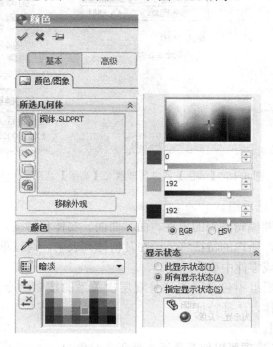

图8-15 【颜色】属性管理器（【基本】选项卡）

1.【基本】选项卡

在【基本】选项卡中，包括【所选几何体】选项组、【颜色】选项组和【显示状态】选项组，分别介绍如下。

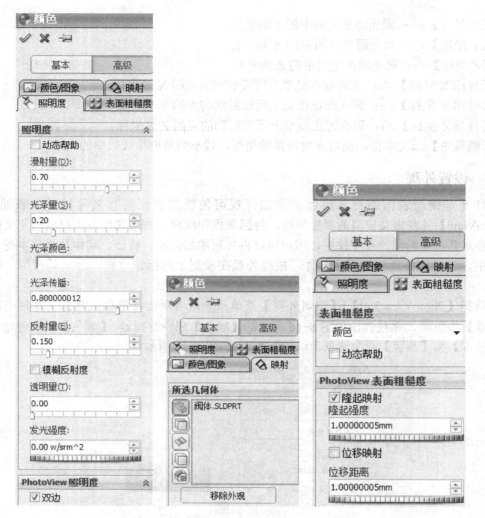

图 8-16 【颜色】属性管理器（【高级】选项卡）

（1）【所选几何体】选项组。

该选项组用来选择要编辑外观的零件、面、曲面、实体和特征。例如，单击要编辑外观的【选择特征】按钮后，所选的特征将显示在几何体列表中。通过单击【移除外观】按钮，可以从面、特征、实体或零件中移除外观。

【所选几何体】选项组中包含了表达外观层次关系的按钮命令，包括选择零件、选取面、选择曲面、选择实体、选择特征。

（2）【颜色】选项组。

【颜色】选项组中各选项可以使颜色添加至所选对象中。

【主要颜色】：为当前状态下默认的颜色，要编辑此颜色，单击颜色区域，系统弹出如图 8-17 所示的【颜色】对话框，在该对话框中选择新颜色。

【生成新样块】按钮▦：将用户自定义的颜色保存为.sldclr 样块文件，以便于调用。单击【生成新样块】按钮▦，系统弹出【另存为】对话框，在【文件名】文本框中输入保存的名称，单击【确定】按钮即可。

【添加当前颜色到样块】按钮 ，：在颜色选项列表中选择一颜色，再单击 【添加当前颜色到样块】按钮 ，，即可将颜色添加进样块列表中。用户也可以使用样块列表中的颜色样块为模型上色。

【移除所选样块颜色】按钮 ，：在样块列表中选中一样块，再单击【移除所选样块颜色】按钮 ，，即可将其从样块列表中移除。

【RGB】：以红、绿及蓝色数值定义颜色。在如图 8-15 所示的颜色滑杆中拖动滑块或输入数值来设置颜色。

【HSV】：以色调、饱和度和数值条目定义颜色。在如图 8-18 所示的颜色滑杆中拖动滑块或输入数值来设置颜色。

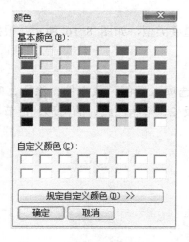

图 8-17 【颜色】对话框

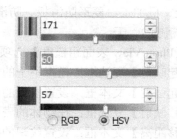

图 8-18 【HSV】颜色滑杆

（3）【显示状态】选项组。

【显示状态】选项组的主要功能是设置显示状态，且列表中的选项反映显示状态是否链接到配置，如图 8-15 所示。

如果无显示状态链接到该配置，则该零件或装配体中的所有显示状态均可供选择。如果有显示状态链接到该配置，则仅可选择该显示状态。

【此显示状态】单选按钮：所做的更改只反映在当前显示状态中。

【所有显示状态】单选按钮：所做的更改反映在所有显示状态中。

【指定显示状态】单选按钮：所做的更改只反映在所选的显示状态中。

2.【高级】选项卡

【高级】选项卡主要用于设置模型的高级渲染。在【高级】选项卡设置中，包含 4 个选项卡，分别为【照明度】、【表面粗糙度】、【颜色/图像】和【映射】。其中【颜色/图像】选项卡在【基本】选项卡设置中已介绍。

（1）【照明度】选项卡。

在【照明度】选项卡中，可以选择显示其照明属性的外观类型，用于在零件或装配体中调整光源，如图 8-16 所示，根据所选择的类型，其属性设置发生改变。

【动态帮助】复选框：显示每个特性的弹出工具提示。

【漫射量】文本框：控制面上的光线强度，值越高，面上显得越亮。

【光泽量】文本框：控制高亮区，使面显得更为光亮。

【光泽颜色】选项：控制光泽零部件内反射高亮显示的颜色。

【光泽传播】文本框：控制面上的反射模糊度，使面显得粗糙或光滑，值越高，高亮区越大越柔和。

【反射量】文本框：以 0 到 1 的比例控制表面反射度。

【模糊反射度】复选框：在面上启用反射模糊，模糊水平由光泽传播控制。

【透明量】文本框：控制面上的光通透程度，该值降低，不透明度升高。

【发光强度】文本框：设置光源发光的强度。

（2）【表面粗糙度】选项卡。

在【表面粗糙度】选项卡中，可以选择表面粗糙度类型，如图 8-16 所示，根据所选择的类型，其属性设置发生改变。

1）【表面粗糙度】选项组。

【表面粗糙度类型】下拉列表中，有如下类型选项：颜色、从文件、涂刷、喷砂、磨光、铸造、机加工、菱形防滑板、防滑板 1、防滑板 2、节状凸纹、酒窝形、链节、锻制、粗制 1、粗制 2、无。

2）【PhotoView 表面粗糙度】选项组。

【隆起映射】复选框：模拟不平的表面。

【隆起强度】文本框：设置模拟的高度。

【位移映射】复选框：在物体的表面加纹理。

【位移距离】文本框：设置纹理的距离。

（3）【映射】选项卡。

在【映射】选项卡中，可以在零件或装配体文档中映射纹理外观。映射可以控制材质的大小、方向和位置，如织物、粗陶瓷（瓷砖、大理石等）和塑料（仿塑料、合成塑料等）。

8.2.4 设置贴图

贴图是在模型的表面附加某种平面图形，一般多用于商标和标志的制作。

选择【PhotoView 360】|【编辑贴图】菜单命令或者单击【渲染工具】工具栏中的【编辑贴图】按钮 ，系统弹出如图 8-19 所示的【贴图】属性管理器。【贴图】属性管理器中包括【图像】、【映射】和【照明度】三个选项卡，如图 8-19 所示。

1.【图像】选项卡

【图像】选项卡如图 8-19a 所示。

【贴图预览】显示框：显示贴图预览。

【浏览】：单击此按钮，选择浏览图形文件。

2.【映射】选项卡

【映射】选项卡如图 8-19b 所示。

【过滤器】：可以帮助选择模型中的几何实体。

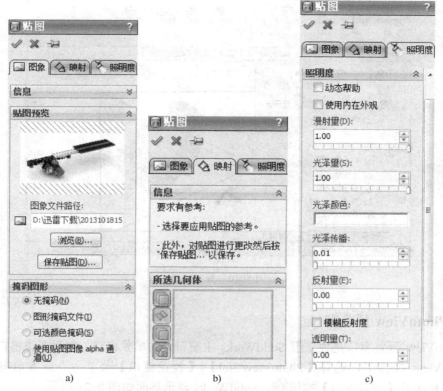

图 8-19 【贴图】属性管理器

a)【图像】选项卡 b)【映射】选项卡 c)【照明度】选项卡

3.【照明度】选项卡

【照明度】选项卡如图 8-19c 所示。可以选择贴图对照明度的反应。

PhotoView 能以逼真的外观、布景、光源等渲染 SolidWorks 模型，并提供直观显示渲染图像的多种方法。

8.3 渲染输出图像

完成了模型的外观（材质）、布景、光源及贴图等操作后，就可以使用渲染工具对模型进行渲染了。PhotoView 能以逼真的外观、布景和光源等渲染 SolidWorks 模型，并提供直观渲染图像的多种方法。

8.3.1 PhotoView 整合预览

可在 SolidWorks 图形区域内预览当前模型的渲染。要开始预览，可在插入 PhotoView 插件后，选择【PhotoView 360】|【整合预览】菜单命令或者单击【渲染工具】工具栏中的【整合预览】按钮，SolidWorks 显示界面如图 8-20 所示。

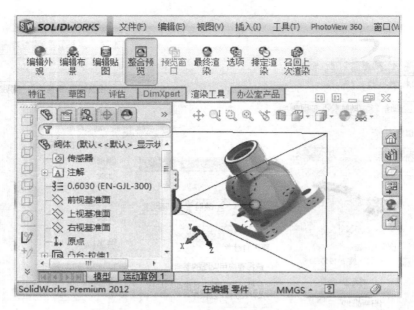

图 8-20　整合预览

8.3.2　PhotoView 预览窗口

　　PhotoView 预览窗口是独立于 SolidWorks 主窗口外的单独窗口。要显示该窗口，可在插入 PhotoView 插件后，选择【PhotoView 360】|【预览窗口】菜单命令或者单击【渲染工具】工具栏中的【预览窗口】按钮，SolidWorks 显示界面如图 8-21 所示。

图 8-21　预览窗口

8.3.3　PhotoView 选项

　　PhotoView 选项的属性管理器可以控制图片的渲染质量，包括输出图像品质和渲染品质。在插入 PhotoView 插件后，选择【PhotoView 360】|【选项】菜单命令或者单击【渲染工具】工具栏中的【选项】按钮，系统弹出如图 8-22 所示的【PhotoView 360 选项】属性管理器。

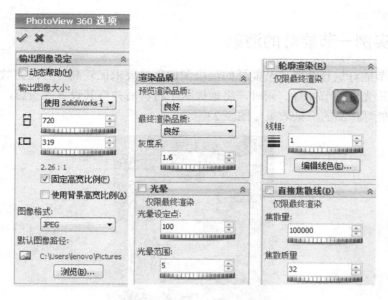

图 8-22 【PhotoView 360 选项】属性管理器

1.【输出图像设定】选项组

【动态帮助】复选框：显示每个特性的弹出工具提示。

【输出图像大小】下拉列表框：将输出图像的大小设定到标准宽度和高度。

【图像宽度】⊟ 文本框：以像素设定输出图像的宽度。

【图像高度】Ⅰ□ 文本框：以像素设定输出图像的高度。

【固定高宽比例】复选框：保留输出图像中宽度到高度的当前比例。

【使用相机高宽比例】复选框：将输出图像的高宽比设定到相机视野的高宽比。

【使用背景高宽比例】复选框：将最终渲染的高宽比设定为背景图像的高宽比。

【图像格式】下拉列表框：为渲染的图像更改文件类型。

【默认图像路径】：为使用 Task Schedule:所排定的渲染设定默认路径。

2.【渲染品质】选项组

【预览渲染品质】下拉列表框：为预览设定品质等级，高品质图像需要更多时间才能渲染。

【最终渲染品质】下拉列表框：为最终渲染设定品质等级。

【灰度系】文本框：设定灰度系数。

3.【光晕】选项组

【光晕设定点】文本框：标识光晕效果应用的明暗度或发光度等级。

【光晕范围】文本框：设定光晕从光源辐射的距离。

4.【轮廓渲染】选项组

【只随轮廓渲染】◐：只以轮廓线进行渲染，保留背景或布景显示和景深设定。

【渲染轮廓和实体模型】●：以轮廓线渲染图像。

【线粗】文本框：以像素设定轮廓线的粗细。

【编辑线色】按钮：设定轮廓线的颜色。

8.4　渲染实例—节能灯的渲染

本节将对节能灯进行渲染，节能灯的渲染图像质量要求比较高，且渲染效果非常逼真，特别是使用场景光源的节能灯。同时，将地板赋予材料后并将其设置为投影，可以镜像节能灯的图像。节能灯作品的渲染效果如图 8-23 所示。

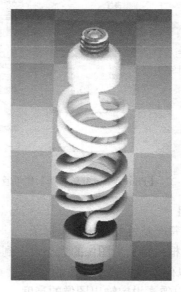

图 8-23　节能灯的渲染效果图

8.4.1　应用外观

（1）打开节能灯的模型文件。

（2）单击显示管理器标签，激活显示管理器，如图 8-24 所示。选择【颜色】，右击，在弹出的快捷菜单中选择【移除外观】命令，显示管理器变成如图 8-25 所示。

图 8-24　显示管理器

图 8-25　【移除外观】后

（3）单击右侧的【外观、布景和贴图】按钮，在绘图区将【外观、布景和贴图】展开，选择【外观】|【灯/灯光】|【发光二极管】，然后双击下面的【白发光二极管】，如图 8-26 所示，在显示管理器中添加了【白发光二极管】外观，如果 8-27 所示。

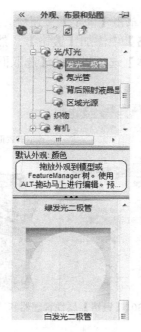

图 8-26 白发光二极管

图 8-27 显示管理器图

（4）在显示管理器中选择【白发光二极管】，右击，在弹出的快捷菜单中选择【编辑外观】命令，或者双击显示管理器中选择【白发光二极管】，系统弹出【白发光二极管】属性管理器。单击【所选几何体】选项组中的【选取面】按钮，然后选取螺面即发光灯，单击【确定】按钮。

（5）采用上述相同的方法在【外观】|【塑料】|【高光泽】中添加【白色高光泽塑料】，然后双击【白色高光泽塑料】，系统弹出【白色高光泽塑料】属性管理器。单击【所选几何体】选项组中的【选取面】按钮，然后选取如图 8-28 所示的中间部分的多个表面，单击【确定】按钮。

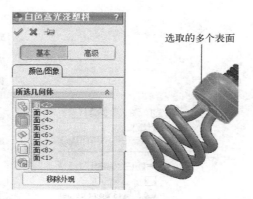

图 8-28 【白色高光泽塑料】属性管理器和选取表面

（6）采用上述相同的方法在【外观】|【金属】|【铝】中添加【涂刷铝】，然后双击【涂刷铝】，系统弹出【涂刷铝】属性管理器。单击【所选几何体】选项组中的【选择特征】

按钮，然后特征树中选择如图 8-29 所示的两个特征，单击【确定】按钮✔。

（7）采用上述相同的方法在【外观】|【金属】|【铬】中添加【镀铬】，然后双击【镀铬】，系统弹出【镀铬】属性管理器。单击【所选几何体】选项组中的【选取面】按钮🔲，然后选取如图 8-30 所示的表面，单击【确定】按钮✔。

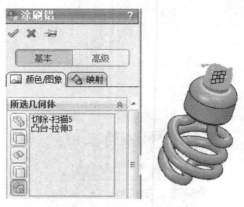

图 8-29 【涂刷铝】属性管理器和选择特征

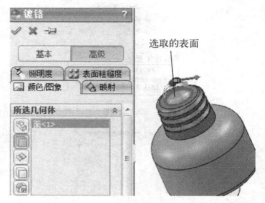

图 8-30 【镀铬】属性管理器和选取表面

8.4.2　应用布景

（1）单击右侧的【外观、布景和贴图】按钮🌐，在绘图区将【外观、布景和贴图】展开，选择【布景】|【工作间布景】|【反射方格地板】，如果 8-31 所示。

（2）单击显示管理器标签🌐，激活显示管理器，单击【查看布景、光源和相机】按钮，如图 8-32 所示。单击【布景】前的⊞按钮，将【布景】展开，然后双击【背景】，系统弹出如图 8-33 所示的【编辑布景】属性管理器。

（3）在【编辑布景】属性管理器中的【背景】选项组下的下拉列表框中选择【使用环境】，单击【确定】按钮✔，完成布景的应用。

图 8-31　添加布景

图 8-32　双击【背景】

图 8-33 【编辑布景】属性管理器

298

8.4.3 应用光源

（1）单击【查看布景、光源和相机】按钮 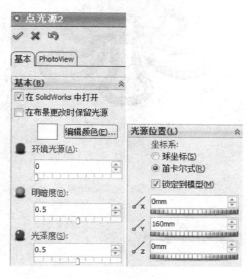，选择【光源】，右击，在弹出快捷菜单中选择【添加点光源】命令，系统弹出如图 8-34 所示的【点光源】属性管理器。

（2）在【基本】选项组中设置【明暗度】和【光泽度】都为 0.5，并选中【光源位置】选项组中的【锁定到模型】复选框，在【光源位置】选项组中设置光源位置，如图 8-34 所示。单击【确定】按钮 ，完成点光源的添加。

图 8-34 【点光源】属性管理器

8.4.4 渲染和输出

（1）可在 SolidWorks 图形区域内预览当前模型的渲染。选择【PhotoView 360】|【整合预览】菜单命令或者单击【渲染工具】工具栏中的【整合预览】按钮 ，绘图区显示如图 8-23 所示。

（2）单击【渲染工具】工具栏中的【最终渲染】按钮 ，经过一定时间的渲染进程后，系统弹出【最终渲染】对话框。单击【保存图像】按钮，系统弹出【Save Image】对话框。选择保存文件的格式，并输入文件的名称，单击【保存】按钮，将节能灯的渲染结果保存。

8.5 思考与练习题

一、填空题

（1）布景可以调整布景壁的_____和_____。

（2）SolidWorks 提供 3 种光源类型，即_____、_____和_____。

（3）【PhotoView】外观定义模型的视象属性，包括_____和_____。

二、问答题

（1）PhotoView 插件主要有哪些功能？

（2）如何启动 PhotoView 插件？

三、操作题

根据所学渲染知识和生活中的实际情况渲染如图 8-35 所示的节能灯。

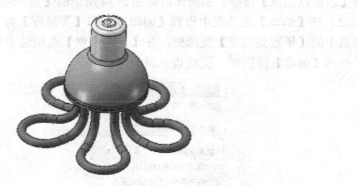

图 8-35　节能灯模型

参 考 文 献

[1] 张云杰，李玉庆. SolidWorks 2013 中文版基础教程[M]. 北京：清华大学出版社，2014.

[2] 黄成. SolidWorks 2010 完全自学一本通[M]. 北京：电子工业出版社，2011.

[3] 辛文彤，李志尊. SolidWorks 2012 中文版入门到精通[M]. 北京：人民邮电出版社，2012.

参考文献

[1] ...
[2] ...
[3] ...